實用板金學

黎安松　編著

全華圖書股份有限公司

國家圖書館出版品預行編目資料

實用板金學 / 黎安松編著.-- 五版.-- 新北市：
　全華圖書,2014.12
　　面　；　公分
　ISBN 978-957-21-9690-8(平裝)

　1.金屬薄片工作

472.153　　　　　　　　　　　103021133

實用板金學

作者 / 黎安松

發行人 / 陳本源

執行編輯 / 蘇千寶

出版者 / 全華圖書股份有限公司

郵政帳號 / 0100836-1 號

印刷者 / 宏懋打字印刷股份有限公司

圖書編號 / 0557404

五版三刷 / 2017 年 5 月

定價 / 新台幣 520 元

ISBN / 978-957-21-9690-8 (平裝)

全華圖書 / www.chwa.com.tw

全華網路書店 Open Tech / www.opentech.com.tw

若您對書籍內容、排版印刷有任何問題，歡迎來信指導 book@chwa.com.tw

臺北總公司(北區營業處)
地址：23671 新北市土城區忠義路 21 號
電話：(02) 2262-5666
傳真：(02) 6637-3695、6637-3696

中區營業處
地址：40256 臺中市南區樹義一巷 26 號
電話：(04) 2261-8485
傳真：(04) 3600-9806

南區營業處
地址：80769 高雄市三民區應安街 12 號
電話：(07) 381-1377
傳真：(07) 862-5562

序言

一、由於科技進步，板金製品之尺寸與品質管制也逐漸嚴格，因此以「機械板金」取代「手工板金」，已是板金加工的趨勢與潮流。

二、針對國內尚無一本「機械板金」之專門書籍，本書乃摘譯日文教材及國內最新板金資料，並配合教學與工廠實際經驗編寫而成。

三、本書非常適合機械板金從業人員參考或自習，以奠定機械板金正確之觀念及工作方法，藉以引導邁向 CAD/CAM 精密板金之領域中。

四、本書亦適合高職機械群(板金科)、大專機械系及職訓中心等相關知識教授及實習參考用。

五、本書共分九章，依照板金製造作業流程，從概論→板金圖學→剪切、加工→彎曲成形加工→火焰及電弧切割→組立接合銲接→機械板金與銲接實習為止。

六、本書之特色，係內容包含「板金圖學」，學者可認識板金工作圖，計算展開加工圖、繪製展開加工圖及箱櫃之展開及計算。

七、本書之編成，係利用公餘閒暇編寫，且經多次校訂，唯恐難免有疏漏之誤，尚祈諸先進惠予指正，俾借修訂時之參考。

編輯部序

　　「系統編輯」是我們的編輯方針，我們所提供給您的，絕不只是一本書，而是關於這門學問的所有知識，它們由淺入深，循序漸進。

　　依據能力本位教學方式編寫，技能部份均附圖解說明，使讀者易看易懂易學。針對國內尚無一本「機械板金」之專門書籍，乃摘譯日文教材及國內最新板金資料，並配合工廠實際經驗，按照板金製造作業流程編寫，非常適合機械板金技術人員參考或自習之用，以奠定板金正確觀念及工作方法。第二章內容「板金圖學」，學習者可從認識板金工作圖→計算展開加工圖→繪製展開加工圖→箱櫃之展開及計算，可獲得所有「機械板金」之相關圖學常識。適合大學、科大、技術學院之機械工程相關科系的學生或業界技術人員參考使用。

　　同時，為了使您能有系統且循序漸進研習相關方面的叢書，我們以流程圖方式，列出各有關圖書的閱讀順序，以減少您研習此門學問的摸索時間，並能對這門學問有完整的知識。若您在這方面有任何問題，歡迎來函聯繫，我們將竭誠為您服務。

相關叢書介紹

書號：0536001
書名：銲接學(修訂版)
編著：周長彬.蘇程裕.蔡丕椿
　　　郭央謀
20K/392 頁/400 元

書號：0075901
書名：板金實習(第二版)
編著：林寬文
20K/184 頁/220 元

書號：1009901
書名：板金工學理論與實技
編著：蘇文欽
16K/336 頁/380 元

書號：10212
書名：汽車板金工作法
編著：蘇文欽
16K/296 頁/380 元

書號：10137
書名：汽車板金塗裝學─塗裝篇
編著：曾文賢
16K/236 頁/400 元

書號：10446007
書名：SolidWorks2015 3D
　　　鈑金設計實例詳解
　　　(附動畫光碟)
編著：鄭光臣.陳世龍.宋保玉
菊 8K/584 頁/750 元

◎上列書價若有變動，請
　以最新定價為準。

流程圖

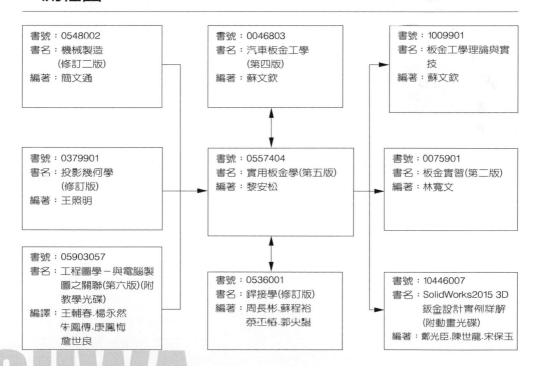

目　錄

1 概　　論 1-1

    1-1 板金之定義及應用範圍 1-2

    1-2 板金作業方式之演進 1-2

    1-3 板金製造及組裝之設備 1-2

    1-4 板金製造程序介紹 1-3

    1-5 板金製造及組裝之未來趨勢 1-7

2 板金圖學 2-1

    2-1 認識板金工作圖 2-2

    2-2 計算展開加工圖 2-12

    2-3 繪製展開加工圖 2-25

    2-4 箱櫃之展開及計算 2-46

3 剪切加工 3-1

    3-1 用鋼剪剪切 3-2

    3-2 用檯剪剪切 3-7

    3-3 用方剪機剪切 3-10

    3-4 用手電剪剪切 3-13

    3-5 電動剪床之剪切 3-18

    3-6 油壓剪角機之剪切 3-24

3-7　油壓剪床之剪切 3-32

3-8　**NC** 油壓剪床之剪切 3-34

3-9　高速砂輪切斷機與輕型圓鋸切斷機之使用 3-52

3-10　手提砂輪機之使用 3-58

3-11　電腦沖床(**NCT**)之使用 3-66

3-12　雷射切割機之使用 3-82

4 彎曲成形加工 **4-1**

4-1　標準折摺機之使用 4-2

4-2　萬能折摺機之使用 4-11

4-3　油壓折床之使用 4-17

4-4　**NC** 油壓折床之使用 4-24

5 火燄及電弧切割 **5-1**

5-1　手動氧乙炔切割 5-2

5-2　半自動氧乙炔切割 5-12

5-3　電離氣切割 5-18

6 組立接合銲接 **6-1**

6-1　組立接合之工具及要領 6-2

6-2　拉釘鎗鉚接 6-18

6-3　足踏式點銲機之操作及維護 6-25

6-4　氣壓式點銲機之操作及維護 6-32

6-5　氣銲設備安裝、火焰調整及基本運行法 6-46

6-6　氣銲軟鋼板之工作法 6-68

6-7　電銲設備之使用及基本工作法 6-75

6-8　電銲－平銲 **6-83**

6-9　電銲－對接銲 **6-89**

6-10　電銲－填角銲 **6-94**

6-11　電銲－橫銲 **6-96**

7 特殊銲接 **7-1**

7-1　**TIG** 銲接 **7-2**

7-2　**MIG** 銲接 **7-20**

8 機械板金與銲接實習 **8-1**

實習一　單片箱製作 **8-2**

實習二　盤盒折摺機之彎折 **8-5**

實習三　護框(一) **8-7**

實習四　護框(二) **8-9**

實習五　方形框之製作(一) **8-11**

實習六　方形框之製作(二) **8-14**

實習七　濾油盤(一) **8-17**

實習八　濾油盤(二) **8-20**

實習九　電氣箱製作 **8-23**

實習十　銲切綜合練習(結構物) **8-26**

實習十一　氣銲平銲銲道運行(不加銲條) **8-30**

實習十二　氣銲平銲銲道運行(加銲條) **8-33**

實習十三　氣銲平銲對接(不加銲條) **8-36**

實習十四　氣銲平銲對接(加銲條) **8-39**

實習十五　氧乙炔手動氣體切割 **8-42**

實習十六　氧乙炔直線切割(加導規) **8-46**

實習十七　電銲平銲起弧及基本走銲 8-49

實習十八　電銲平銲織動式銲道 8-55

實習十九　電銲橫角銲(T 型接頭) 8-60

實習二十　電銲平銲 I 形槽對接 8-63

實習二十一　電銲平銲 V 型槽對接(手工電銲技能檢定
　　　　　　代號 A1F) 8-67

實習二十二　電銲平銲 V 型槽無墊板(手工電銲技能檢
　　　　　　定代號 A2F) 8-73

實習二十三　氬銲平銲銲道(不加銲條) 8-77

實習二十四　氬銲平銲對接銲道(不加銲條) 8-80

實習二十五　氬銲平銲銲道(加銲條) 8-82

實習二十六　CO_2平銲銲道 8-85

實習二十七　CO_2 I 型槽水平對接 8-88

實習二十八　CO_2水平角銲 8-92

9　**機械板金技術士技能檢定術科測驗試題** **9-1**

1

概　　論

1-1　板金之定義及應用範圍

1-2　板金作業方式之演進

1-3　板金製造及組裝之設備

1-4　板金製造程序介紹

1-5　板金製造及組裝之未來趨勢

1-1　板金之定義及應用範圍

　　板金(sheet metal)係以 3mm 以下之薄板金屬為主，其中包括鋼板、鍍鋅(錫)鋼板、高張力鋼板、烤漆鋼板、鋁板、銅板及不銹鋼板等；而板金作業是利用手工具或機器，將金屬塑性變形加工成所需之形狀與大小，並配合機械式接合(例如：鉚釘、螺栓、脹縮、壓接及接縫等)，或冶金式接合(例如：氣銲、銅銲、手工電銲、點銲、CO_2銲接及氬銲等)的方式，將其連結組合成一體的金屬加工法。

　　板金之應用範圍非常廣泛，包括 OA 辦公傢俱、運動器材、廚具、箱櫃、電腦機殼、電器產品、車輛、飛機、船舶、鋼建築及工作母機外殼等。

1-2　板金作業方式之演進

　　隨著文化的提升，對板金產品的要求多樣化，而且每一折角、每一彎曲，都宛如藝術品般地巧奪天工，由於新產品的壽命週期也縮短，近年特別要求多品種、少量及均勻品質的製品，因此由此觀念產生發展而成現代的板金製造加工方法——**精密板金**。板金產品包羅萬象，以現代工作母機之加工範圍而言均可勝任，不需依產品之不同再投資設備，此乃板金製造及組裝工作之特點。

1-3　板金製造及組裝之設備

　　國內板金行業由於工資昂貴，已將傳統手工作業改用自動化材料加工，以節省人力，其過程由手工作業→有輔助動力的手工具→動力機械化→自動化→無人化，在推展的同時導入作業的新觀念、新技術、新加工

法及新的加工機械，如此才能減少作業人力、降低成本、縮短加工時間、提高生產效率，以確保品質。表 1-1 所示為現在廣用的主要精密板金加工機，其中大部份為以前板金加工者所用，NC 化或 CNC 化可提高加工精度、縮短加工時間，滿足前述精密板金加工之目標。

表 1-1　精密板金加工之主要設備

加工形式	機械名稱
剪斷加工	(NC)(CNC)油壓剪床 (NC)(CNC)油壓切角機 (NCT)電腦沖床 (CNC)雷射切割機
彎曲加工	(NC)(CNC)油壓折床 (NC)(CNC)油壓成形機
組立接合加工	手工電銲機 CO_2銲機 氬銲機 點銲機 各式機械手臂機

1-4　板金製造程序介紹

1.　完整板金製造程序–如表 1-2 所示。

表 1-2 板金製造流程

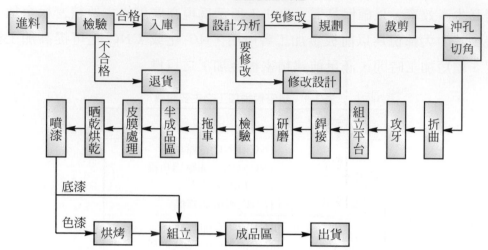

2.　完整板金製造示意圖(如圖 1-1～1-7 所示)(圖片取自台中工業區華谷電機公司)

圖 1-1　設計分析

圖 1-2　進料

圖 1-4　沖孔及切角

圖 1-3　裁剪

圖 1-5　折曲

圖 1-6　組立接合銲接

圖 1-7　皮膜處理(酸洗)

3. 舉例說明板金製造作業：如表1-3所示

表1-3 板金製造作業流程圖(此表取自南投縣德綸板金興業公司)

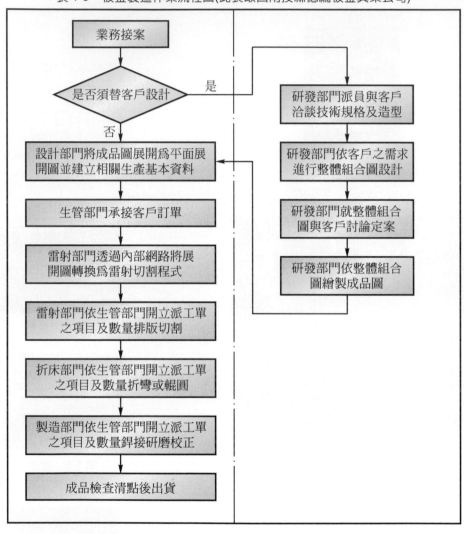

1-5 板金製造及組裝之未來趨勢

如圖1-8所示爲板金加工機的發展過程，與今後的生產方式；雖然CNC
板金加工機單獨使用能提高效率，但是依據總合生產計劃，結合各種CNC
加工機，自動搬送裝置(如圖1-9所示)等，從控制站(電腦)發出統一指令，
可形成適合品種少量生產的彈性製造系統(FMS)。現在板金加工系統的最
尖端在 FMS 控制系統階段，組合電腦輔助設計(CAD)或電腦輔助製造
(CAM)，進展成較高度的 FA(Factory Automation)，再接合 OA(Office
Automation)與FA，進展成超高度自動化，圖1-10所示係以VPSS(模擬製
作試作系統)爲核心的數位製造方式。可依客戶需要及工廠生產動線、加工
內容等，不論是多樣少量、多樣不定量、大批量或即時生產等需求，選擇
最適合的自動化設備，以提升工作效率。

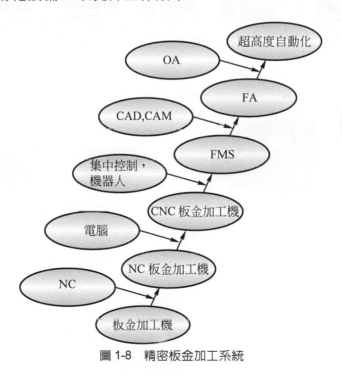

圖 1-8　精密板金加工系統

圖 1-9　自動下料取出分料裝置系統

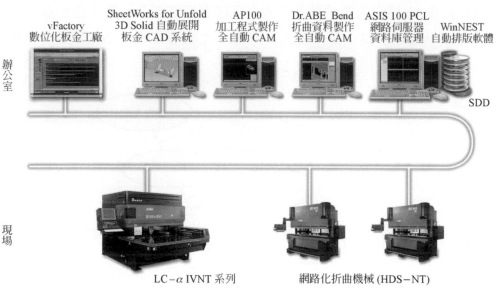

圖 1-10　數位化板金工廠網路架構圖(日本 AMADA 公司)

習題

一、問答題

1.　試述板金成品之製造流程。

2

板金圖學

2-1 認識板金工作圖

2-2 計算展開加工圖

2-3 繪製展開加工圖

2-4 箱櫃之展開及計算

2-1　認識板金工作圖

一、前　言

　　圖面是無聲之命令書,設計人員用圖面將思想傳給工作者,而工作者即按照工作圖去製作;因此在板金工作前,一定要先正確識圖,不可誤解,務必細心識圖,了解成品的形狀、尺寸、材質…等,以求事半功倍之效果。

二、板金工作圖之識圖法

　　一張完整的板金圖樣,如圖 2-1 所示,具有詳細的形狀與構造,尺度與公差(長 150mm、寬 100mm、高 15mm)、材質類別(SPCC $t = 2.0$mm)、加工方法、彎曲方向(四邊同方向)、組合狀態等,是設計者、繪圖者、檢驗者、成本分析者,相互溝通信息的依據,所以板金工作圖是工程界共通的語言,因此從業人員,必須細心識圖,絕不可漏讀、誤讀,否則即使身懷絕技,給予最精密的板金機器,也是無法製造出標準之產品;由此可見認識板金工作圖之重要性。以下說明認識板金工作圖之方法。

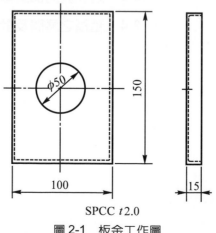

SPCC $t2.0$

圖 2-1　板金工作圖

1.　彎曲方向

　　在板金工作中，大部分有折彎的工作，識圖時必須注意折彎的方向，如圖 2-2 所示，金屬面有折彎板厚(一般用 t 表示)，所以與機械圖面不同。

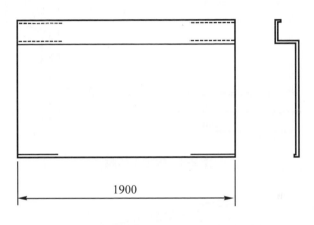

SPCC t1.2

圖 2-2　折彎方向

　　如圖 2-3 所示，板金圖面是用正視圖、俯視圖、側視圖表示，特別注意彎曲部份用實線或虛線(點線)顯示，在板金工作中初學者最容易發生折彎方向錯誤，造成材料損失，因此若圖面上很難瞭解，可採用厚紙板先試彎，以增加識圖能力。如圖 2-4 所示之立體圖，即是很好的練習例子。

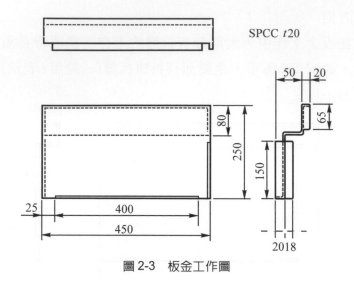

圖 2-3　板金工作圖

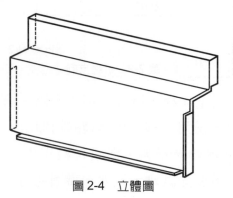

圖 2-4　立體圖

2. 有 R 半徑之彎角

　　在板金圖面上折彎處，會有註明 R 圓弧，如 $R10$ 或 $R20$，一般會注意，但如圖 2-5 所示之小 $R(R = 5)$，有時會忽略，形成折彎後，材料發生龜裂影響成品之外觀。雖然事小，但設計者之詳細考慮，識圖人員一定要忠實，切勿自行判斷來施工。最小的折彎內 R_i 角與一般刀具的形狀、材料的種類以及折彎線與滾軋的方向有關。原則上最小的折彎內 R_i 角不會小於上刀具刀尖的 R 角。

近似的折彎內 R_i 角值：

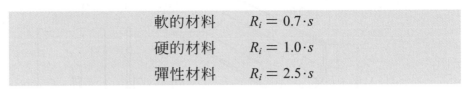

軟的材料	$R_i = 0.7 \cdot s$
硬的材料	$R_i = 1.0 \cdot s$
彈性材料	$R_i = 2.5 \cdot s$

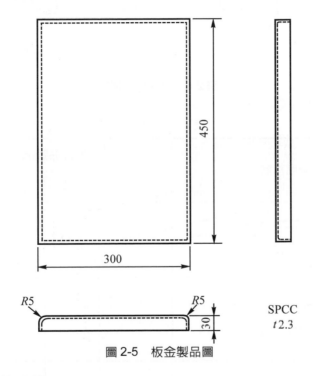

SPCC
$t\,2.3$

圖 2-5　板金製品圖

3. 彎曲部的形態

　　板金製品之折彎大都為直角，而且彎曲半徑小，但也有如圖 2-6 (a)所示彎曲半徑較大之折彎，及板端部之折返彎曲(單層緣)如圖 2-6 (b)所示；通常會放大彎曲半徑去畫，併記入折返記號。金屬薄板 (1.0mm 上下)常用折彎來增加強度及美觀，唯表面處理時，殘留之液體會腐蝕金屬表面，應特別注意。表 2-1 所示為板金薄板補強之方法，適當之彎曲形狀，可獲得相當板厚之強度效果。

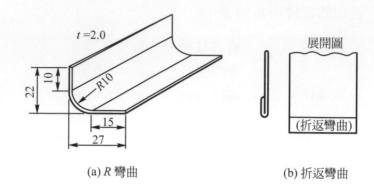

(a) R 彎曲　　　　　　　　(b) 折返彎曲

圖 2-6　彎曲部之形態

表 2-1　補強方法

斷面形狀	斷面積 (mm²)	斷面係數(mm³)		相當板厚
		上側	下側	
t 1.0　20	20	3.33	3.33	—
t 1.0　11　3　20	24	16.0	16.0	2.2
t 1.0　5　20	28	12.7	39.5	1.9
t 1.0　10　20	38	39.2	97.8	3.4

4. 彎曲順序

　　在板金作業中，最困難的是從何處開始折彎，然後依序地去完成，順序錯誤時，在途中將無法繼續彎曲，如在現場再考慮彎曲順序，會增加作業者之負擔，且折床之使用效率也降低，所以應事先記入展開圖；彎曲順序之記入方法如圖 2-7、圖 2-8 所示，在製品斷面記上彎曲順序，使錯誤減少；此方法明確表示折彎之方向。圖 2-9 所示爲彎曲順序之立體圖。

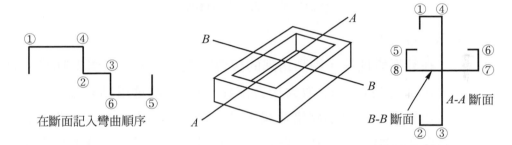

在斷面記入彎曲順序

圖 2-7　彎曲順序之記入方法(一)

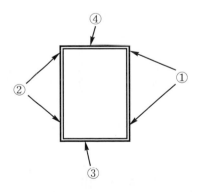

圖 2-8　彎曲順序之記入方法(二)

CH 2

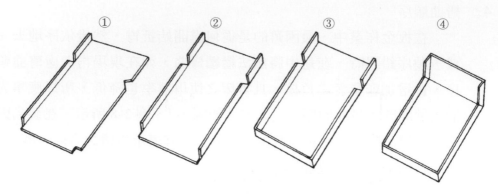

圖 2-9　彎曲順序之立體圖

5.　角部之接合方式

　　在箱形彎曲等，製品角隅的接合狀態很重要，如圖 2-10 所示為板金角部之接合方式(放大接合部註入)。一般選用點銲接合為主，以防止變形。熔接部應儘量減少，在板金工作上加熱會發生歪斜變形之現象，矯正需費時、費力，因此識圖時加工限度之範圍非常重要，比公差還要留心。

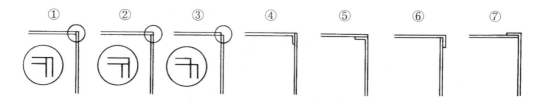

圖 2-10　角部接合形狀表示法

6.　尺寸線及公差

　　折邊是板金圖面之特點，如圖 2-11 所示，其所指示的是內側尺寸，常被誤看為外側尺寸。因為外側尺寸與內側尺寸之差，僅在板厚度，但由於圖面尺寸縮小或實際尺寸板薄，一時疏忽而誤讀，造成展開尺寸不正確，無法達到精度，所以看板金工作圖時要注意板

之厚度。如圖 2-12 所示，其高度為 100mm，常誤看為包括板厚尺寸，所以看尺寸時，注意箭頭之兩端，確認是否包括板厚。同時在製品之重要部份，記入所要求精度的公差，以確保品質。

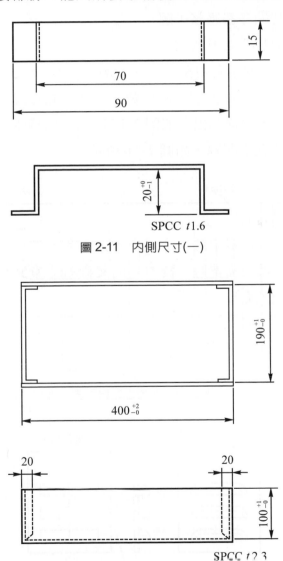

圖 2-11　內側尺寸(一)

圖 2-12　內側尺寸(二)

7. 接合方法及銲接符號

　　在板金工作中，很少用一張板完成製品，一定會有接合工作，所以識圖時要注意。其接合是採用那些方法；熔接順序、金屬變形、工作時間等都應該了解。

8. 開孔及成形加工之形狀位置

　　彎曲製品包括有開孔、氣窗、螺絲孔等成形加工時，如圖 2-13、2-14 所示，須明確區別孔的個數、尺寸、圓孔或方孔等。成形加工須註明表面或裏面凸出，如圖 2-15 所示。同時注意其位置尺寸是起自基準面或孔之間隔，如圖 2-16 所示。

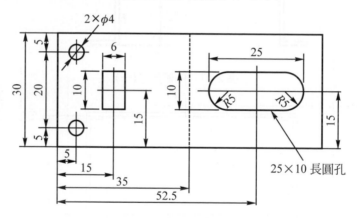

圖 2-13　孔加工之記入法

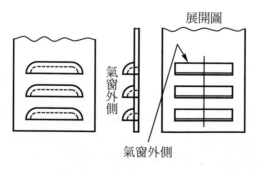

圖 2-14　氣窗加工記入法

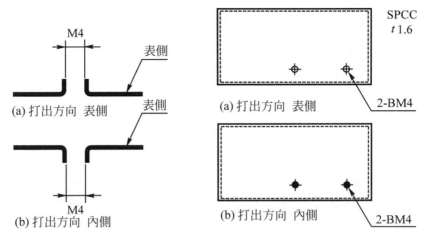

圖 2-15　螺絲孔方向之表示法

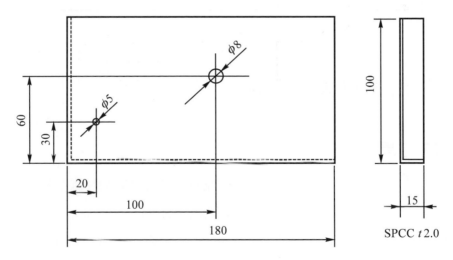

圖 2-16　基準面之表示法

9.　金屬表面處理

　　金屬成品，在空氣中易酸化、腐蝕，必須藉化學表面處理或塗
裝，形成保護膜，以增加美觀及延長製品之壽命，但在處理中，對
材料本身之刮傷、歪斜、回火、接合等之技術問題，必須考慮。所
以識圖時，對所指示之方法不可看錯，否則會發生很大問題。

10. 工件的量測

　　(1)　量測外部尺寸(量外部的切點)。

　　(2)　引用內部的角度。

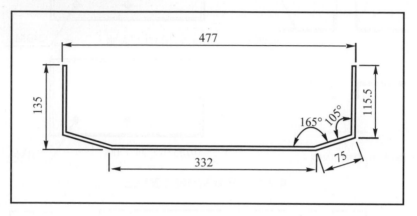

圖 2-17

2-2　計算展開加工圖

一、前　言

　　板金工作中，因金屬板有彈性及厚度，在折彎時內側受壓力而縮短 $(\widehat{ab} < \overline{ab})$，外側受張力而伸長$(\widehat{a'b'} > \overline{a'b'})$，如圖 2-18 所示。所以展開時要考慮，才能得到正確之尺寸。以下展開之計算，應用在機械板金工廠相當普遍。

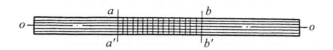

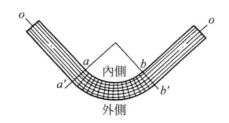

圖 2-18　金屬板之彎曲

二、直角折彎之伸長量

1.　如圖 2-19 所示，理論上先求中立軸(不伸長也不縮短之線)　再來加
減，但一般採用厚度之 0.4 倍，則展開之長度計算如下：

> $L = (A - t) + (B - t) + 0.4t$(經驗值)
>
> 　$= $(內側尺寸)$+$(內側尺寸)$+$(一個彎的伸長量)
>
> 　$= A + B - 1.6t$ (注意 A、B 都是外側尺寸)

說明：此基本式所求之數值有誤差，建議採用實際作業之數值。

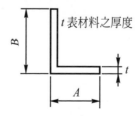

圖 2-19　直角折彎之伸長量

2. 機械板金常採用實際作業之數值(補正值)K'(如表 2-2 所示)

表 2-2　機械板金展開補正值(延伸量)計算一覽表

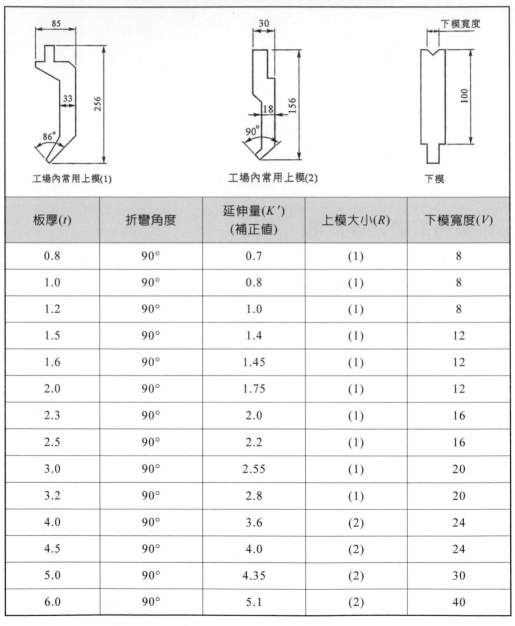

板厚(t)	折彎角度	延伸量(K') (補正值)	上模大小(R)	下模寬度(V)
0.8	90°	0.7	(1)	8
1.0	90°	0.8	(1)	8
1.2	90°	1.0	(1)	8
1.5	90°	1.4	(1)	12
1.6	90°	1.45	(1)	12
2.0	90°	1.75	(1)	12
2.3	90°	2.0	(1)	16
2.5	90°	2.2	(1)	16
3.0	90°	2.55	(1)	20
3.2	90°	2.8	(1)	20
4.0	90°	3.6	(2)	24
4.5	90°	4.0	(2)	24
5.0	90°	4.35	(2)	30
6.0	90°	5.1	(2)	40

當下模(V)寬度決定及上模(R)半徑固定，即可求得正確之補正值(例如 $t = 1.6$，$K' = 1.4$ 或 $t = 2.0$，$K' = 1.75$)

則展開之長度計算如下：

$$L = (A - K') + (B - K')$$
$$\quad = (A + B) - 2K'$$

(參考第九章術科測驗試題之展開計算)

例 1 如圖 2-20，繪其展開圖。

$L = (20 - 2) + (10 - 2) + (0.4 \times 2) = 26.8$

各邊之伸長量 $= \dfrac{0.4t}{2} = \dfrac{0.4 \times 2}{2} = 0.4$

$(8 + 0.4 = 8.4)$，$(18 + 0.4 = 18.4)$

則展開圖尺寸如圖 2-20 所示。

另解(採用補正值，$t = 2.0$，$k' = 1.75$)

$L = (20 - 1.75) + (10 - 1.75) = 18.25 + 8.25 = 26.5$

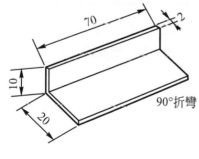

圖 2-20　折彎成品

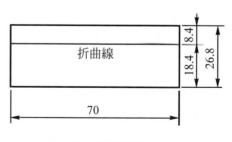

圖 2-21　展開圖尺寸

例2 如圖 2-22、2-23，繪其展開圖。

$L = (10-1) + (50-2) + (12-1) + (0.4\times1)\times2$

$\quad = 9 + 48 + 11 + 0.8 = 68.8$

各邊之伸長量 $= \dfrac{0.4t}{2} = \dfrac{0.4\times1}{2} = 0.2$

$(9 + 0.2 = 9.2，48 + 0.4 = 48.4，11 + 0.2 = 11.2)$

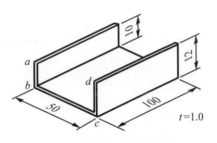

圖 2-22　折彎成品

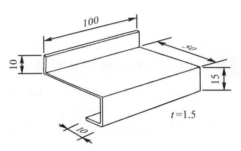

圖 2-23　折彎成品

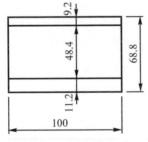

圖 2-24　展開圖尺寸

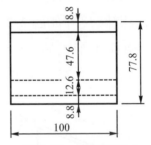

圖 2-25　展開圖尺寸

則展開圖尺寸如圖 2-24 所示。

$L = (10-1.5) + (50-3) + (15-3) + (10-1.5) + (0.4\times1.5)\times3$

$\quad = 8.5 + 47 + 12 + 8.5 + 1.8 = 77.8$

各邊之伸長量 $= \dfrac{0.4t}{2} = \dfrac{0.4\times1.5}{2} = 0.3$

$(8.5 + 0.3 = 8.8，47 + 0.6 = 47.6，12 + 0.6 = 12.6)$

則展開圖尺寸如圖 2-25 所示。

另解(採用補正值，$t = 1.5$，$K' = 1.3$)

$L = (10-1.3) + (50-2.6) + (15-2.6) + (10-1.3) = 77.2$

表 2-3　折曲展開尺寸計算一覽表

折曲形狀	展開圖	計算基本式	$t = 0.5$	$t = 0.8$	$t = 1.0$	$t = 1.2$	$t = 1.5$	$t = 2.0$	$t = 2.5$	$t = 3.0$
(圖) B	(圖)	$l_1 = A - 0.8t$ $l_2 = B - 0.8t$ $L = A + B - 1.6t$	$A - 0.4$ $B - 0.4$ $A + B - 0.8$	$A - 0.64$ $B - 0.64$ $A + B - 1.28$	$A - 0.8$ $B - 0.8$ $A + B - 1.6$	$A - 0.96$ $B - 0.96$ $A + B - 1.92$	$A - 1.2$ $B - 1.2$ $A + B - 2.4$	$A - 1.6$ $B - 1.6$ $A + B - 3.2$	$A - 2.1$ $B - 2.1$ $A + B - 4.2$	$A - 2.5$ $B - 2.5$ $A + B - 5$
(圖) $A \neq C$ B、C	(圖)	$l_1 = A - 0.8t$ $l_2 = B - 1.6t$ $l_3 = C - 0.8t$ $L = A + B + C$ $- 3.2t$	$A - 0.4$ $B - 0.8$ $C - 0.4$ $A + B + C -$ 1.6	$A - 0.64$ $B - 1.28$ $C - 0.64$ $A + B + C -$ 2.56	$A - 0.8$ $B - 1.6$ $C - 0.8$ $A + B + C -$ 3.2	$A - 0.96$ $B - 1.92$ $C - 0.96$ $A + B + C -$ 3.84	$A - 1.2$ $B - 2.4$ $C - 1.2$ $A + B + C -$ 4.8	$A - 1.6$ $B - 3.2$ $C - 1.6$ $A + B + C -$ 6.4	$A - 2.1$ $B - 4.2$ $C - 2.1$ $A + B + C -$ 8.4	$A - 2.5$ $B - 5$ $C - 2.5$ $A + B + C -$ 10
(圖) B、C、A	(圖)	$l_1 = l_2 = A - 0.8t$ $l_3 = l_4 = B - 1.6t$ $L = 2A + B - 3.2t$	$2A + B - 1.6$	$2A + B - 2.56$	$2A + B - 3.2$	$2A + B - 3.84$	$2A + B - 4.8$	$2A + B - 6.4$	$2A + B - 8.4$	$2A + B - 10$
(圖) A、B、C	(圖)	$l_1 = l_3 = A - 0.8t$ $l_2 = l_4 = B - 1.6t$ $l_5 = A - 1.6t$ $L = A + 2(B+C)$ $- 6.4t$	$A - 0.4$ $B - 0.8$ $A - 0.8$ $A + 2(B+C)$ $- 3.2$	$A - 0.64$ $B - 1.28$ $A - 1.28$ $A + 2(B+C)$ $- 5.12$	$A - 0.8$ $B - 1.6$ $A - 1.6$ $A + 2(B+C)$ $- 6.4$	$A - 0.96$ $B - 1.92$ $A - 1.92$ $A + 2(B+C)$ $- 7.68$	$A - 1.2$ $B - 2.4$ $A - 2.4$ $A + 2(B+C)$ $- 9.6$	$A - 1.6$ $B - 3.2$ $A - 3.2$ $A + 2(B+C)$ $- 12.8$	$A - 2.1$ $B - 4.2$ $A - 4.2$ $A + 2(B+C)$ $- 16.8$	$A - 2.5$ $B - 5$ $A - 5$ $A + 2(B+C)$ $- 20$
(圖) A、B、C	(圖)	$l_1 = C - 0.8t$ $l_2 = B - 2.6t$ $l_3 = A - 1.6t$ $l_4 = B - 1.6t$ $l_5 = A - 0.8t$ $L = 2(A+B) + C$ $- 7.4t$	$C - 0.4$ $B - 1.3$ $A - 0.8$ $B - 0.8$ $A - 0.4$ $2(A+B) + C$ $- 3.7$	$C - 0.64$ $B - 2.08$ $A - 1.28$ $B - 1.28$ $A - 0.64$ $2(A+B) + C$ $- 5.92$	$C - 0.8$ $B - 2.6$ $A - 1.6$ $B - 1.6$ $A - 0.8$ $2(A+B) + C$ $- 7.4$	$C - 0.96$ $B - 3.12$ $A - 1.92$ $B - 1.92$ $A - 0.96$ $2(A+B) + C$ $- 8.88$	$C - 1.2$ $B - 3.9$ $A - 2.4$ $B - 2.4$ $A - 1.2$ $2(A+B) + C$ $- 11.1$	$C - 1.6$ $B - 5.2$ $A - 3.2$ $B - 3.2$ $A - 1.6$ $2(A+B) + C$ $- 14.8$	$C - 2.1$ $B - 6.7$ $A - 4.2$ $B - 4.2$ $A - 2.1$ $2(A+B) + C$ $- 19.3$	$C - 2.5$ $B - 8$ $A - 5$ $B - 5$ $A - 2.5$ $2(A+B) + C$ $- 23$

說明：(1)尺寸 A、B、C 都是外側尺寸。

　　　(2) $t = 2.5$，$t = 3.0$ 之時與計算基本式所求之數值有差，故應採用實際作業上之數值。

三、直角有 R 圓弧之伸長量

如圖 2-26 所示，因有彎角時外側伸長，內側縮小，不伸縮之中立軸一般採用 $t/3$ 處，則展開長度計算如下：

$$L = A + B + K \quad K\text{表示}\frac{1}{4}\text{圓弧長}$$

$$K = \frac{\pi D}{4} = \frac{\left(\frac{t}{3} + R\right) \times 2\pi}{4} = \left(\frac{t}{3} + R\right) \times \frac{\pi}{2} = \left(\frac{t}{3} + R\right) \times 1.57$$

則　　　$L = A + B + \left(\frac{t}{3} + R\right) \times 1.57$　（注意A、B尺寸不包含R半徑）

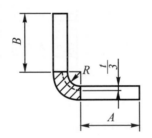

圖 2-26　直角折彎(有R圓弧)

例 3　如圖 2-27，繪其展開圖($t = 1.5$mm，$R = 5$mm)

$k = \left(\frac{1.5}{3} + 5\right) \times 1.57 = 8.64$，各邊伸長量 $= \frac{8.64}{2} = 4.32$

全長$L = (20 - 5 - 1.5) + (25 - 5 - 1.5) + 8.64$

$\quad\quad\quad = 13.5 + 18.5 + 8.64 = 40.64$

$(13.5 + 4.32 = 17.82)$

$(18.5 + 4.32 = 22.82)$

則展開圖尺寸如圖 2-28 所示。

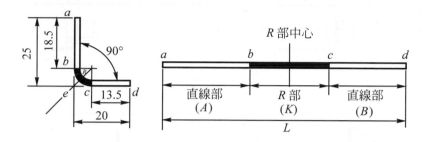

圖 2-27　折曲加工前圖

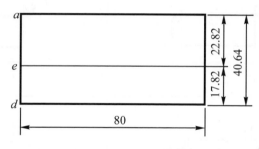

圖 2-28　展開圖尺寸

表 2-4 直角折彎(有R圓弧)展開尺寸計算圖表

	I	II
A	$A \neq B$	
	$L = A + B + K$	$L = 2A + K$
B	$B \neq C$	
	$L = A + B + C + 2K$	$L = A + 2(B + K)$
C	$C \neq D$	
	$L = A + 2(B + 2K) + C + D$	$L = 2(A + B) + 4K$

表 2-5　K 數值一覽表 $K = \left(\dfrac{t}{3} + R\right) \times 1.57$

R ＼ t	0.5	0.8	1.0	1.2	1.5	2.0	2.5	3.0	4.0
2.0	3.40	3.55	3.66	3.77	3.93	4.19	4.44	4.71	5.23
2.5	4.18	4.33	4.44	4.55	4.71	4.97	5.23	5.49	6.01
3.0	4.97	5.12	5.23	5.34	5.50	5.76	6.01	6.28	6.79
3.5	5.75	5.90	6.01	6.12	6.28	6.55	6.79	7.06	7.57
4.0	6.54	6.69	6.08	6.91	7.07	7.32	7.59	7.85	8.37
4.5	7.33	7.48	7.58	7.69	7.85	8.10	8.37	8.63	9.15
5.0	8.11	8.27	8.37	8.48	8.64	8.89	9.16	9.42	9.94
5.5	8.89	9.05	9.15	9.26	9.42	9.67	9.94	10.20	10.72
6.0	9.68	9.84	9.94	10.05	10.21	10.46	10.73	10.99	11.51
6.5	10.47	10.62	10.72	10.83	10.99	11.24	11.51	11.77	12.29
7.0	11.25	11.41	11.51	11.62	11.78	12.03	12.30	12.56	13.08
7.5	12.04	12.19	12.29	12.40	12.56	12.81	13.08	13.34	13.85
8.0	12.82	12.98	13.08	13.19	13.35	13.60	13.87	14.13	14.65
8.5	13.61	13.76	13.86	13.97	14.13	14.38	14.65	14.91	15.43
9.0	14.39	14.55	14.65	14.76	14.92	15.17	15.44	15.70	16.22
9.5	15.18	15.33	15.43	15.54	15.70	15.95	16.22	16.48	17.00
10	15.96	16.12	16.22	16.33	16.49	16.74	17.01	17.26	17.78
11		17.69	17.69	17.90	18.06	18.31	18.58	18.83	19.35
12		19.62	19.36	19.47	19.63	19.88	20.15	20.40	20.92
13		20.83	20.93	21.04	21.20	21.45	21.72	21.97	22.49
14		22.40	22.50	22.61	22.77	23.02	23.29	23.54	24.06
15		23.97	25.07	24.18	24.34	24.59	24.86	25.11	25.63
16		25.54	25.64	25.75	25.91	26.16	26.43	26.68	27.20
17		27.11	27.21	27.32	27.48	27.73	28.00	28.25	28.77
18		28.68	28.78	28.89	29.05	29.30	29.57	29.82	30.34
19		30.25	30.35	30.46	30.62	30.87	31.14	31.39	31.91
20		31.82	31.92	32.03	32.19	32.44	32.71	32.96	33.48
21						34.01	34.28	34.53	35.05
22						35.58	35.85	36.10	36.62
23						37.15	37.42	37.67	38.19
24						38.72	38.99	39.24	39.76
25						40.29	40.56	40.81	41.33

四、折返彎曲之伸長量

金屬薄板之折返彎曲(又稱單層緣)，如圖 2-29(d)所示，可增加強度及線條美觀，其加工順序如圖 2-29(a)(b)(c)所示。展開長度計算如下：

$$L = A + B - K$$

其中 K 值如表 2-6 所示(適用於 SPCC 材料)

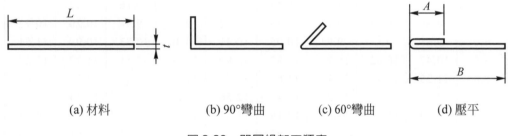

| (a) 材料 | (b) 90°彎曲 | (c) 60°彎曲 | (d) 壓平 |

圖 2-28　單層緣加工順序

表 2-6　折返彎曲(單層緣)之伸長量

t	0.5	0.8	1.0	1.2	1.5	1.6	2.0
k	0.2	0.2	0.4	0.5	0.8	0.8	1.1

五、鈍角彎曲之伸長量

板金製品之形狀，作鈍角彎曲加工時，若忽略不計伸長量之變化，將得不到正確的展開尺寸，因而影響工作之精密度，其長度計算方法如下：

1. 展開尺寸之計算式

如圖 2-30 所示之鈍角彎曲加工，其展開計算可分為內側尺寸法 (A, B) 及外側尺寸法 (A_1, B_1) 二種：

內側尺寸　$L = A + B + 2K$
外側尺寸　$L = A_1 + B_1 - 2K_1$

如圖2-30所示，利用三角函數之計算$K \doteqdot t \times \tan \dfrac{\theta}{2}$

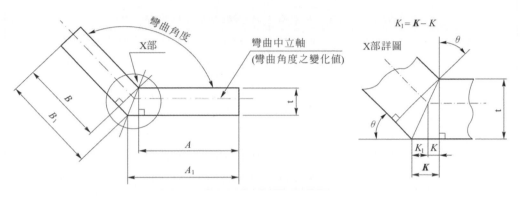

圖 2-30　鈍角彎曲加工

2. 中立軸與彎曲角度之關係，依實際測定結果，其數值如下：

彎曲角度(95°～110°)時，中立軸(0.2t)

則　$K \doteqdot 0.2t \times \dfrac{\theta}{2}$

彎曲角度(115°～150°)時，中立軸(0.3t)

則　$K \doteqdot 0.3t \times \dfrac{\theta}{2}$

彎曲角度(155°～175°)時，中立軸(0.4t)

則　$K \doteqdot 0.4t \times \dfrac{\theta}{2}$

用上式計算結果，其值如表2-7、表2-8、表2-9所示：

表 2-7　鈍角彎曲中立軸尺寸一覽表(95°～110°)

彎曲角度 t	95°				100°				105°				110°			
	K	K_1	$2K$	$2K_1$	K	K_1	$2K$	$2K_1$	K	K_1	$2K$	$2K_1$	K	K_1	$2K$	$2K_1$
0.5	0.1	0.4	0.2	0.8	0.1	0.3	0.2	0.6	0.1	0.3	0.2	0.6	0.1	0.3	0.2	0.6
1.0	0.2	0.7	0.4	1.4	0.1	0.7	0.2	1.4	0.1	0.7	0.2	1.4	0.1	0.6	0.2	1.2
1.2	0.3	0.8	0.6	1.6	0.2	0.8	0.4	1.6	0.2	0.7	0.4	1.4	0.2	0.6	0.4	1.2
1.6	0.3	1.2	0.6	2.4	0.3	1.0	0.6	2.0	0.2	1.0	0.4	2.0	0.2	0.9	0.4	1.8
2.0	0.3	1.5	0.6	3.0	0.3	1.4	0.6	2.8	0.3	1.2	0.6	2.4	0.3	1.1	0.6	2.2
2.5	0.5	1.8	1.0	3.6	0.4	1.7	0.8	3.4	0.4	1.5	0.8	3.0	0.4	1.4	0.8	2.8
3.0	0.5	2.2	1.0	4.4	0.5	2.0	1.0	4.0	0.5	1.8	1.0	3.6	0.4	1.4	0.8	2.8

表 2-8　鈍角彎曲中立軸尺寸一覽表(115°～150°)

彎曲角度 t	115°				120°				125°				130°			
	K	K_1	$2K$	$2K_1$	K	K_1	$2K$	$2K_1$	K	K_1	$2K$	$2K_1$	K	K_1	$2K$	$2K_1$
0.5	0.1	0.2	0.2	0.4	0.1	0.2	0.2	0.4	0.1	0.2	0.2	0.4	0.1	0.1	0.2	0.2
1.0	0.2	0.4	0.4	0.8	0.2	0.4	0.4	0.8	0.2	0.3	0.4	0.6	0.2	0.3	0.4	0.6
1.2	0.2	0.6	0.4	1.2	0.2	0.5	0.4	1.0	0.2	0.4	0.4	0.8	0.2	0.4	0.4	0.8
1.6	0.2	0.8	0.4	1.6	0.2	0.7	0.4	1.4	0.2	0.6	0.4	1.2	0.2	0.5	0.4	1.0
2.0	0.3	1.0	0.6	2.0	0.3	0.9	0.6	1.8	0.2	0.7	0.4	1.4	0.3	0.6	0.6	1.2
2.5	0.4	1.2	0.8	2.4	0.4	1.0	0.8	2.0	0.3	0.9	0.6	1.8	0.3	0.9	0.6	1.8
3.0	0.4	1.5	0.8	3.0	0.4	1.3	0.8	2.6	0.4	1.1	0.8	2.2	0.4	1.0	0.8	2.0

彎曲角度 t	135°				140°				145°				150°			
	K	K_1	$2K$	$2K_1$	K	K_1	$2K$	$2K_1$	K	K_1	$2K$	$2K_1$	K	K_1	$2K$	$2K_1$
0.5	0.1	0.1	0.2	0.2	—	0.1	—	0.2	—	0.1	—	0.2	—	0.1	—	0.2
1.0	0.1	0.3	0.2	0.6	0.1	0.3	0.2	0.6	0.1	0.2	0.2	0.4	0.1	0.2	0.2	0.4
1.2	0.2	0.3	0.4	0.6	0.1	0.3	0.2	0.6	0.1	0.3	0.2	0.6	0.1	0.2	0.2	0.4
1.6	0.2	0.5	0.4	1.0	0.2	0.4	0.4	0.8	0.1	0.4	0.2	0.8	0.1	0.3	0.2	0.6
2.0	0.2	0.6	0.4	1.2	0.2	0.5	0.4	1.0	0.2	0.4	0.4	0.8	0.2	0.3	0.4	0.6
2.5	0.3	0.7	0.6	1.4	0.3	0.6	0.6	1.2	0.2	0.6	0.4	1.2	0.2	0.5	0.4	1.0
3.0	0.3	0.9	0.6	1.8	0.3	0.7	0.6	1.4	0.3	0.6	0.6	1.2	0.2	0.6	0.4	1.2

表 2-9　鈍角彎曲中立軸尺寸一覽表(155°～170°)

彎曲角度 t	155°				160°				165°			
	K	K_1	$2K$	$2K_1$	K	K_1	$2K$	$2K_1$	K	K_1	$2K$	$2K_1$
0.5	—	0.1	—	0.2	—	0.1	—	0.2	—	—	—	—
1.0	0.1	0.1	0.2	0.2	0.1	0.1	0.2	0.2	—	0.1	—	0.2
1.2	0.1	0.2	0.2	0.4	0.1	0.1	0.2	0.2	—	0.1	—	0.2
1.6	0.1	0.3	0.2	0.6	0.1	0.2	0.2	0.4	0.1	0.1	0.2	0.2
2.0	0.2	0.2	0.4	0.4	0.1	0.2	0.2	0.4	0.1	0.2	0.2	0.4
2.5	0.2	0.3	0.4	0.6	0.2	0.3	0.4	0.6	0.1	0.2	0.2	0.4
3.0	0.2	0.5	0.4	1.0	0.2	0.3	0.4	0.6	0.2	0.2	0.4	0.4

彎曲角度 t	170°				175°							
	K	K_1	$2K$	$2K_1$	K	K_1	$2K$	$2K_1$				
0.5	—	—	—	—	—	—	—	—				
1.0	—	0.1	—	0.24	—	—	—	—				
1.2	—	0.1	—	0.2	—	—	—	—				
1.6	—	0.1	—	0.2	—	—	—	—				
2.0	—	0.2	—	0.4	—	—	—	—				
2.5	0.1	0.1	0.2	0.2	—	0.1	—	0.2				
3.0	0.1	0.2	0.2	0.4	—	0.10	—	0.2				

2-3　繪製展開加工圖

一、前　言

　　繪製板金製品之展開圖面時，可由基本計算式或查表，計算出正確之展開尺寸，則工作者，就可依照展開圖面去做裁板、開孔、切斷、彎曲等工作，然後依照指示作業，即可獲得正確板金製品尺寸。如圖 2-31 所示為板金製品之工作圖，利用計算展開之方法，就可以畫出展開加工圖面，如

圖 2-32 所示，非常實用方便。在折彎前，可先用沖床(或NCT、鐳射切割)完成φ5、φ20圓孔及長方形孔，因此對大量生產之冶具鑽孔、折彎，加工時間之縮短，工作效率之提昇，頗有幫助。

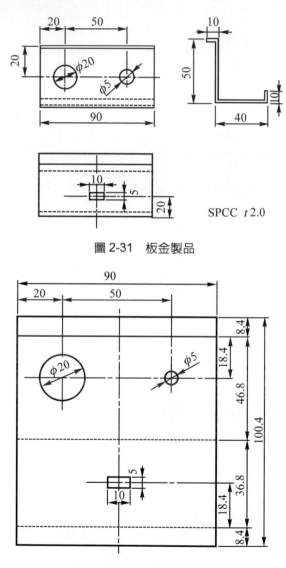

圖 2-31　板金製品

圖 2-32　展開圖

二、展開加工圖之目的

1. 有標註詳細尺寸，使裁板工作更安全可靠。
2. 對開孔冶具有明確的指示位置尺寸，精度提高。
3. 對折彎之順序判定正確。
4. 對折彎加工，或類似的加工製品，可一目瞭然，對模之時間減少，效率提高。

三、繪製展開加工圖之要領

1. 不要誤判折曲方向

　　　繪製展開工作圖面時，最容易錯誤的是折彎方向，如圖 2-33 所示為板金之工作圖，依前述之方法可計算展開加工圖如圖 2-34 所示，必需明示其斷面形狀，以實線、虛線區別彎曲線的記入方式，在板厚斷面記入彎曲方向，因此由側視圖之彎曲箭頭，與平面圖之實線及點線之關係非常明瞭。

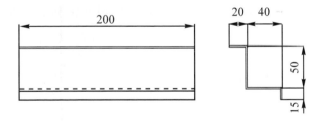

SPCC　*t*2.0

圖 2-33　板金製品圖

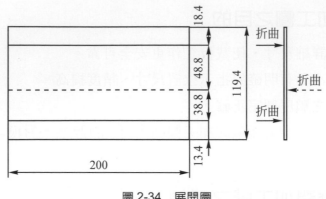

圖 2-34　展開圖

2. 加工裕度要明確記入

　　板金工作折彎尺寸之精度，不似車床工作以μ為單位，如對製品之折彎部位要求精度很高時，則必須增加加工裕度，以使彎曲後再機械加工，如圖 2-35 所示。

　　假如折邊h太小，如圖 2-34 所示(一般下模寬度$W = 6t$為最小界限，而$W' = \dfrac{t}{2}$為最小之數值)，則折彎工作會滑動；若角孔、圓孔太接近折曲線，會造成孔狀變形，外觀非常難看，因此在展開加工圖面上必須明確記載，如表 2-10 所示。(一般工件設計的原則最小的折彎長度：$h = \dfrac{1}{2} \times W \times \sqrt{2}$)

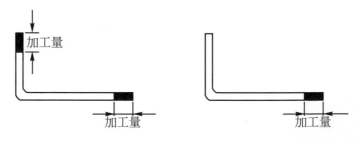

圖 2-35　加工裕度

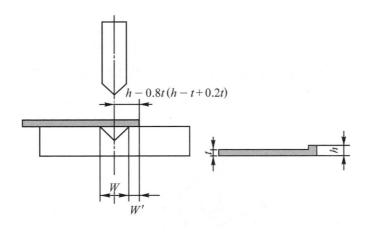

圖 2-36　短邊彎曲之界限

表 2-10　加工裕度之表示方法

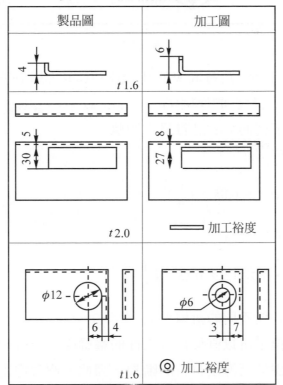

3. 最小距離與最小長度

　　　　若工件在折彎區域包含了缺口或孔，要保持缺口或孔的原來形狀時，折彎的那一個邊緣須與折彎線保持一個最小距離。

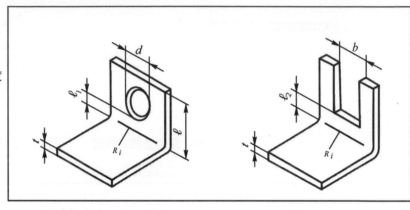

ℓ_1, ℓ_2	最小距離
b	缺口的寬度
d	孔的直徑
R_i	內角
t	工件厚度
ℓ	折彎長度

圖 2-37

　　　　最小的折彎距離取決於孔的直徑(d)、缺口的寬度(b)、工件的內角(R_i)以及材料的厚度(t)。

　　　　使用下列的公式計算最小距離：

(1) 有圓孔時

$$\ell_1 = (d \times t)^{1/2} + 0.8R_i \times \left(\frac{\ell}{d}\right)^{1/2}$$

(2) 有缺口或方孔時

$$\ell_2 = 1.1 \times (b \times t)^{1/2} + 0.8R_i \times \left(\frac{\ell}{d}\right)^{1/2}$$

4. 考慮使用各種不同的折彎形式

　　　　折彎線不可以直接經過工件的輪廓線，這會影響折彎處材料的壓縮或膨漲進而導玫材料的斷裂，因此，應考慮工件在折彎區域的變形問題。如下圖中所示之各種正確與錯誤折彎的工件範例。

$b=1.5t$
折彎線應避免
直接經過斜角
的尖端

$\ell_{min.}= 1/2w + t$
折彎時應避免像
y 一樣的短邊，
應改用像 x 一樣
退縮之折法

$x_{min.}= (1{\sim}1.5)t$
若要留像 y 一樣
的短邊，可以將
折彎線改爲貫穿
方孔來代替

w　下刀具寬度
t　材料厚度

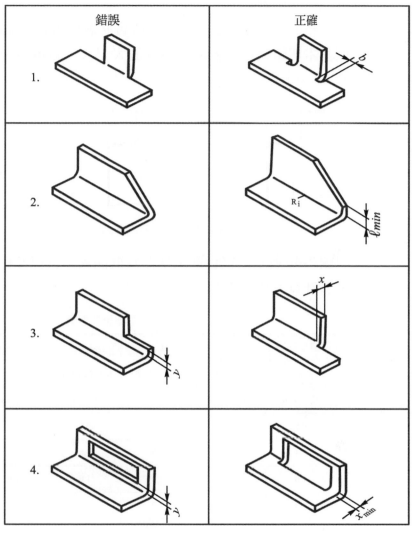

圖 2-38

5. 接合形狀要明確記入

　　在箱形彎曲等，製品角隅的接合狀態很重要，如圖2-39所示為三種基本切斷缺口之要領，特別放大記入，對現場作業者有莫大的助益。

圖 2-39　接合部之展開圖

　　圖2-40所示為接合部之種類及展開圖，斜線部份是切斷缺口尺寸，其計算方法如表2-11所示。

表 2-11　接合部缺口切斷展開計算

種類	①②④⑤	①②③⑥⑦	④⑤	⑥⑦	⑧⑨	⑩⑪
計算式	$t_1 = A - K_1$	$t_2 = A - K_2$	$t_3 = A - C + K_3$	$t_4 = A - C - K_4$	$t_5 = C - A - K_5$	$t_6 = C - A + K_6$
t ＼ $K_1 \sim K_6$	$K_1 = 1.6t$	$K_2 = 0.6t$	$K_3 = t$	$K_4 = t$	$K_5 = t$	$K_6 = t$
0.5	0.8	0.3	0.5	0.5	0.5	0.5
0.8	1.3	0.5	0.8	0.8	0.8	0.8
1.0	1.6	0.6	1.0	1.0	1.0	1.0
1.2	2.0	0.7	1.2	1.2	1.2	1.2
1.5	2.4	0.9	1.5	1.5	1.5	1.5
2.0	3.2	1.2	2.0	2.0	2.0	2.0
2.3	3.7	1.4	2.3	2.3	2.3	2.3
3.2	5.0	1.8	3.2	3.2	3.2	3.2

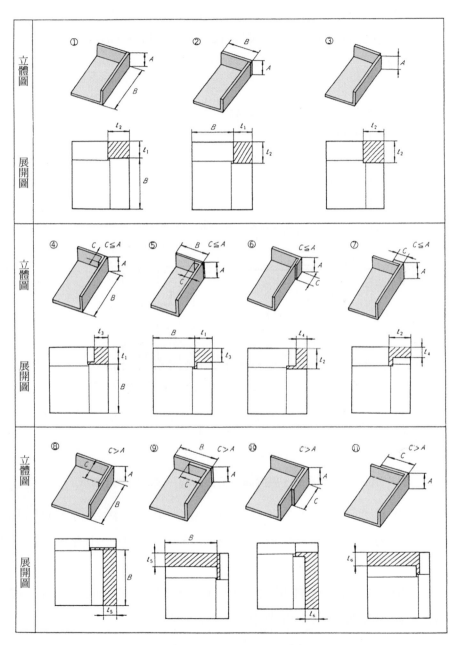

圖 2-40　接合部之種類及展開圖

如圖 2-41 所示之接合部缺口如何計算？查表 2-11，$t = 2.0$mm，接合狀態是①，則 $l_1 = A - K_1 = 15 - 3.2 = 11.8$，$l_2 = A - K_2 = 15 - 1.2 = 13.8$

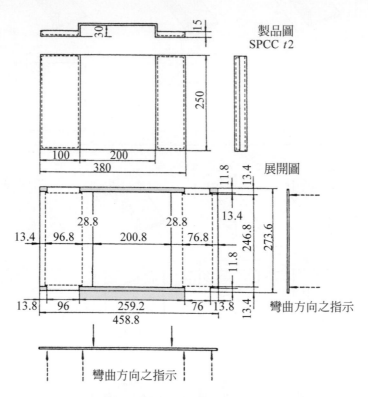

圖 2-41　製品圖、展開圖、折曲方向、缺口尺寸之指示

在④、⑤、⑥、⑦、⑧、⑨、⑩、⑪之切斷部份，有時用如圖 2-42 之方法也可以，或者用如圖 2-43 之方法沖一小孔，以防止材料龜裂。

無論選用那一種接合，必須考慮強度、工作之難易、接合方法，甚至美觀亦應一併考慮。

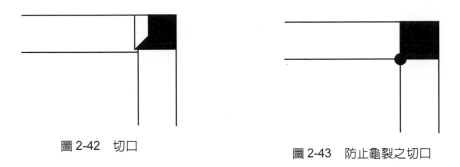

圖 2-42　切口　　　　　　　　　圖 2-43　防止龜裂之切口

6. 以模型確認

　　作展開圖面，尚未熟練時，缺口方向很容易錯誤，因此先用剪刀製作模型確認。如圖 2-44 所示之製品，稍為疏忽就會產生如圖 2-45 所示之錯誤，造成材料損失；所以沒有把握時，最好用厚紙板先作模型，就可得到正確之展開加工圖，如圖 2-46 所示。

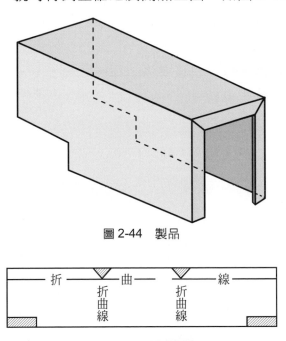

圖 2-44　製品

折	曲	線
折曲線		折曲線

圖 2-45　錯誤展開圖

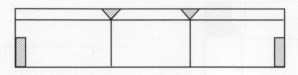

圖 2-46　正確展開圖

製作厚紙板模型之優點如下：

⑴　折彎方向及折彎順序，可立即模擬動作，在現場不會造成錯誤。

⑵　製品在折彎部份有困難時，可由模型來檢討改進。

⑶　可增加板金識圖之能力及展開圖之要領。

7　往返折曲(單層緣)部份要特別註明。

8．展開之外圍線要粗，折曲線用點線，裁剪部位表面要劃斜線。

9．要繪製成品之簡圖(立體圖)。

10．盡量利用已有之產品。

11．變更設計要註明更改日期。

12．記錄計算過程，以供日後參考追蹤。

13．展開圖面要確實保留。

四、展開圖之實例

例 1 如圖 2-47 所示之製品有打孔處時，最好彎曲前先沖孔較佳，其計算步驟如下：

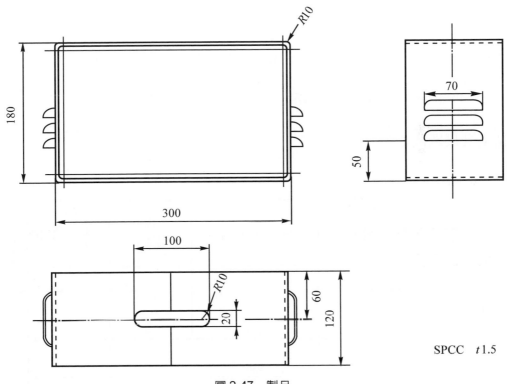

圖 2-47　製品

SPCC　$t1.5$

基本公式 $K = \left(\dfrac{t}{3} + R\right) \times 1.57$ ；$t = 1.5\text{mm}$

$R = 10 - 1.5 = 8.5$(取內側尺寸)查表求得 $K = 14$

則全長 $L = 2(A + B) + 4K$ 　 $A = 280$ 　 $B = 160$ ，$K = 14$

$L = 2(280 + 160) + 4 \times 14 = 936$

在各折曲線間之尺寸中接合部位置是

$$140 + \frac{K}{2} = 140 + \frac{14}{2} = 140 + 7 = 147$$

其他尺寸位置是

$$160 + K = 160 + 14 = 174$$

$$280 + K = 280 + 14 = 294$$

又左右打氣窗之位置,50−10=40 係直線部之長,所以折彎之尺寸是

$$40 + \frac{K}{2} = 40 + 7 = 47$$

結果其展開圖如圖 2-48 所示。

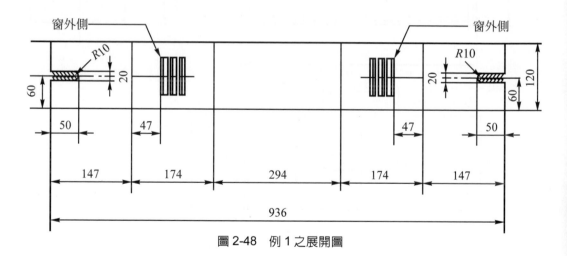

圖 2-48　例 1 之展開圖

例2　如圖2-49所示箱蓋之製品圖，首先計算平面部份及側面部份展開
長度。

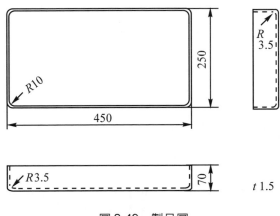

圖 2-49　製品圖

1.　$R = 3.5$，$t = 1.5$，查表2-5求得$K = 6.3$

　　(1)　橫向R之折彎中心間尺寸

　　　　$450 - 2 \times 5 = 440$

　　　　$440 + 6.3 = 446.3$

　　(2)　縱向R之折彎中心間尺寸

　　　　$250 - 2 \times 5 = 240$

　　　　$240 + 6.3 = 246.3$

　　(3)　側向高度

　　　　$70 - 5 = 65$，$65 + \dfrac{6.3}{2} = 68.15$

2. 　$R = 10$，$t = 1.5$，查表 2-5 求得 $K = 16$

　　(1)　橫向 $450 - 2 \times (10+1.5) = 450 - 13 = 427$

　　　　$427 + 16 = 443$

　　(2)　縱向 $250 - 2 \times (10 + 1.5) = 227$

　　　　$227 + 16 = 243$

　　(3)　四個角之切口長度

　　　　$$\frac{582.6 - 443}{2} = 69.8$$

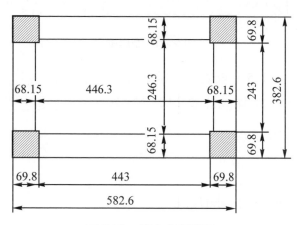

圖 2-50　例 2 之展開圖

例 3　如圖 2-51 所示之製品圖，包括單層緣彎曲、鈍角彎曲及有 R 圓弧之直角彎曲，其展開圖之作法，可利用前面所學之查表及計算法求得，茲分述如下：首先將製品圖分割為 A 及 B 二大部分，則展開尺寸就非常容易計算。

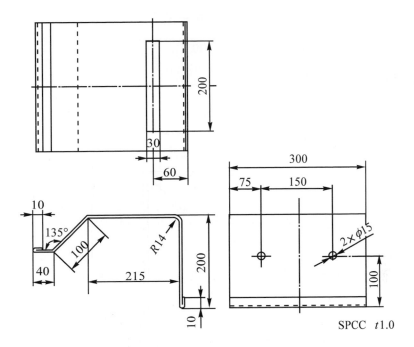

圖 2-51　製品圖

A部份如圖 2-52 所示：

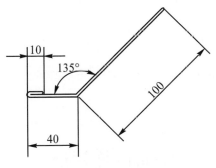

圖 2-52　製品分割圖(A)

查前表 2-7，$t = 1.0$，$K = 0.4$，$\dfrac{K}{2} = 0.2$

$10 - 0.2 = 9.8$，$40 - 0.2 = 39.8$

查前表 2-7，$t = 1.0$，$\theta = 135°$，$K = 0.3$

$$39.8 - 0.3 = 39.5，100 - 0.3 = 99.7$$

B部份如圖 2-53 所示：

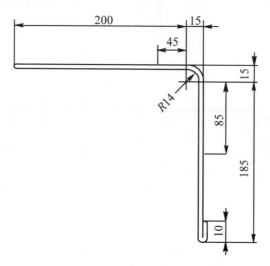

圖 2-53　製品分割圖(B)

查前表 2-5，$t = 1.0$，$R = 14$，$K = 22.5$

$$200 + \frac{22.5}{2} = 211.25$$

$$45 + \frac{22.5}{2} = 56.25$$

$$85 + \frac{22.5}{2} = 96.25$$

查前表 2-7，$t = 1.0$，$K = 0.4$，$\frac{K}{2} = 0.2$

$$185 - 0.2 + \frac{22.5}{2} = 196.05$$

合併求得展開圖如圖 2-54 所示。

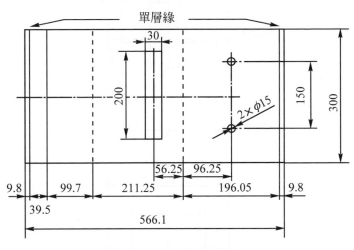

圖 2-54　製品之展開圖

例 4　如圖 2-55 所示之製品圖，其展開加工圖，要特別注意折彎方向與左右側面孔之關係，折彎線為實線時，左右側與展開圖是相反的，要特別留意。展開圖如圖 2-56 所示，底部嵌合之斷面圖如圖 2-57 所示，一般配合間隙尺寸是 0.2mm，所以外側尺寸為：

$$82 - 2 \times 1.6 = 78.8$$

但實際加工時，為配合方便而取間隙尺寸，所以 $78.8 - 0.2 = 78.6$ 為折彎後之外側尺寸，因此內側尺寸為：

$$78.6 - 1.6 \times 2 = 75.4$$

左側面之折彎線附近有 $\phi8$ 及 $\phi3$ 孔，所以折彎後再鑽，以免各孔變形，此項應該在展開加工圖上特別註明。

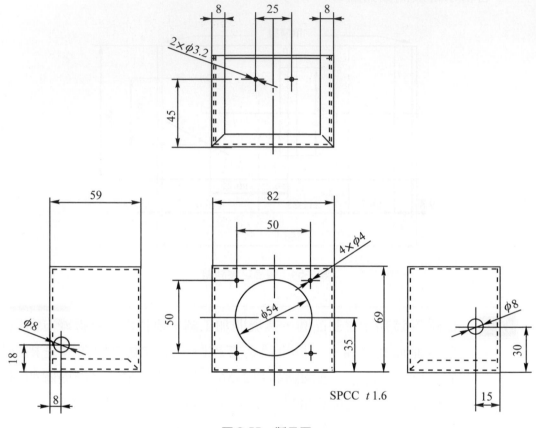

圖 2-55　製品圖

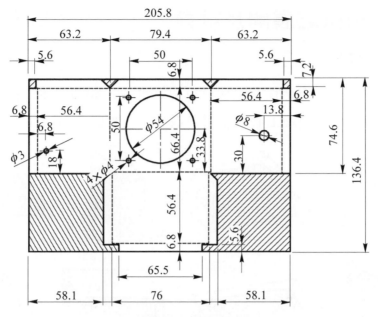

圖 2-56　展開圖

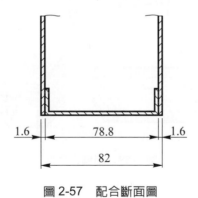

圖 2-57　配合斷面圖

2-4　箱櫃之展開及計算

一、前　言

　　箱櫃之工作在板金作業中佔有重要之地位，如圖 2-55 所示箱櫃之形狀，種類非常多，製造上看起來似乎很簡單，實際上會發生很多困擾。

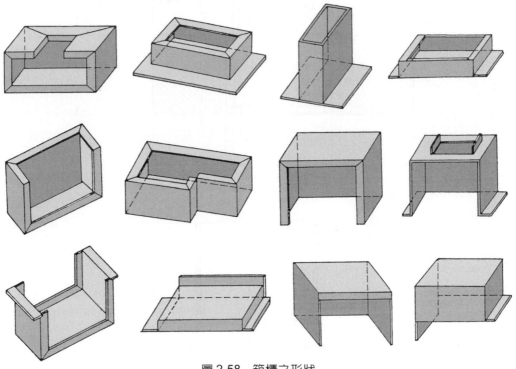

圖 2-58　箱櫃之形狀

　　繪設計圖之前，對箱櫃之基本形狀及如何裁剪節省工時，係製作箱櫃之重點，要明確把握其要領，才能做出複雜之箱櫃。

二、箱櫃之重要註解

　　製作箱櫃之前應考慮下列各條件，對工時估算及作業分析、品質管理非常有幫助。

1. 尺寸、形狀、精度。
2. 材質及強度。
3. 接合方法。
4. 裝配物品及重量。
5. 氣密性(電氣的或機械的)。
6. 裝配場所及位置。
7. 裝置方法、加熱方法、通風方法。
8. 防火、防濕、防塵、防漏及防震方法。
9. 製作數量。
10. 塗裝或電鍍處理。
11. 現場機械設備及工具設備。
12. 現場作業人員之技能程度。
13. 預定完工之日期。

三、箱櫃之形式與裁剪法

箱櫃是四角形有底之容器，形式上可區分為折彎箱與框架箱二大類，前者係用金屬薄板折彎而成，後者是用金屬板先折彎成「L」型或利用型鋼做骨架而成。

1. 折彎箱

係用一張金屬板，或用二張板、三張板折彎後組合而成，再利用鉚接、拉接、點銲、熔接等方法接合。其裁板方法可分類如下：

(1) 一張板成形之箱櫃。
(2) 二張板成形之箱櫃。
   ① 底部嵌入式。
   ② 底部加貼式。
   ③ 側板加貼式。

(3)　三張板折彎之箱櫃。

2.　框架箱

係用上下、左右、前後方向之角鐵作框架，如圖 2-59 所示，適用於大尺寸之箱櫃製造。而框之四角接合方法，若用加熱之銲接，很容易變形且費時。角部之內側，貼板用點銲或鑞接最好。

圖 2-59　框架箱之分解

四、用一張板成形之箱體

如表 2-12 所示共有五類，其中 I 類在裁板作業中最簡單，II、III 類附有凸緣，以供鉚接、點銲或軟鑞接合，而IV、V 類，由於內裝物品不與內邊接觸而採用的方法，但外觀甚差。若 H 太高時，不但浪費材料而且會增加熔接長度，易引起歪斜之現象。

表 2-12　一張板折彎之箱體

種類	立體圖	尺　寸	裁板圖	接合方式
I		$L_1 = A+2H-3.2t$ $L_2 = B+2H-3.2t$		熔接 鑞銲 鉚釘
II		$L_1 = A+2H-3.2t$ $L_2 = B+2H-3.2t$ $L_3 = B+2C-5.2t$		熔接 鑞銲 鉚釘 點銲 CO_2銲
III		$L_1 = A+2H-3.2t$ $L_2 = B+2H-3.2t$ $L_3 = A+2C-5.2t$		同上
IV		$L_1 = A+2H-3.2t$ $L_2 = B+2H-5.2t$ $L_3 = B+2C-3.2t$		同上
V		$L_1 = A+2H-5.2t$ $L_2 = B+2H-3.2t$ $L_3 = A+2C-5.2t$		同上

CH**2**

五、用底板嵌入式二張板成形之箱體

1. 若採用一張板成形,材料要夠寬,熔接尺寸增加會造成變形,因此採用如表 2-13 所示之底面嵌入法,嵌合部份是雙層的,不但省材料,強度亦會增加。I 類在角部接合,II 類角部接合不便,故選在箱體中央,III 類接合地方有折邊加工。選用外邊嵌入式時,箱側面部之外側尺寸等於底板之內側尺寸;而內邊嵌入式時,箱側面部之內側尺寸等於底板之外側尺寸。通常如 II 類之接合處,選用點銲,則引起之歪斜較少,而且加工費低、外觀更佳。

表 2-13　底板嵌入式(用二張板)

種類	立體圖	尺寸及裁板圖	接合方式
I		$L_1 = 2(A+B) - 5.8t$　　$L_2 = H$ L_1　　L_2	熔接 鑞銲 鉚釘 點銲 CO_2銲
II		$L_1 = 2(A+B) - 6.4t$　　$L_2 = H$ L_1　　L_2	同上
III		$L_1 = 2(A+B) - 7.4t$　　$L_2 = H$ L_1　　L_2	同上

2. 底板補貼式

　　如表2-14所示，底板係單一平板貼在箱底，底板套入內部時切斷，強度較差，側面有折邊，採用點銲、鉚接、拉接及電弧銲皆可。其優點是側面板與底板之接合處不用加工，折彎工作簡單，側面之折邊只要一次即完成，可以省工時。其中「Ⅰ」係角部接合，「Ⅱ」是接合在中間，「Ⅲ」表示接合處有折邊緣。

表 2-14　底板補貼式(用二張板)

種類	立體圖	尺寸及裁板圖	接合方式
Ⅰ		$L_1=2(A+B)-5.8t$　　$L_2=H+C-1.6t$	熔接 鑞銲 鉚釘 點銲 CO_2銲
Ⅱ		$L_1=2(A+B)-6.4t$　　$L_2=H+C-1.6t$	同上
Ⅲ		$L_1=2(A+B)+D-7.4t$　　$L_2=H+C-1.6t$	同上

3. 側板補貼式

　　若箱櫃之使用，要拆開一面，則如表2-15所示Ⅰ、Ⅱ、Ⅲ之構造較好。側板之固定法，常將本體之邊緣攻螺絲以供拆卸。Ⅳ、Ⅴ

是用L型或U字型之側板構造，製造大型箱櫃非常適用，且裁板折彎加工容易，底面呈嵌合式，強度亦足夠。

表 2-15　側板補貼式(用二張板)

種類	立體圖	尺　寸	裁板圖	接合方法
I		$L_1 = A+2B-3.2t$ $L_1 = B+C+H-3.2t$		熔接 鑞接
II		$L_1 = A+2B-3.2t$ $L_2 = B+C+H-3.2t$ $L_3 = B+2C-4.2t$		鑞接 鉚釘 點銲
III		$L_1 = A+2B-3.2t$ $L_2 = B+C+H-3.2t$ $L_3 = A+2C-5.2t$		同上
IV		$L_1 = A+2(B+c)-6.4t$ $L_2 = C+H-1.6t$		同上
V		$L_1 = B+C+H-3.2t$ $L_2 = A+2C-3.2t$		同上

六、用三張板成形之箱體

　　由於工場設備不足，或作業能力不夠，無法採用上述的方法時，可以選用如表2-16所示之三張板組合，對常需修理、調整、拆卸非常便利。但接合處多，半成品數量增加，組合時間加長，精度不好是其缺點。如表2-16所示，Ⅰ、Ⅱ是短邊、長邊及「U」形邊等三件來嵌合，可分為內嵌合及外嵌合二種。Ⅲ、Ⅳ不折邊，直接單板貼在兩側。Ⅰ、Ⅱ、Ⅲ及Ⅳ都採三件組合，構造簡單，加工容易，精度較好控制，所以工廠常採用。Ⅴ、Ⅵ、Ⅶ及Ⅷ是三件之形狀不同，加工不易，但底板係嵌入式，強度比較大，非常適用於大型箱類。

表 2-16　三張板折彎之箱體

種類	立體圖	裁板圖	接合方法
Ⅰ			鉚釘點銲
Ⅱ			同上
Ⅲ			同上
Ⅳ			同上

表 2-16　三張板折彎之箱體(續)

種類	立體圖	裁板圖	接合方法
V			同上
VI			同上
VII			同上
VIII			同上

習題

一、是非題

( ) 1. 板金工作圖是工程界共通的語言，其尺寸單位是 mm。

( ) 2. 從板金工作圖中，可以看出使用材料的厚度及種類。

( ) 3. 在板金工作中，識圖時最先注意的是彎曲之角度及順序。

( ) 4. 在板金工作圖面上，彎曲部份用粗實線或細實線顯示。

( ) 5. 在板金圖面之折彎處，會有註明 $R = 20$，係表示其圓弧半徑為 20mm。

( ) 6. 金屬材料厚度 1.0mm，直角折彎後，其強度可增加一倍左右。

( ) 7. 在板金作業中，彎曲順序錯誤，會增加作業者之負擔。

( ) 8. 板金工作圖與一般機械圖不同之點是金屬面有折彎板厚。

( ) 9. 板金之彎曲順序可採用厚紙板先試彎，以增加識圖能力。

( ) 10. 板金彎曲作業應在現場考慮，以免順序錯誤，徒增作業者之負擔。

( ) 11. 在板金作業接合時，應儘量增加銲接範圍，以增加強度。

( ) 12. 板金製品角隅之接合型式，在板金工作圖時，常會放大註記。

( ) 13. 板金工作圖，尺寸線之位置一般僅包括外側尺寸。

( ) 14. 板金製品必須藉化學表面處理或塗裝，形成保護膜。

( ) 15. 在板金製品的重要尺寸處，可以註入符合所要求之精度公差。

( ) 16. 金屬板有彈性，因此折彎時，內側受張力而伸長。

( ) 17. 金屬板有彈性，因此折彎時，外側受壓力而縮短。

( ) 18. 直角折彎之伸長量，一般板金取鐵板厚度之 4 倍來計算。

( ) 19. 直角折彎之伸長量，每一個彎處都要考慮。

( ) 20. 金屬板厚度在 3mm 以上時，折彎之伸長量亦可用計算基本式求出。

( )21. 金屬薄板直角折彎(有 R 圓弧)，不伸縮之中立軸，一般採用 t/3 處來計算伸長量。

( )22. 以折返彎曲(單層緣)可增加成品之強度及美觀，以及防止手被毛邊割傷。

( )23. 折返彎曲之材料厚度為 2.0mm，則 K 值約 0.2。(可查表)

( )24. 若材料厚度為 1.5mm，彎曲半徑為 5.0mm，則 K 值約 8.64mm。(可查表)

( )25. 板金材料 SPCC 材質非常適用於折返彎曲(單層緣)之加工。

( )26. 展開加工圖之目的，對折彎之順序判斷非常有助益。

( )27. 展開加工圖之目的，可使對模之時間減少，效率提高。

( )28. 展開加工圖之外圍線條要繪細，折曲線要繪粗，以加強識圖之效果。

( )29. 板金加工折彎尺寸之精度，與一般車床工之精密度相同。

( )30. 折邊之極限尺寸(W)，一般為材料厚度(t)的 10 倍左右。

( )31. 在箱形彎曲時，角隅的接合狀態在展開加工圖面上應放大註入。

( )32. 在展開加工圖面上，劃斜線部份係說明切口範圍。

( )33. 選用缺口種類，必須考慮強度、工作之難易及接合方法。

( )34. 用厚紙板製作模型，可得到正確之展開加工圖及增加自己識圖的能力。

( )35. 展開圖面欲變更設計時，要註明更改日期。

( )36. 事先繪製展開加工圖，能使工時減少，效率提高。

( )37. 繪製展開加工圖面時，最容易錯誤的是位置尺寸。

( )38. 金屬板之彎曲方向，在展開圖中以粗實線及細實線來區別。

( )39. 箱櫃之工作在板金作業中佔有一席之地，其展開圖必須小心計算，不可疏忽。

( )40. 板金折邊之最小界限，寬度為板厚的三倍左右。

( )41. 在箱形製品中，角隅的接合狀態應放大註解，否則展開圖會不準確。

( )42. 在展開加工圖中，有塗黑部份，係表示切斷尺寸。

( )43. 繪製展開圖時，可先用厚紙板作模型確認，以免造成材料損失。

( )44. 箱櫃之展開加工圖，若用一張板成形，且高度太高時，會增加熔接長度。

( )45. 若箱櫃之使用，常要拆卸、調整及修理，最好採用三張板成形之箱體。

二、問答題

1. 試說明下列二個展開圖何者正確？

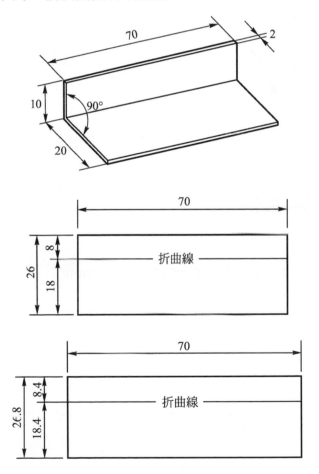

2. 計算下列各板金製品圖之展開尺寸：

(1)
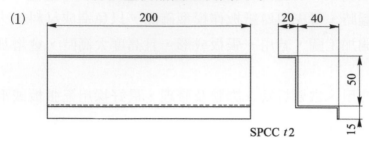
SPCC *t*2

(2)
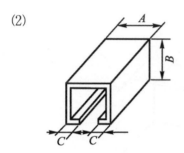

若 $A = 50$，$B = 40$，$C = 10$，$t = 2.0$mm

(3)

若 $A = 50$，$B = 70$，$C = 10$，$t = 2.0$mm

(4) 如下圖，若 $A = 10$，$B = 30$，$t = 1.0$，則展開長度 $L = ?$ mm

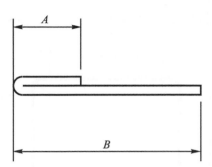

(5) 如下圖，若 $A = 60$，$B = 20$，$C = 15$，$R = 5.0$，$t = 1.5$，則展開長度 $L = ?$ mm

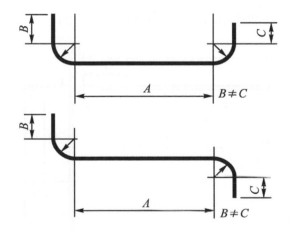

(6) 如下圖，若 $A = 90$，$B = 60$，$C = 60$，$D = 30$，$R = 6.0$，$t = 2.0$，則展開長度 $L = ?$ mm

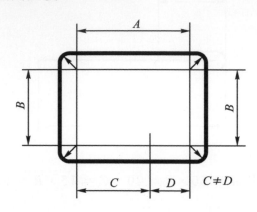

(7) 求下圖之展開長度 $L = ?$ mm(SPCC 1.0)

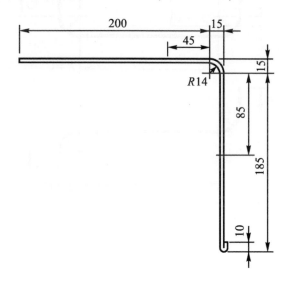

(8) 求板金製品圖之展開長度 $L = ? W = ?$

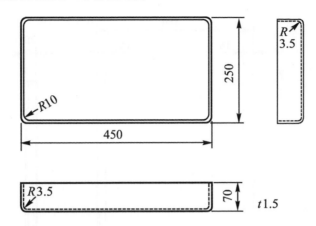

(9) 求板金製品圖之展開長度 $L = ? W = ?$

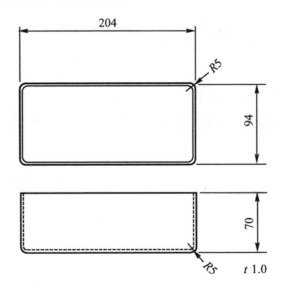

⑽　求板金製品圖之展開長度 $L = ?$ $W = ?$ (彎曲內徑 1.5，SPCC 1.6)

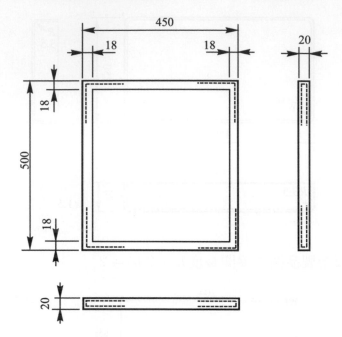

3.　簡述展開加工圖之目的。

4.　簡述繪製展開加工圖面之要領。

5. 求下列各圖接合部缺口之尺寸。

(1) 設 $t = 2.0\text{mm}$，$A = 20$，則 $l_1 = ?$，$l_2 = ?$

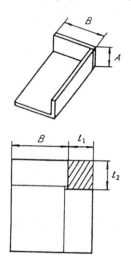

(2) 設 $t = 2.0\text{mm}$，$A = 20$，$C = 10$，則 $l_1 = ?$，$l_3 = ?$

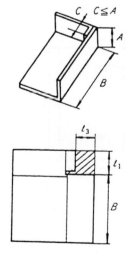

(3)　設 $t = 1.0\text{mm}$，$A = 20$，$C = 20$，則 $l_6 = ?$

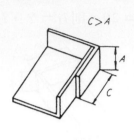

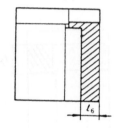

6.　繪製下列各展開加工圖。

(1)

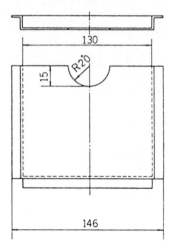

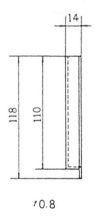

$t\,0.8$

(2)

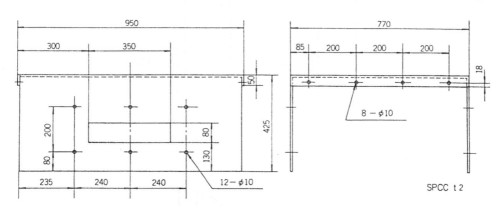

SPCC t 2

(3)

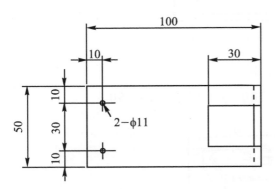

2－φ11

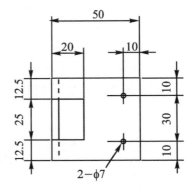

2－φ7

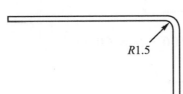

R1.5

SPCC
t 1.6

(4)

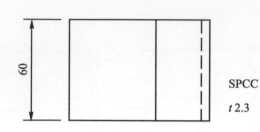

SPCC

t 2.3

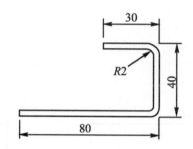

計算及繪製下列各題之開加工圖

7. 設 $t = 2.0$，$A = 150$，$B = 100$，$C = 20$，$H = 50$。

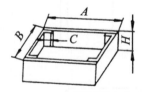

8. 設 $t = 1.5$，$A = 150$，$B = 100$，$H = 60$。

9. 設 $t = 1.0$，$A = 150$，$B = 100$，$C = 20$，$H = 50$。

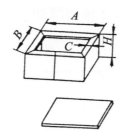

10. 設 $t = 2.0$，$A = 100$，$B = 100$，$H = 70$，$C = 25$。

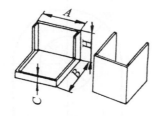

11. 設 $t = 1.0$，$A = 100$，$B = 100$，$H = 70$，$C = 25$。

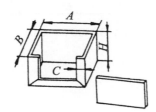

12. 將下列製品圖利用剪刀、厚紙板、白膠、膠布、……等，製作模型以增加識圖能力及繪製正確展開加工圖，併檢討改進。

(1)

吊耳(SS400 $t = 5.0$)

(2)

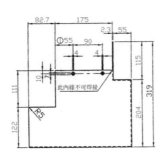

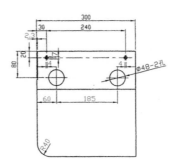

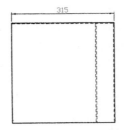

此內緣不可焊接

儲刀倉(一)(SS400 t = 2.3)

(3)

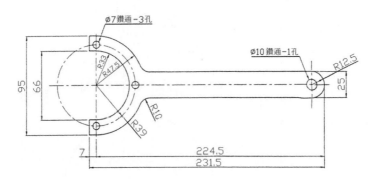

ø7鑽通-3孔

ø10鑽通-1孔

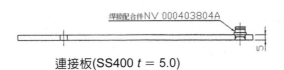

焊接配合件NV 000403804A

連接板(SS400 t = 5.0)

(4)

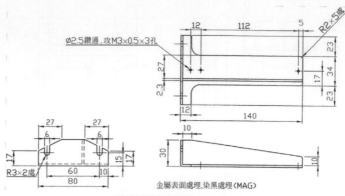

Ø2.5鑽通，攻M3×0.5×3孔

金屬表面處理，染黑處理(MAG)

固定板(SS400 $t = 2.3$)

(5)

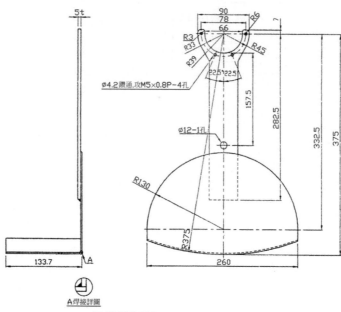

Ø4.2鑽通，攻M5×0.8P–4孔

Ø12–1孔

A焊接詳圖

吊桿(SS400 $t = 5.0$　$t = 2.3$)

(6)

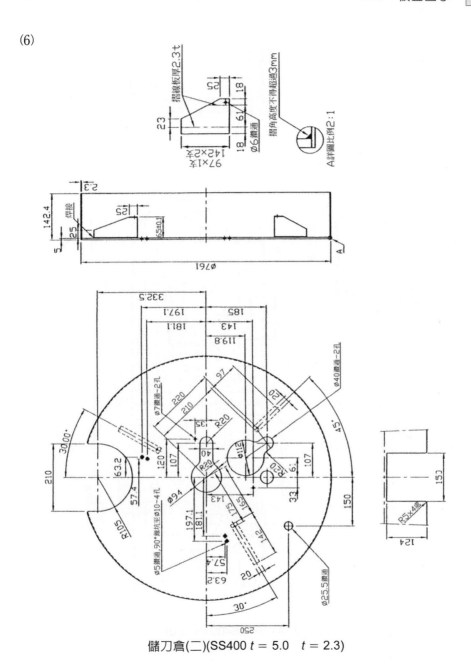

儲刀倉(二)(SS400 $t = 5.0$ $t = 2.3$)

(7)

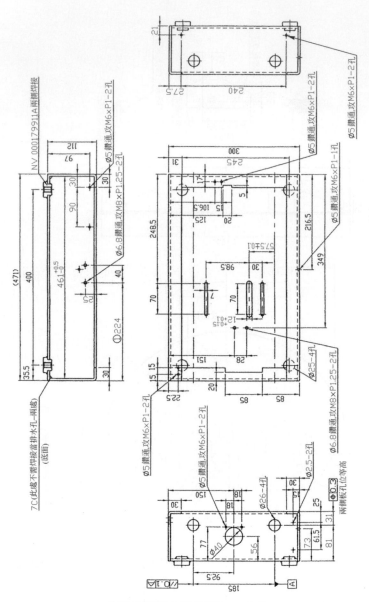

斗笠式儲刀倉(SS400 $t = 5.0$)

剪切加工

3-1　用鋼剪剪切

3-2　用檯剪剪切

3-3　用方剪機剪切

3-4　用手電剪剪切

3-5　電動剪床之剪切

3-6　油壓剪角機之剪切

3-7　油壓剪床之剪切

3-8　NC 油壓剪床之剪切

3-9　高速砂輪切斷機與輕型圓鋸切斷機之
　　　使用

3-10　手提砂輪機之使用

3-11　電腦沖床(NCT)之使用

3-12　雷射切割機之使用

3-1 用鋼剪剪切

一、前言

　　鋼剪是板金切斷用手工具中最常使用者;鋼剪本體係以鍛鋼製成,刃口以工具鋼鍛接而成。鋼剪的規格是以它的全長(mm)表示之,有 150、200、300、350、400mm等規格,它的用途和型式很多,但剪口的型式僅有直刃片(Straight Blade)與組合刃片(Combination Blade)兩種。圖 3-1 表示兩種刀刃的區別:直刃片的刃面從刃口開始平直向上,而組合刃片卻從刃口開始向後彎縮;使用時,組合刃片在剪切圓弧時,可容許板料滑過上方刃片,但直刃片剪則不能如此,僅適宜用來剪直線工作。

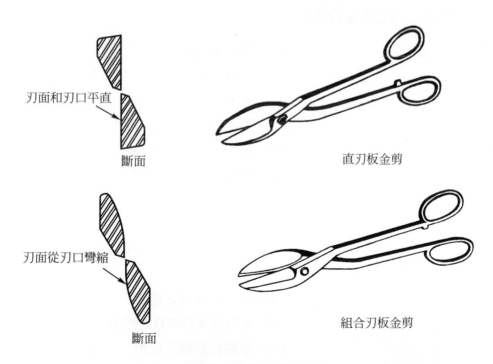

刃面和刃口平直

斷面

直刃板金剪

刃面從刃口彎縮

斷面

組合刃板金剪

圖 3-1　直刃片和組合刃片

二、鋼剪刃口之角度

如圖 3-2 所示，剪刀的刃面角度約在 65°為宜，且刃口在剪斷過程中，上下刀刃的剪角不許有少許的變化；所以在刃口前面的部份約有 2°之餘隙角。

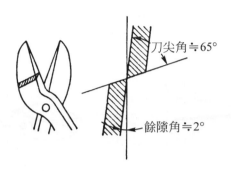

刀尖角≒65°

餘隙角≒2°

圖 3-2　刃口的角度

三、鋼剪的種類及用途

1. 直刃鋼剪

    如圖 3-3(a)所示，具有平直之剪口，剪切直線用，用作一般性之剪割。

2. 複用鋼剪

    如圖 3-3(b)所示，具有平直之剪口，及其顎之內面成傾斜形，可供剪直線、曲線及不規則之外線。

3. 強力鋼剪

    如圖 3-3(c)所示，刃口較短，手柄較長，刃口用合金鋼製成，可剪切較厚的鐵板。

4. 槓桿鋼剪

    如圖 3-3(d)所示，手柄為簡單之槓桿，固定在工作台上剪切厚板用，可剪#12 厚鐵板。

5. 圓形鋼剪

　　如圖 3-3(e)所示，刃片向旁邊彎曲，專為剪切內圓和接近障礙物的地方。

6. 鷹嘴鋼剪

　　如圖 3-3(f)所示，因其刃口成鷹嘴而得名，可剪切小半徑之內外曲線。

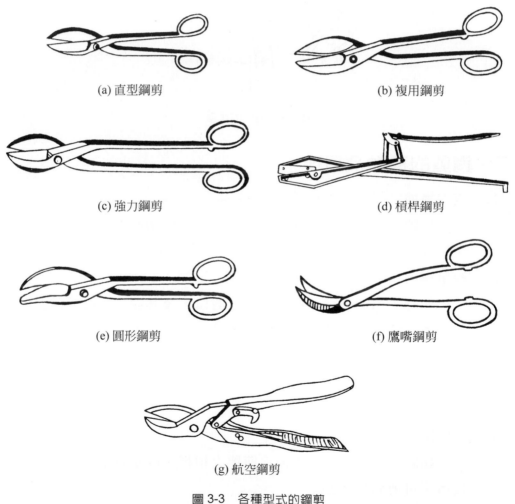

(a) 直型鋼剪　　　　　　　　　　　　　(b) 複用鋼剪

(c) 強力鋼剪　　　　　　　　　　　　　(d) 槓桿鋼剪

(e) 圓形鋼剪　　　　　　　　　　　　　(f) 鷹嘴鋼剪

(g) 航空鋼剪

圖 3-3　各種型式的鋼剪

7.　航空鋼剪

　　　如圖 3-3(g)所示，亦為一種組合槓桿，用甚小之力可剪較厚之材料，可以剪切圓弧、直線及不規則之曲線等。刃口成鋸齒狀，故可剪堅硬之工作物。航空剪有直剪、右手剪及左手剪三種，是板金工經常攜帶的工具。

四、鋼剪之握法

　　鋼剪的使用如圖 3-4 所示，以拇指的第一關節與食指的端部壓剪刀的上柄，食指的指尖輕輕按在下柄的彎曲處，中指與無名指及小指勾在下柄，用握手的要領，拇指、食指、小指三點同時運力，直到兩刃互觸裁斷鐵板為止。開啟剪刀口時，以食指在下柄彎曲處施以壓力即可。

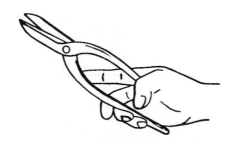

圖 3-4　鋼剪的握法

五、鋼剪之裁剪法

1.　直線剪切

　　　如圖 3-5 所示，刃口與剪切線重合且與板面垂直，同時要置於線條的右側，並且勿使刃口離開剪切線，隨即張開刃口向前推進。

2.　曲線剪切

　　　如圖 3-6 所示，應將廢料儘可能的置於右邊，並且注意不可變形，曲線要一口氣剪完，倘若中途停止又繼續剪下去，想要完好的角度就很難。

3. 開孔剪切

　　如圖 3-7 所示，應在接近畫線處，先鑿一可予伸入的孔洞，然後將剪刀伸入孔內，沿著所畫出的曲線剪完。

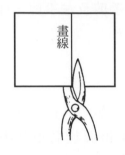

圖 3-5　直刃鋼剪的用法

圖 3-6　曲刃鋼剪的用法

圖 3-7　開孔用曲刃鋼剪的用法

六、鋼剪的選擇及注意事項

1. 依工作物之形狀選擇適當型式的鋼剪，切不可用直型鋼剪剪切內曲線。

2. 剪厚而質堅之材料，應用長柄鋼剪；剪薄而質軟之材料時，用小型鋼剪較方便。

3. 保持鋼剪兩剪顎常為平行。

4. 不可用鋼剪剪切圓形實心材料，如鐵絲等。

5. 剪切材料時，不可用鐵鎚敲打手柄或剪顎。

6. 不可以刃口撬東西，以及拋投或掉落地面。

3-2　用檯剪剪切

一、前　言

　　檯剪適用於較厚鋼板之剪切，其刀刃的長度較短，係利用槓桿原理，切斷容易，操作簡單，是一般小型板金工廠常用之機器。

二、檯剪之構造

　　檯剪的型式很多，其基本構造大致相同，利用複式槓桿系統產生更大的剪切能力。其構造如圖 3-8 所示。

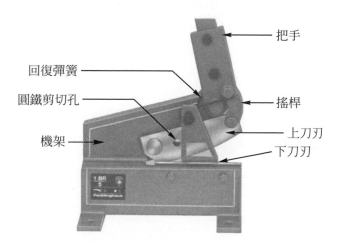

把手
回復彈簧
圓鐵剪切孔
搖桿
機架
上刀刃
下刀刃

圖 3-8　檯剪機之構造(台中君宇企業公司)

1. 把手

   把手長度配合剪切鋼板之厚度，把手越長越省力。

2. 搖桿

   連桿的作用，將把手之力傳到上刀刃，以獲得機械利益。

3. 回復彈簧

   使檯剪機於不使用時把手能往上翹舉，以免妨礙他人工作或落下時擊傷人員。

4. 上刀刃

   用工具鋼淬火製成，刀口成曲線，隨把手移動而作剪切動作。

5. 下刀刃

   材質與上刀刃同，用螺絲栓固於機架上，刀口為直線型。

6. 機架

   係用鑄鋼製成。

7. 圓鐵剪切孔

   專供剪斷圓鐵用。

三、檯剪之用途

　　主要剪切直線及較大之圓弧曲線，亦可剪切金屬線用，但不能剪切凹曲線或內輪廓線。

四、檯剪之規格

　　檯剪之規格一般以可剪切之最大厚度及刀刃長度來表示，一般能剪切 3mm 以下之鋼板。

表 3-1　檯剪之規格(係圖 3-8 之規格)

能力 ＼ 型式	1BR/5
鐵　　板	5m/m
圓　　鐵	11m/m
刀刃長	150mm
淨　　重	9kg

五、檯剪之使用方法

如圖 3-9 所示，將材料上的剪切線與下刀刃的刀口線重合，左手緊握板材，右手拉下手柄使上刀刃降下而切斷。檯剪上刀刃與下刀刃的傾斜角度較大，所以切剪下來的板材，變形量大。一般將不要的材料置於刀刃的右側，亦即廢料朝下方。

圖 3-9　檯剪之剪切

六、保養及安全規則

1.　不可剪切超過厚度之材料，以免傷及刀口。

2.　刃口處不可剪切圓形材料或尖角材料，以免刀口崩裂。

3. 不可用鐵管或圓鐵加長手柄把手。

4. 不可剪切高溫材料，以免刀口退火軟化。

5. 剪切時注意上刀刃與下刀刃要密切配合，不可有間隙，以免材料切口產生毛邊，造成刀口易鈍。

6. 活動部份要視情況加注潤滑油。

7. 剪切時注意把手操作，以免擊傷身後之工作者。

3-3 用方剪機剪切

一、前 言

　　方剪機又稱剪床，除了可以剪切普通鐵板之外，更可以用來剪切鋁、銅、鋅、鉛和塑膠板等各種不同等性的材料，專剪方形、直邊及任何角度之工作物。圖 3-10(a)(b)所示為二種構造大致相同之方剪機。

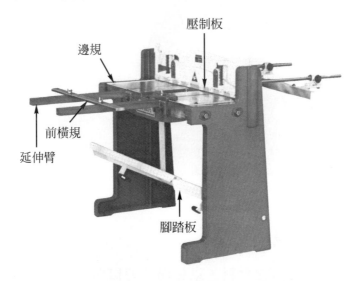

(a) 腳踏式

圖 3-10　方剪機

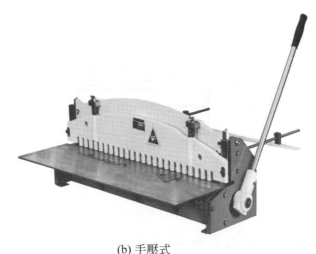

(b) 手壓式

圖 3-10　方剪機(續)

二、方剪機之構造

方剪機主要部份有床台、刀片、壓制板等，如圖 3-10 所示。

1. 床台

　　為放置工作物之平板，前面有二條可拆卸的延伸臂，長臂上有 T 型槽，以備裝置前橫規及角規之用，供剪切直線或角形。床台之兩邊裝有邊規，供剪切方形之用。床後有二條具有尺寸刻度之長臂，其上亦裝有橫規，供大量剪切同一尺寸時用。

2. 壓制板

　　壓制板係裝於橫板上，當踏板壓下剪切材料時，壓制板先行壓下而將材料壓緊使位置固定。同時亦作安全柵之用，可防止手指被刀片剪傷。

3. 刀片

　　有刀片二塊，下刀片固定於床台上，上刀片則裝於床台上方之活動橫板上，當用腳將踏板壓下時，上橫板即可同時被拉下而剪切。兩刀刃之傾斜角度約為 3°～5°，如圖 3-11 所示。

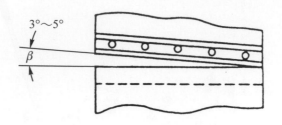

圖 3-11　腳踏剪床的傾斜角

三、方剪機之規格

　　方剪機之規格一般以可剪切之最大厚度與最大長度表示，例如 1.25×1270。一般可剪斷#16以上較薄之板金材料。

四、方剪機之使用方法

1. 剪切小片材料時，先將床台後方之橫規調節至所須尺寸的位置，從前面放入材料。
2. 欲將長之材料剪成小塊時，為避免材料垂下影響腳踏板之操作，應將前方之橫規調節至所須尺寸位置，而從後方放入材料。
3. 剪切直角時，先把材料一邊緊靠邊規，將材料剪去 3～6mm，再將此基準邊緊靠邊規，把另一邊也剪去3～6mm，則此二邊即可成直角。

五、保養及安全規則

1. 不可剪切大於規定厚度之材料。
2. 不可剪切鐵絲等圓形材料以免刀口產生缺口。
3. 腳踏板之下面不可放置東西，尤其注意不可伸入腳趾，以免壓傷。
4. 剪切時兩手宜平放於材料上，絕不可伸入壓制板下，以免壓傷或切斷手指。
5. 不可二人同時操作，以免發生意外。

6. 不可用力壓下剪床前後的長臂，以免彎曲而影響尺寸的精確度。

7. 用畢後須加油防鏽。

3-4　用手電剪剪切

一、前　言

　　薄板金屬材料的剪斷工作，除用鋼剪、方剪機、檯剪等之外，尚有手電剪如圖 3-12 所示，專供剪切厚度 2mm 以下的各種金屬板。手電剪操作輕便，不但可剪直線，亦可剪曲線及圓孔，剪斷效率很高。

圖 3-12　各式手電剪

二、手電剪之構造

　　如圖 3-13 所示為手電剪各部份之名稱；電流經碳刷傳至整流轉子，使馬達轉速高達 10000rpm，並帶動風扇以便散熱，電動機轉軸的前端直接銑成小齒輪，此小齒輪再轉動大齒輪，使轉速降至1800rpm左右；大齒輪的左端製成一個偏心輪並套有鋼珠軸承，此偏心軸的偏心迴轉運動帶動活塞使其產生上下的往復運動，同時固定於活塞下端的動力刀片亦隨之發生上下的往復運動；如此與固定刀片即可產生剪斷作用。

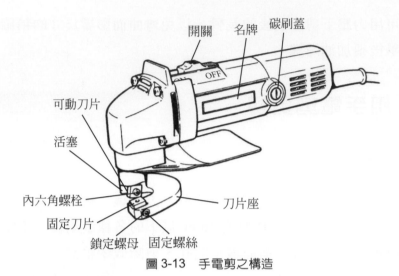

開關　名牌　碳刷蓋

可動刀片

活塞

內六角螺栓
固定刀片
　　刀片座

鎖定螺母　固定螺絲

圖 3-13　手電剪之構造

三、手電剪之調整

1. 刀片間隙

　　剪切時若間隙過大，則剪斷邊會有毛邊，刀片易受損害；一般其間隙(A)為材料厚度(t)的十分之一，如圖3-14(a)所示。其調整方法係將固定刀片的六角螺栓鬆開，然後將鎖定螺母亦鬆開，用適當的厚薄規(附於手電剪)插於兩刀片之間，然後鎖緊各螺絲即可，如圖3-14(b)所示。若刀片間隙太小，將會影響剪切速度。需要剪切曲線時，將刀片的間隙調大，以便操作。

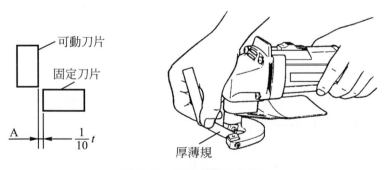

可動刀片

固定刀片

A　　$\dfrac{1}{10}t$

厚薄規

圖 3-14　刀片間隙之調整

2. 囓合深度

　　剪切時若深度過深，則刀片阻力較大，剪切工作不易進行，而且刀口易鈍。一般動力刀尖最高位置應離固定刀片約 0.3～0.5mm 最適宜，如圖 3-15 所示。

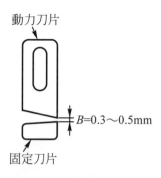

動力刀片

B=0.3～0.5mm

固定刀片

圖 3-15　正確囓合深度

3. 刀片角度

　　使用日久刀口自然磨損(一般剪切長度累計約400～500公尺後應重新檢查)，或操作不當刀口受傷，使切斷面粗糙，則須卸下刀片重新研磨，同時以專用角規(附於手電剪)確實檢驗各刃角，正確的刀片角度如圖 3-16(a)(b)所示。另有手電剪使用捨棄式刀片，如圖3-17 所示，每個刀片有 8 個剪切口，當 8 個剪切口都被用過並被損壞之後，即更換刀片。

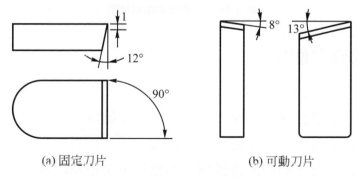

(a) 固定刀片　　　　　　　　(b) 可動刀片

圖 3-16　刀片角度

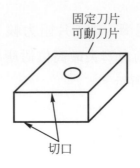

圖 3-17　捨棄式刀片

4. 碳刷

　　使用手電剪須時常留意碳刷的磨損狀態，若磨短至5～6mm長度時須換新碳刷(如圖3-18所示)，否則易引起不正常的整流火花造成故障。更換時先用起子取下碳刷蓋及舊碳刷，將新碳刷插入後，以碳刷蓋壓下彈簧，同時用起子固定即可。

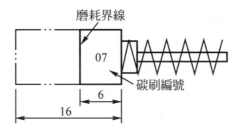

圖 3-18　檢查碳刷磨損情形

四、手電剪之使用

　　如圖3-19所示為手電剪剪切薄板之情形；右手水平的緊握電剪，食指打開按鈕，左手壓住材料，使上刀對準切線開始剪切，注意刀刃勿離開剪切線，繼續向前剪切。為了便於剪切厚板，如切落邊緣向左移動時，請稍抬高電剪刀之後部，而切落邊緣向右移動時，請稍降低電剪刀的後部。

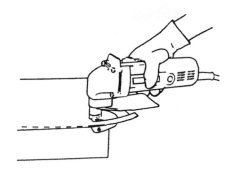

圖 3-19　手電剪之使用法

五、手電剪之使用安全及維護

1. 確認使用之電源與工具名牌上標示的規格是否相符。

2. 確認電源開關是否切斷，否則插入電源插座時，將出其不意地立刻轉動，而引起嚴重事故。

3. 勿拿起電線提起電動工具，也不得拉扯電線從電源插座拔除插頭。

4. 作業以安全第一為原則，工件要用夾具或手鉗夾緊，比用手按壓更為可靠，也能夠讓雙手專心操作。

5. 不可使勁用力推壓，電動工具需按設計條件，才能有效而安全地工作。

6. 不使用時，或維修前以及更換附件之前，都必須拔除電源插頭才行。

7. 設有注油小孔處須經常添加少量軸承油或機油。

8. 連續使用三、四個月後必須分解取下鋼珠軸承加以洗滌乾淨並換新油膏。

9. **不可剪切圓形材料或小圓角以免損壞刀口。**

10. 要經常檢查安裝螺釘是否緊固妥善，若發現鬆了應立即重新扭緊，否則會導致嚴重的事故。

3-5　電動剪床之剪切

一、前　言

　　腳踏式剪床專供剪切#16 以上較薄之板金材料，對於更厚、更迅速、更精確之剪切則無法勝任，必須以動力的剪床來完成，以提高工作效益。圖 3-20(a)所示為日本 AMADA 廠所生產之電動剪床。

(a) 電動剪床之外形(AMADA 廠牌)

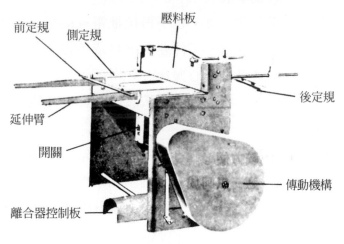

(b) 電動剪床之構造

圖 3-20　電動剪床

二、電動剪床之構造

電動剪床主要部份有床台、刀片、壓料板、傳動機構及離合器控制板等，如圖 3-20(b)所示。其規格以可剪切之厚度(mm)及寬度(mm)來表示之(例如：3.2×1270)。

1. 床台

床台爲放置工作物之平板，前面有二條延伸臂，臂上各有T型槽，以備安裝前定規及角規之用，供剪切直線或角形。床台兩邊各裝上側定規，供剪切方形之用；床台後面有二條具有尺寸刻度之長臂，其上亦裝一定規，供剪切材料靠柵之用。

2. 剪刀片

下刀片固定於床台上，上刀片則裝於剪床上方之橫板上，刀刃通常以工具鋼或合金鋼製成，其斷面形狀如圖 3-21 所示。

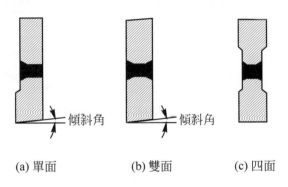

(a) 單面　　　　　(b) 雙面　　　　　(c) 四面

圖 3-21　刀刃斷面形狀之種類

(1) 單面刀刃：使用於剪切比較薄的板金，或要求較高精度的作業上，如圖 3-21(a)所示。

(2) 雙面刀刃：如圖 3-21(b)所示，刀刃具有二面的切刃角，可以替換使用。

(3)   四面刀刃：如圖 3-21(c)所示，具有四個切刃角，切刃角磨損後，可將刀刃取下改變裝配方向，馬上就有一新的刀刃，以利於剪切作業，目前此種刀刃非常普遍。

3.   壓料板

　　　　裝於上刃的前面，當剪切時，壓料板先行壓下，而將材料壓緊固定，同時亦作安全警戒防止手指剪傷之用。

4.   傳動機構

　　　　電動剪床之傳動原理如圖 3-22 所示；馬達迴轉力經由V型皮帶傳遞到飛輪A及B，然後飛輪B上的動能用離合器控制經偏心軸而使偏心輪迴轉；由於偏心輪的作用使滑塊上升或下降，而產生切斷作用。

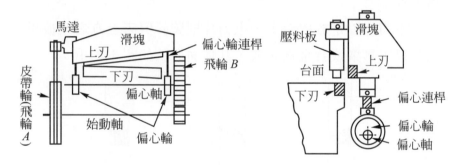

圖 3-22　電動剪床之傳動機構

5.   離合器控制板

　　　　踩下時，離合器嚙合使滑塊下降而產生切斷作用；放鬆時，離合器鬆脫使滑塊停止於上死點，而飛輪B成為空轉的狀態。

三、電動剪床之調整

1.   刀片間隙之調整

　　　　電動剪床的上刀刃與下刀刃之關係，如圖 3-23 所示；正確的間隙，可剪出平直而光潔之切斷面，其調整步驟如下：

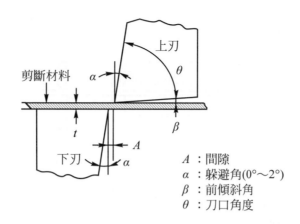

圖 3-23　剪床之上刀刃與下刀刃之關係

(1)　關閉電源，拉動皮帶轉動飛輪使上刀刃降下。

(2)　取材料厚度之 1/10 為距離，用厚薄規測量，每隔 30 公分檢查兩刀刃之間隙。

(3)　如間隙不正確時，可由刀刃的一端，每隔 30 公分分段調整之，並將刀刃鎖緊。

(4)　注意在鎖緊的過程中，間隙稍有變化，待全部鎖緊後，應再檢查一次。

2.　斜角(shear angle)之調整

　　　如圖 3-24 所示，下刀刃係水平安裝，上刃稍微傾斜，因此剪切時抵抗力較小，刀片較安全。但斜角(η)過大，則抵抗力(P)雖小，但材料向前衝出的力卻增加，就是側壓力(P')變大，以致剪斷時間延長，材料變形更大，因此斜角一般以2°～5°為宜。

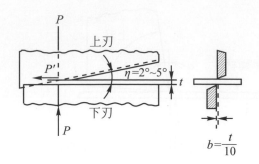

圖 3-24　剪床刀刃的斜角

3.　後定規之調整

(1)　關閉電源移動後定規,使其與下刀刃靠緊。

(2)　檢查左右二端是否有間隙,若有則放鬆固定螺絲,調整後定規與下刀刃完全密合,然後鎖緊。

(3)　將後定規往後移動 50mm,用鋼尺檢查左右兩邊是否等長,如不相等則再重新調整。

(4)　取一材料試剪後,檢查左右是否等長。

4.　側定規之調整

(1)　關閉電源。

(2)　踩下離合器踏板同時用手轉動飛輪,使上刀刃降下至下刀刃接合為止。

(3)　放鬆固定螺絲,用角尺調整至垂直後鎖緊。

(4)　取一材料試剪後,檢查是否直角。

四、電動剪床之使用法

1.　打開電源啓動馬達,待運轉至正常後方可使用。

2.　將材料伸入上下刀刃之間。

(1)　將剪斷線與下刃的邊緣對準,如圖 3-25 所示。

圖 3-25　對準剪切線

(2)　同一尺寸若剪切數量多時，可調整前、後定規，如圖 3-26 所示。

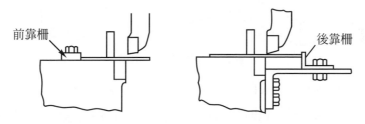

圖 3-26　前後定規之使用情形

3.　踩下離合器踏板(注意：離合器鬆開後，腳立刻離開踏板)，則上刀刃下降而切斷材料。

五、電動剪床之保養及安全注意事項

1.　不可剪切規定以外及大於規定厚度的材料。

2.　**不可剪切鐵絲等圓形材料，以免刀口損壞。**

3.　注意兩手及鋼尺，絕不可伸進壓料板下，以免壓傷或切斷。

4.　活動部份應加油潤滑，半自動給油裝置之剪床，應檢查油面是否足夠。

5.　電源開動前不得先將材料置於上下刀刃之間。

6.　刀刃及壓料板附近之小片材料，不可用手去拿，應用其他材料推出。

3-6 油壓剪角機之剪切

一、前　言

　　板金工作中常剪以缺口，以作為邊緣或接縫之容位，一般用手剪時，易剪切過長或過短，因此折摺後常使成品留有餘孔，而使接縫處凸起；而剪角機可輕易的剪切缺口，如圖 3-27 所示，可剪切方缺口、複切口及90°以上之缺口，其特別用在盒子、汽車底盤，以及電氣控制箱等工作物上。

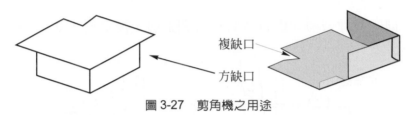

圖 3-27　剪角機之用途

　　油壓切角機如圖 3-28 所示，用於手動切角機能力不及的較厚金屬板的切角及切緣，這種機器結構強韌，利用油壓平穩之動力，使頭蓋座之上刃，上下滑動與平台上之下刀刃交錯，輕易的剪斷鋼材，並且可依兩次程序剪切出90°以上工作物，此種機能特別使用在OA辦公桌、運動器材、金屬傢俱、冷凍工程及電氣控制盤等的製造上。

圖 3-28　油壓切角機

二、油壓剪角機之構造

　　操作使用之前，應明瞭機器各部機構，如圖3-29所示，並熟悉操作方法，及應注意之事項，使機器產生最大的效力，以提高工作效率，油壓剪角機各部份零件機構的功能說明如下：

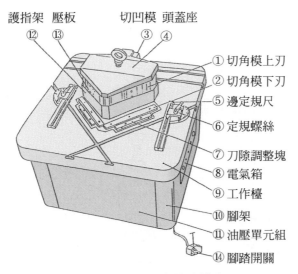

圖 3-29　油壓剪角機之構造

1.　切角模上刃

　　　爲特殊高級工具合金鋼，經熱處理研磨製成，可剪切V型缺口90°之工作物，有效範圍220×220。

2.　切角模下刃

　　　材質同上，剪刀間隙可調整。

3.　切凹模

　　　攜帶切刀上刃，剪切L型或U型工作物，有效範圍75W×100L。

4.　頭蓋座

　　　爲切凹模及切角模所組成，與油壓缸導桿及橫桿聯結，進行上昇下降剪切動作。

5. 邊定規尺

設定工作物尺寸，有直面、左45°、右45°刻度尺三種，如圖 3-30 所示。而15°、30°、45°、60°特別角，由角度插梢控制。

6. 定規螺絲

如圖 3-31 所示，為內藏彈簧螺絲，不用扳手工具，即可便利調整手把鬆緊，以調整角度方向。

7. 刀隙調整塊

調整塊鎖固於檯面上，側邊有二支刀間隙調整螺絲，作為切削時旁側壓力的止擋功能，如圖 3-32 所示。

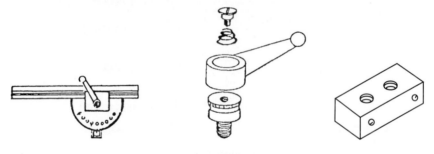

圖 3-30　邊定規尺　　　圖 3-31　定規螺絲　　　圖 3-32　刀隙調整塊

8. 電氣箱

控制動作的電氣回路元件，配線盤及操作按鈕組成。

9. 工作檯

　(1)　承受剪切時的應力。

　(2)　固定切凹模，切角模之下刀刃，刻度尺及刀隙調整塊。

　(3)　置放工作物，以利滑動及切剪。

10. 腳架

　(1)　支承工作檯，機身重量。

　(2)　安置電氣箱。

11. 油壓單元組

　　　　提供動力之油壓系統之元件，如泵浦、電磁閥、回路板、油箱等皆置於檯下。

12. 護指架

　　　　保護手指，以防切傷。

13. 壓板

　　　　剪切時壓緊工作物，以防物體滑移鈍剪。

14. 腳踏開關

　　　　遙控用(不用手觸按鈕)，一行程動作或連續動作啟動時的開關。

三、油壓剪角機之使用

1. 運轉準備

　　　　接通電源(R.S.T配線記號)後，請確定馬達泵浦的運轉方向和箭頭指示相同，否則請更換電源線三條中兩條位置。

2. 操作盤元件名稱及機能

項次	名　　稱		機　　能
1	緊急停止		紅色按鈕，危險時緊急停止用。
2	鑰匙開關		ON 位置接通電源，OFF 電源未接通。
3	泵浦按鈕		按下燈亮，泵浦啟動運轉；燈熄停止運轉。
4	選擇鈕	寸動位置	可隨操作者任意手動、微動調整。
		單動位置	油壓缸上昇下降的動作循環一次動作即停止。
		連續位置	油壓缸動作保持不斷的上昇下降。
5	上昇	↑	頭蓋座手動上昇按鈕。
6	下降	↓	頭蓋座手動下降按鈕。
7	電源燈	燈亮表示	外接之電源至控制箱之電力已接通。
		燈熄表示	外接之電源至控制箱之電力未接通。

3. 操作要領

(1) 鑰匙開關，轉至"ON"位置接通電源。

(2) 按下"油泵 ON 鈕"，燈亮，泵浦開始運轉，並確定馬達泵浦的運轉方向和箭頭指示相同。

(3) 選擇鈕，轉"寸動"位置。

(4) 按"↓"鈕，頭蓋座下降，進行剪斷工作。

(5) 按"↑"鈕，頭蓋座上昇。

(6) 取出工作物，檢查完成尺寸。

(7) 如尺寸符合標準，選擇鈕轉"單動"位置，執行一貫作業，如圖 3-33 所示。

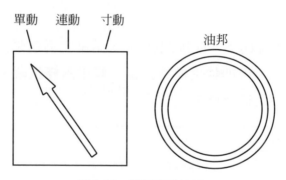

圖 3-33　選擇單動位置

⑻　緊急停止：電氣箱紅色按鈕1只，檯面左側1只，如圖3-34(a)(b)所示。

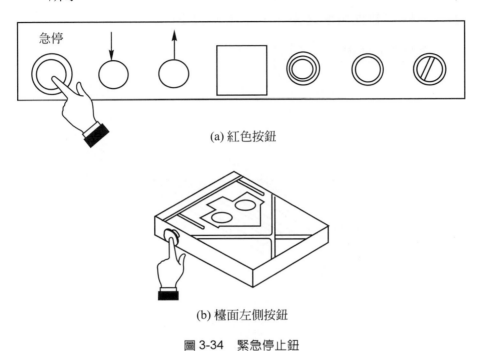

(a) 紅色按鈕

(b) 檯面左側按鈕

圖 3-34　緊急停止鈕

4. 切角分度盤之操作

⑴ 15°、30°、45°、60°特別角，孔穴插梢直接插入固定即可。

⑵ 不特定刻畫角度之操作，如圖 3-35 所示。

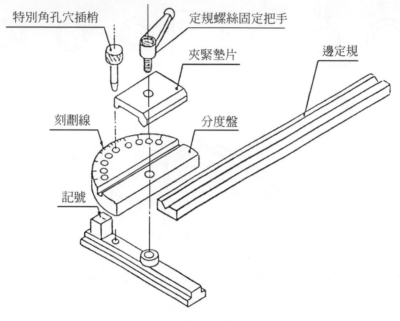

圖 3-35 切角分度盤之調整

① 拔出孔穴插梢。

② 左旋放鬆"定規螺絲固定把手"。

③ 微動旋轉"分度盤"，使盤上所需刻畫線，對準記號。

④ 右旋鎖緊"定規螺絲固定把手"。

註：當定規螺絲固定把手放鬆時，邊定規可以在分度盤邊緣自由位移滑動，如圖 3-36 所示。

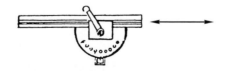

圖 3-36 邊定規之滑動

5.　切凹後定規之操作(如圖3-37所示)

(1)　左旋放鬆 "定規螺絲固定把手"。

(2)　移動後定規在T槽滑行，使後定規邊緣對準表皮刻度尺上所需尺寸的刻劃(0～100mm)。

(3)　右旋鎖緊 "定規螺絲固定把手"。

6.　切凹邊定規之操作(如圖3-38所示)

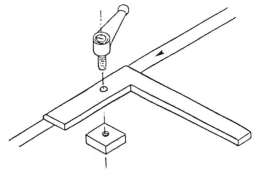

圖 3-37　切凹後定規之調整　　　　圖 3-38　切凹邊定規之調整

(1)　左旋放鬆 "定規螺絲固定把手"。

(2)　移動後定規在T槽滑行，使後定規邊緣對準表皮刻度尺上所需尺寸的刻劃(0～75mm)。

(3)　右旋鎖緊 "定規螺絲固定把手"。

四、油壓剪角機之保養及安全注意事項

1.　確使工作物的厚度，不超過既有的規格，如此方可產生一圓滑的剪切工作，確保機器的壽命。(超負荷有安全控制，請按上昇鈕)。

2.　保持機器乾淨，並於使用後，適當的加以潤滑，以避免機器生銹。

3.　機器操作前，先檢查各部螺絲、螺帽是否鎖緊以保障工作之流暢。

4.　不可將手指置於上下二刀模間，以免切傷。

5.　不可二人同時在機器上操作，以免發生意外事故。

6. 機器安裝時必須注意地基之穩固性，固定螺絲必須鎖緊，台面調整水平，光線必須足夠，並於機器周圍保留一平方公尺以上面積，以利操作。

3-7　油壓剪床之剪切

一、前　言

　　油壓，簡單的說就是用液體壓力來作功。油壓之機器應用範圍很廣，在自動化的發展中，佔一重要角色；而在板金工作中，油壓剪床具備了快速、平滑、操作特別安靜等優點。各式油壓剪床如圖3-39(a)(b)所示。

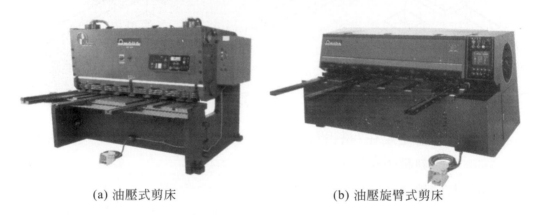

(a) 油壓式剪床　　　　　　　　　　(b) 油壓旋臂式剪床

圖 3-39　油壓式剪床

二、油壓剪床之構造及規格

　　油壓剪床主要部份有馬達和控制開關、合金鋼刀一組、彈簧控制壓料板、各種定規及移動式腳踏開關等，如圖3-40所示，其規格如表3-2所示。

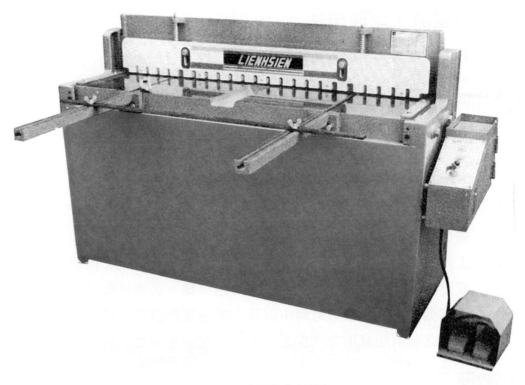

圖 3-40　油壓剪床之構造

表 3-2　油壓剪床之規格

規格／機型	LB-416H
能力 m/m(in)	1.6×1320(16GA×52″)
後定規尺寸 m/m(in)	650(25-1/2″)
前定規尺寸 m/m(in)	700 (28″)
每分鐘行程數 SPM	40
馬達 HP	2

三、油壓剪床之使用法

1. 打開電源啟動泵浦，待運轉聲音均勻後方可使用。
2. 將材料伸入上下刀刃之間。
   ⑴ 剪斷線與下刃的邊緣要對準。
   ⑵ 同一尺寸若剪切數量多時，可調整前、後定規。
3. 踩下移動式腳踏開關，使上刀刃下降而切斷材料。

四、油壓剪床之保養及安全注意事項

1. 避免水份、灰塵、空氣混入油中，以免阻塞油管。
2. 工作油經長期使用後，性質會劣化，必須設立一定之換油週期。
3. 液壓油如同血液在人體所扮演的角色一樣，必須具備良好之性能。
4. **不可剪切鐵絲等圓形材料，以及大於規定厚度之材料。**
5. 其他電動剪床應遵守之安全規則，油壓剪床亦應確實遵行。

3-8 NC 油壓剪床之剪切

一、前 言

　　近日大量剪切同一尺寸或單一尺寸之板料，為了提昇效率及保持尺寸精度，已普遍使用數值控制剪床(NC)，以提高工作效率。如圖 3-41(a)(b) 所示為 NC 油壓剪床，其剪斷能力以可剪斷的最大板厚(mm)和最大剪斷長度(mm)表示；目前已有剪切 25mm 厚軟鋼板之機型出現，正式邁入 21 世紀精密板金的領域中。

(a) 台灣曄峻公司

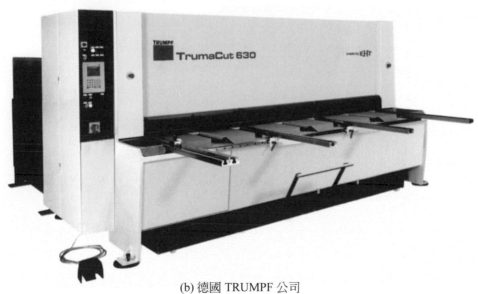

(b) 德國 TRUMPF 公司

圖 3-44　NC 油壓剪床

二、NC 油壓剪床之構造及特性

　　操作使用之前，應瞭解機器外形及主要部位，如圖 3-45 所示，並熟悉操作方法及應注意之事項，使機器產生最大的效力，以提高工作效率。NC 油壓剪床之主要機構的特性說明如下：

1. 檯身結構

　　檯身採用鋼板銲接，並經應力消除，使機體剛強且不變形；加工採用整體一次完成工作法，確保台身之精度。

2. 剪切機構

　　採用設計獨特之搖臂式剪切機構，使上刃與下刃間構成之剪切線垂直於工作物，因此剪切時能得到最完美的剪切面。

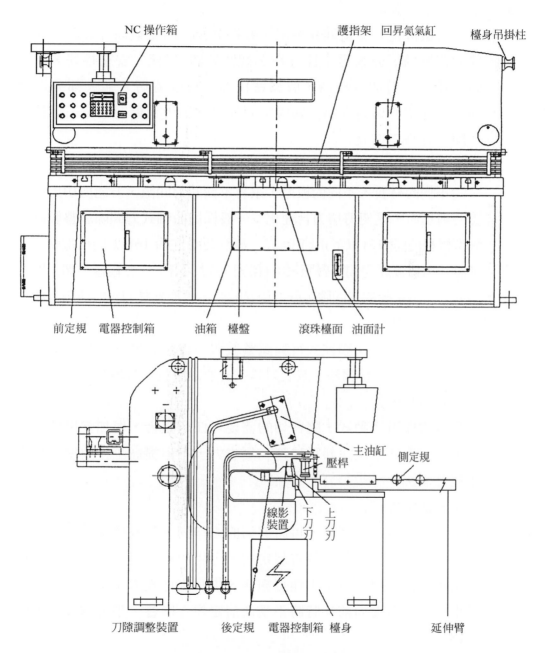

圖 3-45　NC 油壓剪床之構造

3. 上刃座回昇裝置

　　突破傳統式彈簧回昇裝置，改採最新式的氮氣回昇裝置，在特殊的汽缸內，充入穩定性良好之惰性氣體–氮氣，安全性好，無爆炸之虞；於剪切行程時，成為蓄壓器，吸收剪切末端大部分之震動，因此使剪切更安靜、順暢；回昇最快，大大縮短了每一行程之時間，提高工作效率。

4. 刀隙調整裝置

　　不同的材質，不同的板厚，須有不同的刀間隙，方能剪切出最完美的剪切面，更使剪切力合理化；一般採用曲軸式刀間隙調整裝置，輕型機種(包含13t以下)用手動式，重型機種(包含16t以上)用電動式，依照「剪切板厚刀間隙對照表」(如表 3-3 所示)，只要輕輕一調，即可迅速的調出正確的刀間隙，既方便又省時，更能延長刀刃的使用壽命。

5. 行程調整裝置

　　突破傳統，採觸控式行程調整裝置，剪斷長度從 200mm 至最大剪斷長，可任意調整，減少刀具不必要之磨損，且增加工作效率。

6. 滾珠式活動檯盤

　　檯盤採用活動式，隨剪切的需要可任意組合，增加實用性；檯面上附有滾珠，使送料更快速、更省力，不但提高工作效率，且工作輕鬆愉快。

7. 逆止式前定規

　　工作檯前附有架桿，可將剪切的工作物，暫放於架桿上，使工作者更輕鬆；架桿內裝設有前定規，可用於修板邊和多重剪切，和後定規配合使用，可使工作更靈活，提高工作效率；又此前定規為逆止式，故當板向前移時將不受此前定規之影響，平滑順暢，工作輕鬆。

表 3-3　剪切板厚刀間隙對照表

間　隙	軟鋼板	鋁[軟]銅	鋁[硬]	不銹鋼板
0.05	0.6	1.2	0.6	1.2
0.06	0.8	1.6	0.8	1.5
0.08	1.0	2.0	1.0	2.0
0.10	1.2	2.5	1.2	2.5
0.13	1.6	3.0	1.6	3.0
0.16	2.0	4.0	2.0	4.0
0.18	2.3	5.0	2.5	5.0
0.26	3.2	6.0	3.0	6.0
0.32	4.0	8.0	4.0	8.0
0.36	4.5			
0.40	5.0	10.0	5.0	
0.44	5.5			
0.48	6.0	12.0	6.0	
0.52	6.5			
0.56	7.0	15.0		
0.64	8.0	16.0	8.0	
0.78	9.0			
0.80	10.0	20.0	10.0	

8. 開放式後定規

　　採數值控制(NC)，備有多種電腦可供選擇；後定規長度範圍：10.0～800.0mm，精度達±0.1mm；且採開放式，當欲剪切之長度大於800.0mm時，可將後定規移至行程末端，此時擋板呈開放式，使欲剪切之工作物無限制通過，進行對半剪切。

9. 油壓系統

　　採用設計特殊之油壓回路，動作順暢，無噪音，敏感度高，且保養容易；剪切壓力採自動式，勿須預先調整壓力，即能隨不同之剪切物施力剪切，方便又實用。

10. 過負荷安全裝置

　　採自動回昇之過負荷安全裝置，當剪切板厚或材質超出該機之能力範圍時，上刃將因剪切不下而自動回昇，確保機器之安全。

11. 薄板快速剪切裝置

　　對於機器剪斷能力的二分之一以下之作業，可應用此裝置；將附於右機架之油路中止閥關掉，改變油壓回路，使剪切的速度約為正常的1.8倍，提高產能。

12. 壓桿機構

　　採用油壓併列獨立式壓桿，對於呈波浪狀之鋼板，亦能確實壓著，絕不滑動，確保精度；壓著力可依材質不同而任意調整，故不傷及板面，非常適合軟質板之剪切。

13. 線影裝置

　　採用照明式線影裝置，線影鮮明，故對線容易又準確；平時亦可當照明燈使用，既方便又實用。

14. 護指裝置

　　採用活動式護指架，有效保護操作者之安全；維護時可將此護指架上翻，使維護更容易，既安全又方便。

15. 油壓缸

採用特殊進口精密機器加工，經熱處理鍍硬鉻再軟氮化處理，併採用進口油封及特製電木耐磨片，確保油壓缸品質。

三、NC 油壓剪床控制面板之說明

NC 油壓剪床之控制面板，如圖 3-43 所示，主要的功能說明如下：

1. 電源鎖

控制操作電路中之電源開或關。

2. 馬達起動押扣

控制馬達、泵浦開始運轉。

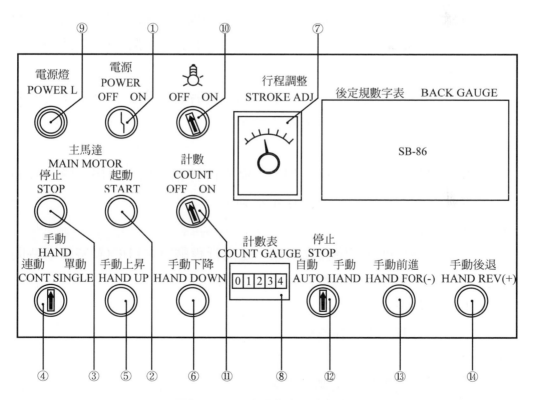

圖 3-43　NC 油壓剪床之控制面板

3. 馬達停止押扣

　　控制馬達、泵浦停止運轉。

4. 操作選擇開關

　　選擇操作之方式為手動、單動或連動。

(1) 手動：配合(手動上昇)和(手動下降)押扣，控制上刃座之上昇與下降。

(2) 單動：踩下或採腳踏開關之踏板，(押下或押放手動下降押扣亦同)則上刃座開始下降，到達下限位置時，上刃座隨即上升，到達上限位置時停止。

(3) 連動：踩下腳踏開關之踏板，(押下手動下降押扣亦同)則上刃座開始反覆的執行單動之動作；當放開腳踏開關之踏板，(放開手動下降押扣亦同)，則此時上刃座執行完最後一次單動之動作後停止。

5. 手動上昇押扣

　　控制上刃座之上升；押下手動上昇押扣，則上刃座上升，放開手動上昇押扣，則上刃座停止不動。

6. 手動下降押扣

　　控制上刃座之下降；押下手動下降押扣，則上刃座下降，放開手動下降押扣，則上刃座停止不動。

7. 行程調整

　　以時間控制下降後之回昇，達到行程調整之目的(順時鐘則時間加長，逆時鐘則時間減短)。

8. 工作計數表

　　累計剪切之工作次數。

9. 電源燈

　　指示控制箱一次側之電源。

10. 照明燈開關

　　　　控制照明燈之點亮與熄滅。

11. 計數器開關

　　　　控制電腦之計數或不計數。

12. 後定規選擇開關

　　　　選擇操作後定規之方式為自動、手動或停止。

　(1)　自動：後定規之操作由電腦直接控制。

　(2)　手動：後動規之操作由(手動前進)和(手動後退)押扣控制。

　(3)　停止：後定規經由自動或手動方式操作後之鎖定。

13. 手動前進押扣

　　　　控制後定規之前移。

14. 手動後退押扣

　　　　控制後定規之後移。

四、NC 油壓剪床之壓力調整

1.　壓力調整閥

　　　　控制剪切時機器內各部之出力，⊖逆時鐘則出力減少，⊕順時鐘則出力增加，如圖 3-44 所示。

　(1)　剪切力：參照油路板配置，調整剪切力調整閥。

　(2)　壓著力：參照油路板配置，調整壓著力調整閥。

2.　壓力錶開關

　　　　控制通往壓力錶油路之開關，以保護壓力錶因長時間處於壓力變動下，而疲乏受損，如圖 3-45 所示，(OPEN)逆時鐘迴轉則開放，(SHUT)順時鐘迴轉則關閉。

　　　　使用方法：

(1)　開放之狀態

　　①　壓力之確認時。

　　②　試作數次之剪切時。

(2)　關閉之狀態

　　①　連續剪切時。

3.　壓力錶

　　　指示剪切時油壓回路中之單位壓力，如圖3-46所示。

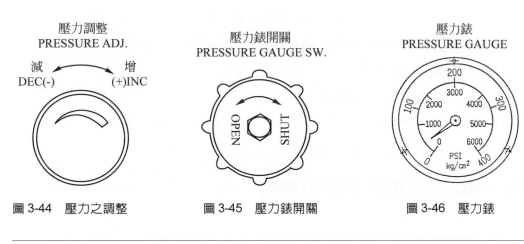

| 圖3-44　壓力之調整 | 圖3-45　壓力錶開關 | 圖3-46　壓力錶 |

註：不得高於250kg/cm²

五、NC油壓剪床之設定

1.　極限設定如圖3-47所示。

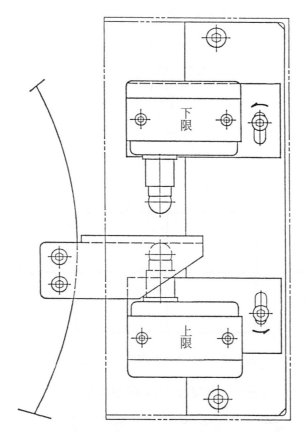

圖 3-47　NC 油壓剪床之極限設定

(1)　上限：控制上刃座行程之上限位置。

(2)　下限：控制上刃座行程之下限位置。

（➔）逆時鐘迴轉則放鬆；順時鐘迴轉則鎖緊。

注意：電路設計之連鎖訊號，上刃座在停止時須復歸於上死點，使上限動作，否則上刃座在單動
　　　或連動時用足踏開關不能操作。

2. 快速剪切設定，如圖 3-48 所示。

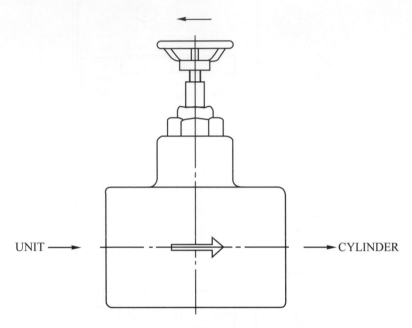

圖 3-48　NC 油壓剪床快速剪切之設定

(1)　快速剪切：(◄──)順時鐘方向關閉此閥。

註：①必須確實關閉此閥。
　　②必須在剪斷能力二分之一以下進行。

(2)　正常剪切：逆時鐘方向開啓此閥(註：必須確實地將此閥全開)。

六、NC 油壓剪床起動前之確認事項：

1. 起動前必須確認油箱內之作動油量，確實在油面計之容許範圍之內。
2. 低油溫將使機械之動作異常，故寒帶地除使用寒帶地作動油外，若氣溫低於 10℃ 以下時，應施行暖機運轉。(暖機運轉方法：以能力噸數之 1/3～1/2 連續運轉約 10 分鐘)。

3.　起動

(1)　確認操作箱之電源燈已經點亮。

(2)　將鑰匙插入電源鎖內，以鑰匙將電源鎖扭轉至 ON 之位置。

(3)　按下馬達起動押扣，此時馬達則開始運轉。

4.　停止

(1)　按下馬達停止押扣，此時馬達則停止運轉。

(2)　以插於電源鎖上之鑰匙，將電源鎖扭轉至OFF之位置，並取出鑰匙。

5.　上刀座之上下動作

(1)　本動作須在起動後，且經過5秒以上時為之。

(2)　將操作選擇開關置於「單動」或「連動」。

(3)　以腳踏開關之踏板，操作上刀座之上下動作。

注意：行程調整 TIME 之動作燈亮，則不能使用單動或連動，須調整上限之微動開關或調整提昇裝置使上刀座提昇於上死點。

七、NC 油壓剪床刀隙調整方法

　　NC 油壓剪床刀隙之調整，如圖 3-49 所示，其調整步驟如下：

1.　逆時鐘方向放鬆把手螺帽Ⓐ。

2.　參照板厚刻度對照表，查出刻度之數值；迴轉手輪Ⓑ調整刻度盤Ⓒ至正確數值。

3.　順時鐘方向鎖緊把手螺帽Ⓐ即成。

註：電動刀隙調整要領，請參閱電腦使用說明。

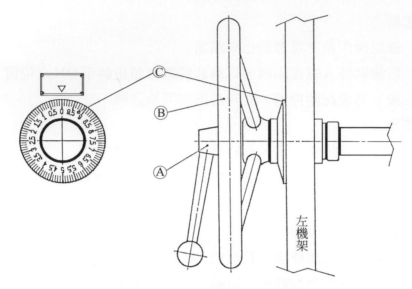

圖 3-49　NC 油壓剪床刀隙之調整

八、NC 油壓剪床後定規同步調整方法

NC 油壓剪床後定規之調整，如圖 3-50 所示，其調整步驟如下：

1. 放鬆右側後定規座後方之螺栓Ⓐ。

2. 視擋板兩側與下刃距離a之誤差量，迴轉差動調整螺帽Ⓑ，使距離a左右一致。

註：(←———)順時鐘方向為正(尺寸增加)，逆時鐘方向為負(尺寸減少)，每一小格為 0.10mm。

---

3. 鎖緊螺栓Ⓐ即成。

註：後定規之調整要領，請參閱電腦使用說明。

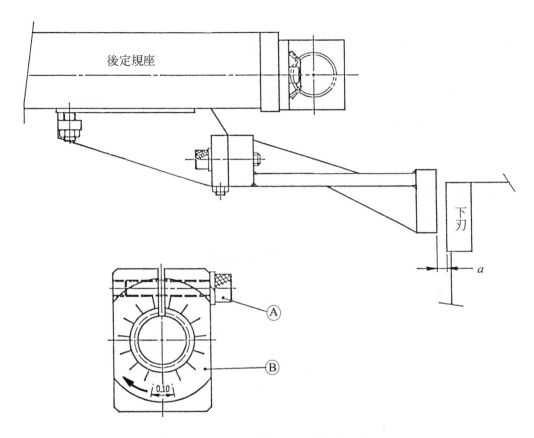

後定規座

下刀

a

Ⓐ

Ⓑ

0.10

圖 3-50　NC 油壓剪床後定規之調整

九、NC 油壓剪床之剪切要領

1. 依剪切之材料，參照剪切板厚刀隙對照表(查表 3-3)，調整刀間隙。

2. 視剪切材料之長度，適當調整行程長度。

3. 視剪切材料之厚度，選擇用正常剪切或快速剪切。

4. 依欲剪切之尺寸、數量，調整後定規和電腦設定。

5. 將操作選擇開關置於「單動」，並將欲剪切之材料置入於上、下刃之間，且緊靠於後定規擋板，開始進行試剪。

6. 視壓桿之壓著狀況，調整壓著力。

7. 檢視工作物，依剪斷面和剪斷尺寸，調整刀間隙和後定規至所須之精度。

8. 依剪切之狀況將操作選擇開關④，置於「單動」或「連動」。

9. 正式進入剪切工作。

10. 剪切工作中應隨時檢視工作物之精度，並適時給予修正。

十、NC 油壓剪床後定規之操作與修正之方法

1. NC 操控面板說明

COUNTER	BACK GAUGE	
1・2・3・4	3・4・5・6	○ R1 ○ R2 ○ R3

N1	1	2	3	4	5	B1	RUN
CE	6	7	8	9	0	L	STOP

RUN：後定規馬達起動。

STOP：後定規馬達停止。

B1：後定規長度設定。

N1：計數器次數設定。

L：後定規長度修正。

CE：計數器次數歸零。

R1：馬達前進燈。

R2：計數到達燈。

R3：馬達後退燈。

2. 後定規操作方法

(1) 現在數字表長度為 112.2，欲工作之長度為 150.0，則操作程度為按 B1，後再按 150.0，再按下 RUN 啟動馬達即可到 150.0。

(2)　如剪斷長度實際尺寸爲151.1，則按下L再打上151.1，則表變爲151.1，再按 RUN，則馬達自動再起動到達 150.0 才停止。如運轉中要停止，則按STOP即可。

(3)　當剪床工作時，計數器須歸零，可按CE數字變爲0000。

3.　後定規修正方法

(1)　按L↓再按0 0 0．0使數字表歸零。

(2)　選擇手動操作按後退↓按鈕使後定規後退後，再轉爲自動。

(3)　用直尺量出擋板到刀刃之距離假設爲223.0。

(4)　按L1↓再按2 2 3．0使數字表和實際相符。

(5)　按B1↓再按1 5．0後按RUN使後定規自動前進到15.0mm之位置。

(6)　用1.0mm鐵板試剪成品再量其精度，如有誤差再按下L↓其標準之尺寸後，完成修正之手續。

(7)　可再按下B1設定所須之尺寸後，按RUN就可自動運轉到所要之尺寸。

註：R2燈亮時須先按下CE↓歸零計數表，使R2燈熄滅，使電腦功能正常，N1最好設定在999．9，且計數表不用時，才能歸零。

十一、NC 油壓剪床之保養及安全注意事項

1.　油面的高低要定期檢查，如發現油有消耗的狀況，則要檢查管路、油缸、配件是否漏油。液面太低則溫度升高，氣泡會增加及泵浦故障。

2.　使用正常溫度在40～60℃，否則在高溫下使用會加速氧化，並縮短油封及軟管之壽命。若油溫度突然快速上升，係一個警告信號，此時要馬上停機檢查。

3. 避免水份混入工作油內，因水會使工作油變質，水份太多時會使工作油乳化。

4. 不同製造廠商之工作油不可混用，然而同家廠商製造，但品名及等級不同之工作油，須避免混用，因會引起油中添加劑的劣化。

5. 要控制污染，因工作油之污染物質，有時會變成觸媒，加速氧化。

6. 已經開始劣化的工作油，補充新油並不能延長使用壽命，應予全部換新。

7. 不可剪切規定以外及大於規定厚度的材料。

8. **不可剪切鐵絲等圓形材料，以免刀口損壞。**

9. 注意兩手及鋼尺，絕不可伸進壓料板下，以免壓傷或切斷。

10. 電源開動前不得先將材料置於上下刀刃之間。

11. 刀刃及壓料板附近之小片材料，不可用手去拿，應用其他材料推出。

12. 不可二人同時操作剪床開關，以免發生意外。

13. 搬運物料時，不可撞及延伸臂，以免影響精度。

3-9　高速砂輪切斷機與輕型圓鋸切斷機之使用

一、前　言

　　高速砂輪切斷機，是由高速馬達(3000rpm 每分鐘轉數以上)帶動砂輪片迴轉，產生磨削作用；切削速率快，省時、省力，攜帶容易，操作方便，非常適合現場的取材工作，通常用於切削角鐵、圓鐵、圓管及方管等金屬材料。

二、高速砂輪切斷機之構造

　　高速砂輪切斷機之外形，如圖 3-51(a)(b)所示，主要構造係由馬達、機座、砂輪片護罩、切削操作柄、虎鉗及虎鉗操作手輪等組成。虎鉗具有調整性，可調整切割角度，如30°、45°、90°等；砂輪片之大小因機型而異，其規格以外徑(D)×厚度(T)×孔徑(H)表示，例如305×2.8×25mm。

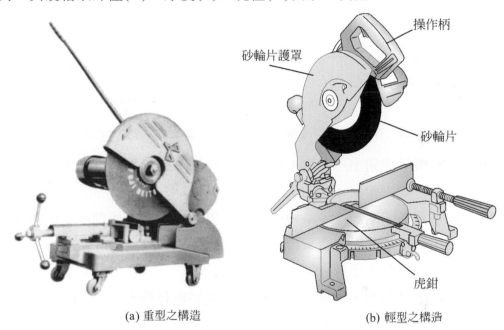

操作柄

砂輪片護罩

砂輪片

虎鉗

(a) 重型之構造　　　　　　(b) 輕型之構造

圖 3-51　高速砂輪切斷機

三、更換砂輪片之方法

1. **注意！為了防止意外事件發生，務必拔下電源插頭。**
2. 打開砂輪片護罩。
3. 左手持開口扳手固定轉軸，右手持另一扳手鬆開固定螺絲，並取出砂輪片。
4. 裝上新砂輪片，並確實鎖緊，蓋好砂輪片護罩。

四、高速切斷砂輪機之切削方法

1. 用石筆、劃針或其他劃線工具在材料上劃切割線，如圖 3-52 所示。
2. 檢查砂輪片是否破損，是否緊固。
3. 調整虎鉗正確之角度，如圖 3-53 所示。

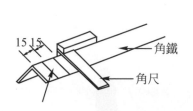

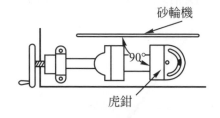

圖 3-52　在材料上劃切割線　　　　　圖 3-53　調整虎鉗角度

4. 材料置於虎鉗上，輕壓手柄並校正位置，砂輪片對準後，轉動虎鉗手輪，確實鎖緊，如圖 3-54 所示。
5. 按下電源開關，使砂輪轉動正常；然後輕緩施壓切削，工作進行中可稍微提起手柄後再繼續施壓，如此可以減輕砂輪片之磨損。
6. 接近切斷時，應減少進刀量。
7. 切斷後立刻關閉電源，待砂輪靜止後鬆退材料。
8. 同一尺寸且數量多時，可按圖 3-55 所示使用靠板。

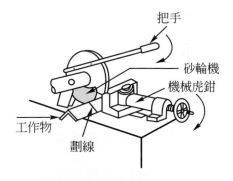

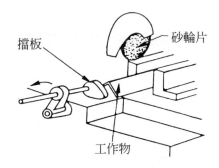

圖 3-55　輕壓對準劃線處　　　　　圖 3-56　利用擋板切削

五、高速砂輪切斷機之安全規則

1. 砂輪片甚薄容易破裂，避免站在切斷機回轉方向之正面。
2. 一般砂輪片破裂主要原因是材料未固定或壓力太大所引起。
3. 配戴口罩、安全眼鏡及耳塞。
4. 切削甚長材料時，材料必須保持水平，注意搬運中勿碰撞砂輪片以免破裂。
5. 切斷後立刻關閉(OFF)電源，待完全靜止後才可取出材料。

六、輕型圓鋸機之使用說明(如圖 3-56 所示)

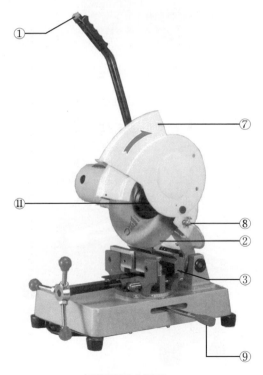

(a) 輕型圓鋸之構造(一)

圖 3-56　輕型圓鋸機之使用說明

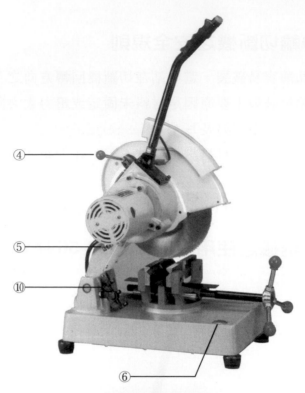

(b) 輕型圓鋸機之構造(二)

(c) 90°切削方管

圖 3-56　輕型圓鋸機之使用說明(續)

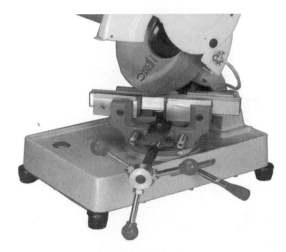

(d) 45°切削方管

圖 3-56　輕型圓鋸機之使用說明(續)

1. 電源操作開關。

2. 鋸片。

3. 雙邊虎鉗。

4. 變速把手(變速時請下壓)。

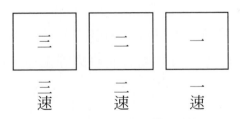

5. 切削油電源開關。

6. 切削油注入孔(加油時先將網子挑起後再蓋上，切削油會自動循環)。

7. 鋸片保護蓋。

8. 切削油流量調整器。

9.　角度斜切調整把手(①向前拉，②調整虎鉗角度，③推回固定)。

10.　機台高低、固定、調整螺絲。

11.　鋸片鎖緊螺絲。

七、圓鋸機之安全規則

1.　切削油不潔或不足時請更換或添加。

2.　鋸片鈍挫時請更換或加工研磨。

3.　鋸齒之方向是否正確？

4.　工作物是否夾穩。

5.　鋸片是否鎖緊。

6.　平切角度時請勿使用快速檔。

7.　切方管時請夾成◇形狀，不可夾成□形狀。

3-10　手提砂輪機之使用

一、前　言

　　手提砂輪機因其體積小重量輕，攜帶容易及操作方便，因此被廣泛使用於銲道之磨平，去除毛邊及金屬表面研磨等工作，係板金、冷作、機械修護最常用的工具。

二、手提砂輪機之構造及附件

1.　手提砂輪機之構造

　　　　手提砂輪機依動力來源，可分為電動和氣動兩種；氣動式如圖3-57(a)(b)所示；係用高壓空氣推動，必須配有容量大的空氣壓縮機及其他相關設備方能使用，故較不普遍。而電動式手提砂輪機，

在任何有電源之處皆可使用；係由一高性能之馬達，以高速帶動砂輪片回轉磨削，其基本構造如圖 3-58 所示，係由馬達、砂輪片護罩、砂輪片、開關及電源線等組成。

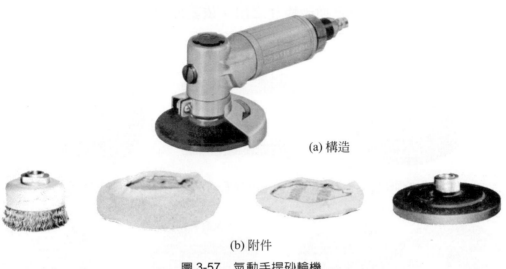

(a) 構造

(b) 附件

圖 3-57　氣動手提砂輪機

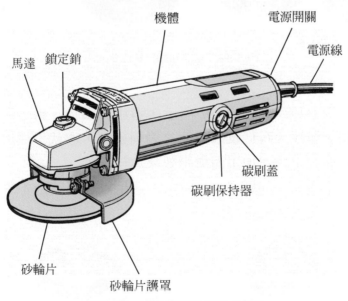

機體　　　電源開關

電源線

馬達　鎖定銷

碳刷蓋

碳刷保持器

砂輪片

砂輪片護罩

圖 3-58　電動手提砂輪機之構造

2. 手提砂輪機之附件

(1) 標準附件：如圖 3-59(a)(b)所示，平面砂輪片之大小因機型而異，其規格以外徑(D)×厚度(T)×孔徑(H)表示，例如125×6×22mm。二支扳手專供更換砂輪片之用。依表面加工備有不同種類之平面砂輪片，如圖 3-59(c)(d)(e)(f)所示。

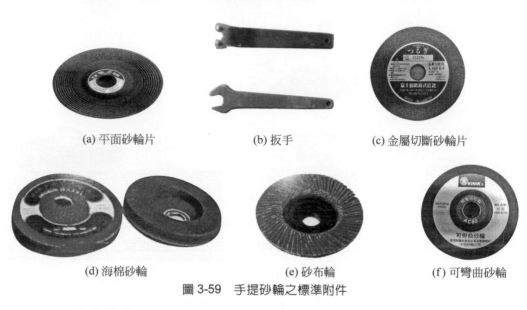

(a) 平面砂輪片　　　　(b) 扳手　　　　(c) 金屬切斷砂輪片

(d) 海棉砂輪　　　　(e) 砂布輪　　　　(f) 可彎曲砂輪

圖 3-59　手提砂輪之標準附件

(2) 特殊附件

① 碗形鋼刷：如圖 3-60 所示，適用於鑄物、構造物、鐵桶、車體、鐵板、石材及水泥面之表面研磨，取代以往用砂紙磨除金屬面之工作；加工面愈平效果愈佳。

② 盤形鋼刷：如圖 3-61 所示，適用於表面凹凸不平或有溝槽之處，效果非常良好。

圖 3-60　碗形鋼刷

圖 3-61　盤形鋼刷

三、砂輪裝卸之方法

　　手提砂輪機之砂輪片使用磨損外徑小於 60mm，或破裂至不堪使用時，不可勉強使用，應立即更換。

1.　砂輪片之裝卸(一)(如圖 3-62 所示)

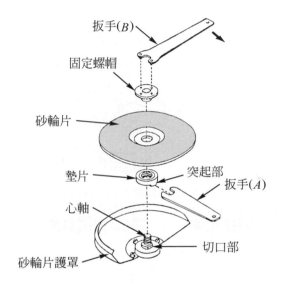

扳手(B)
固定螺帽
砂輪片
墊片　　　　突起部
　　　　　　　　扳手(A)
心軸
切口部
砂輪片護罩

圖 3-62　砂輪片之裝卸(一)

(1)　注意！為了防止意外事件發生，應將電源拔起。

(2)　本體倒置於工作台或地板，使心軸朝上。

(3)　墊片對準心軸槽後安裝。

(4)　墊片安裝於砂輪片凸出部份。

(5)　將固定螺帽套於砂輪片上，然後用手旋緊。

(6)　扳手(A)對準墊片突起部，扳手(B)亦同，然後慢慢旋緊。

(7)　固定螺帽必須用扳手鎖緊，如果欲將砂輪片取下，依以上步驟相反進行即可。

2.　砂輪片之裝卸(二)(如圖3-63所示)(附鎖定銷之機型)

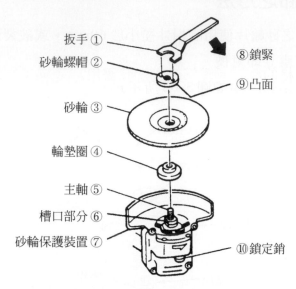

圖 3-63　砂輪片之裝卸(二)

(1)　確認開關已切斷，並且拔去電源插頭以避免嚴重事故。

(2)　把本體倒置使主軸朝上。

(3)　把墊片裝到主軸上。

(4)　給砂輪的隆起部配裝砂輪墊圈。

(5)　把砂輪螺帽的凸面裝到砂輪上並且把螺帽擰到主軸上。

(6)　撳下鎖定銷防止主軸轉動。用扳手擰緊砂輪螺帽卡緊砂輪。

(7)　確認砂輪安裝是否牢固。

(8)　確認鎖定銷被解除鎖定；可在打開電源開關之前通過撳二、三次
鎖定銷進行檢查。

(9)　砂輪的拆卸和裝配相反。

四、手提砂輪機之研磨方法

1. 使用前

⑴ 確認電源電壓與手提砂輪機所規定之電壓是否相同。

⑵ 採用合格的延長電纜線,以承載需用之電流,如表 3-4 所示。

表 3-4

導線斷面積	最大長度
0.75mm²	20m
1.25mm²	30m
2mm²	50m

⑶ 檢查砂輪確無破裂和表面缺陷。

⑷ 插頭接通電源前,確定開關在 "OFF" 的位置。

⑸ 電動工具應有三條電線,如圖 3-64 所示,要確實的接地。

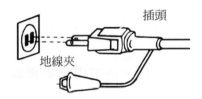

圖 3-64　手電鑽之插頭及地線夾

⑹ 配戴護目鏡、口罩及手套,以防止工作時,吸入所產生的灰塵、
鐵屑及漆粉等雜物。

⑺ 在打開電源開關之前,撳兩、三下鎖定銷,檢查鎖定銷是否被釋
放。

2. 使用中

⑴ 撥動開關在 "ON" 的位置,同時使砂輪片與研磨面保持 15～30
度,如圖 3-65 所示。

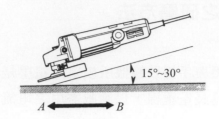

圖 3-65　砂輪機的正確使用法(使用新砂輪片時)

(2) 研磨時，研磨面不可強壓，否則速度會變慢以及加工面粗糙，甚至負荷過大，馬達容易損壞。

(3) 研磨進退方法：使用新砂輪片時，不可依圖 3-65 所示之 "A" 方向前進，因為磨石過分銳利容易磨損，必須依 "B" 方向慢慢退後使用；待磨石用久後，才可以依 "A" 方向前進作業。

(4) 本機在旋轉時，切勿按下鎖定銷。如鎖定銷被按下的話，則勿按下開關。

3. 使用後

(1) 使用後，馬達仍在轉動時，不要放在粉末多的地方，以免將雜質吸入。

(2) 不要拿線提起電動工具，也不得拉扯電線從電源插座拆除插頭。

五、使用手提砂輪機應注意事項

1. 操作人員決不可站在濕地上；手潮濕時也不可以操作電動工具。

2. 研削火花飛濺的方向，不可傷及別人或觸及引火物，以免發生危險，如圖 3-66 所示。

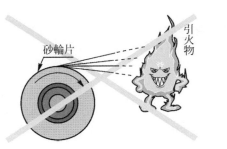

圖 3-66　注意火花飛濺方向　　　圖 3-67　旋轉之砂輪不可置於地上

3. 迴轉中之砂輪，不可置於地上，以免傷及他人，如圖 3-67 所示。

4. 砂輪片之背面不可磨削，應使用正面及側面，如圖 3-68 所示。

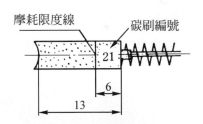

圖 3-68　砂輪正確之使用面　　　　　圖 3-69　碳刷之磨耗

5. 按工作性質之不同，選用正確粒度之砂輪片，一般鋼材之研削用#36。
   (一般分為#16、#24、#30、#36、#40、#50、#60、#80、#100、#120
   等 11 種)。

6. 碳刷磨耗至 6mm 時，應換新，如圖 3-69 所示。用起子旋開，選用
   原來編號之碳刷塞入，然後旋緊即可。

7. 作業以安全第一為原則，小工件要用夾具固定，比用手按壓更為可
   靠，也能夠讓雙手專心操作。

3-11 電腦沖床(NCT)之使用

一、前 言

數值控制沖床俗稱(Number Control Turret，NCT)，亦稱 CNC 沖床或CNC轉塔式沖床，為一數值化控制的板金加工機械，不論多複雜的板金件，經由程式的書寫，在很短時間內就可加工完成，節省原有加工方式開模及校模的時間，非常適合少量多樣的板金件之彈性加工。如圖 3-70(a)(b)所示，係利用電腦選擇沖模，與床檯X、Y軸的移動配合，來沖壓所需的製品。其原理是先將製品的加工位置、形狀、尺寸等，設計程式輸入電腦，由電腦指揮床檯 X、Y 軸之移動，並在圓形轉盤上裝置各種形狀之沖模，藉著電腦控制，使沖模沖壓時隨著加工孔之形狀而自動更換。

(a) 日本 AMADA 公司

圖 3-70 CNC 轉塔式衝床

(b) 國內台勵福公司

圖 3-70　CNC 轉塔式衝床(續)

　　沖壓時，利用沖頭與沖模間之配合，使其高速上下運動，而材料亦由床檯 X、Y 軸之帶動，即可將其沖壓出一複雜開孔或缺口，如圖 3-71(a)(b) 所示，以供折彎成形之用。

　　CNC 轉塔式沖床造價昂貴，但加工速度快，模具製作簡單、安全性亦高，不需經過多次的沖壓程序，即可直接完成複雜又精密的板金加工。但沖剪時噪音很大，且不利於大圓孔形或自由曲線之加工；因沖剪用蠶食方式會產生很多毛邊，因此有逐漸被雷射切割所取代之趨勢。圖 3-72 所示為高速成形加工，可滿足各種形狀、尺寸的成形加工；以往需要兩個工程才能完成的成形加工，將各種成型模具放置於自動轉角模座後，即可高速進行各種成形之加工。

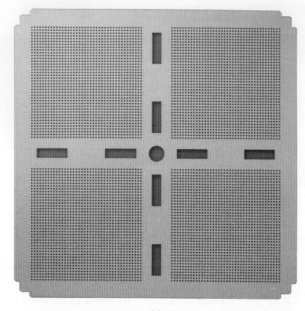

(a)

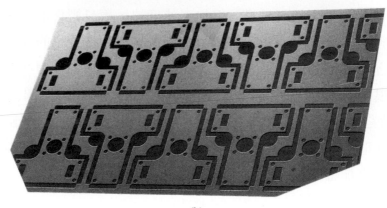

(b)

圖 3-71 精密的 NCT 產品

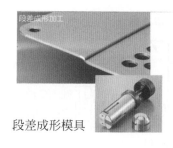 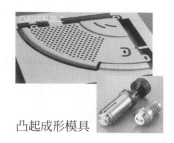 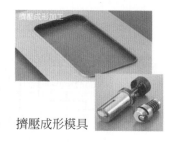

段差成形模具　　　　　　凸起成形模具　　　　　　擠壓成形模具

圖 3-72　高速成形加工之模具與成品

二、從單組模具發展到 NC 轉塔式模具

　　將一對或數對沖頭及沖模裝入框架內，使材料基準面碰觸到定位量規即可沖孔，若孔徑或形狀改變時，更換沖頭與沖模即可。但加工時每開一個孔，必須更換加工材料，或定位量規依開孔的次數重新設定，效率甚差，不適合多品種少量生產，因此定位量規 NC 化、材料移動 NC 化及模具之選擇交換自動化，奠定了 CNC 轉塔式沖床之設計基礎。

1. 定位量規之 NC 化

　　如圖 3-73 所示，定位量規 NC 化後，材料之移動不用人手而自動進行，縮短定位時間及提高定位精度。最大優點是不用每沖壓一個孔就移動材料，亦即在同片材料上開若干同尺寸之孔，在沖壓第一孔時，量規會依 X、Y 軸方向移到下一位置，使材料碰觸移動後之量規，依序沖孔完成。唯一缺點是作業中，操作者必須握持材料隨著量規而移動。

2. 材料移動之 NC 化

　　如圖 3-74 所示，將 NC 定位量規改為附有夾緊器，把材料確實夾緊於 Y 軸上，使材料與 Y 軸一體並同步前後移動，因此在 X 軸方向移動，就不須握持材料，所以材料沖壓相同的孔時，祇要程式設定妥當，即可全自動加工。但沖壓各種尺寸或形狀之孔時，必須以人力更換模具，相當費時、費力。

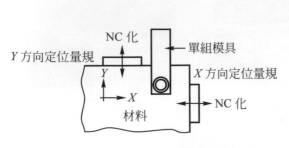

圖 3-73   定位量規之 NC 化

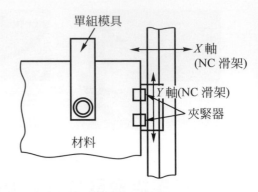

圖 3-74   材料移動之 NC 化

3. 模具選擇、交換自動化

　　如圖 3-75(a)(b)所示NC轉塔式沖床及各式模具，將模具的選擇及交換自動化，在可旋轉的刀盤上，裝置多組沖頭及沖模，一組模具的加工完成，自動轉刀傳動軸立即選擇次一模具，依序加工完成。NC 轉塔式沖床，除了單純的開孔及缺口外，也可以從整大張材料上沖壓多個小零件，甚至採用蠶食的方法，可沿自由曲線壓剪等。

　　雖然 NC 轉塔式沖床之加工已全自動化，但材料的供給，夾緊器的操作及製品的取出仍需人手，因此為進一步省力化、自動化，市面上已開發自動上、下料的周邊附屬設備，如圖 3-76 所示，可完成全線自動化之生產。

(a) 旋轉刀盤

(b) 各式模具

圖 3-75　CNC 轉塔式沖床及各式模具

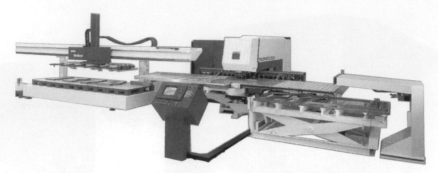

圖 3-76　高效率的自動化設備(取自德國 TRUMPF 公司)

三、CNC 轉塔式沖床之構造及性能

CNC 電腦轉塔式沖床，基本構造大致相同，如圖 3-77 所示，基本上可分為下列主要部份：

1. 基座

採開口式 C 型輕巧構架，因框架之左右空著，使大型工作加工自如，作業性良好。另採門式 O 型堅實構造，剛性極佳、強度大。各型基座之結構皆經靜剛性與模態分析設計而成，基體並經高張力測試與正常化處理，避免因受力變形折損沖壓能力。

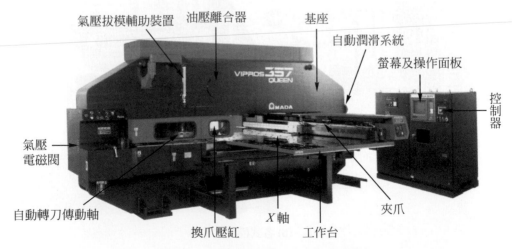

圖 3-77　CNC 電腦轉塔式沖床之構造

2. 自動旋轉刀盤

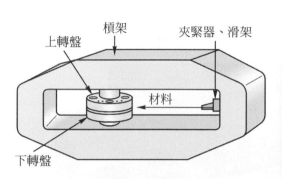

(a) 框架構造及轉盤

(b) 自動轉刀及刀盤

(c) 高精密的旋轉頭

圖 3-78　NCT 旋轉刀盤

　　如圖 3-78(a)(b)所示之旋轉刀盤，採同步連桿傳動設計，經自動轉刀傳動軸定位可靠，轉刀採耐磨合金鋼材質，依耐沖擊方式旋轉，每一旋轉速度約 2 秒，壓剪速度約每分鐘 200～300 次(SPM，Stroke Per Minute)。刀盤所有刀站均裝配高強度且耐磨之可換式襯套，長

期使用後毋須拆卸整組刀盤，即可輕易保養修理，確保加工精度及縮短保養工時，並裝設刀具回昇訊號檢測裝置，確保刀具、工作及機器安全。

3. 材料移動裝置

(a) 滾珠型式

(b) 毛刷型式

圖 3-79　NCT 工作檯

如圖 3-79(a)所示之工作檯，配備有彈性下沈之滾珠裝置，可減少工件與檯面之磨擦。另圖 3-79(b)所示之毛刷型工作檯，採彈性毛刷，減低噪音符合環保要求，提高加工精度與工件移位速度，延長導螺桿壽命。滾珠型機種採氣缸為動力源，構造簡單，維修容易，能確實垂直鎖定工件，採角度搖擺浮動方式；而毛刷型機種採先進設計上下浮動方式；雙倍出力結構，大幅提高夾持力，達到快速位移功能。以上二種型式之驅動源均採用直流(DC)伺服馬達，一般移位速度約 40～60m/min，定位精度在±0.15mm 以下。

4.　其他輔助裝置

(1)　氣壓電磁閥：可穩定控制刀盤 PIN IN/OUT，自動轉刀軸，以及拔模輔助、夾爪、換爪、三角定位等裝置。

(2)　氣壓拔模輔助裝置：裝卸上刀模，人性化考量，操作簡捷。

(3)　X 軸：其結構本體經剛性與暫態分析設計而成，具有自動位移功能，配合換爪可使 X 軸加工長度不受限制。

(4)　油壓離合器：採高性能、高精度、低噪音及低磨耗，零故障免維修。

(5)　換爪壓缸：由 CNC 程式控制換爪作動，由兩組氣壓缸所組成，快速精準確保加工精度。

(6)　自動潤滑系統：所有導螺桿、滑軌及其它傳動元件，均由此裝置定時給油潤滑，可避免人為疏失保養，以延長元件使用壽命。

(7)　螢幕操作面板及控制器：標示清晰，操作方便，功能齊全，擴充性極佳。

5.　特殊附屬設備(如圖 3-80(a)(b)所示)

CNC 轉塔式沖床之程式指令，如何移動材料，如何選擇沖頭及沖模，各廠牌皆有其特殊指令內容及意義，以下說明基本程式之概要。

(a) 小工件及廢片能自動搬移

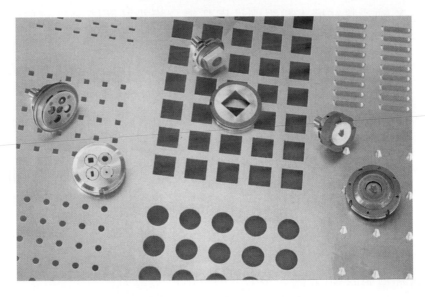

(b) 多功能的沖模系統與加工形式

圖 3-80 特殊附屬設備

四、CNC 轉塔式沖床之程式

1. 絕對值與增量值

    如圖 3-81 所示，依①②之順序沖壓二孔時，①孔從原點起至 X 方向距離為 100mm，Y 方向則為 80mm，表示方法為：

$$\underset{位置}{(X100,Y80)}\quad\underset{工具編號}{(T007)}$$，其次②孔的位置表示方法為：(X170,Y120)，

    指定從原點起之距離，此稱為絕對值表示法。另一表示方法為相對於①孔之距離(X70,Y40)，此稱為增量值表示法。

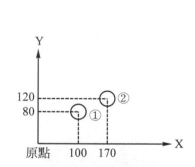

圖 3-81　絕對值與增量值之表示法

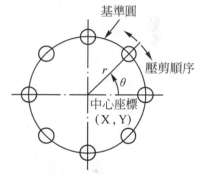

圖 3-82　沖圓形之孔

2. 基本加工圖形之指令

    (1) 圓形之孔：如圖 3-82 所示，以某點為中心，r 為半徑之圓上，等間隔沖剪 n 孔的型式，其程式如下：

    ① 基準圓之中心座標(X,Y)。

    ② 基準圓之半徑(r)。

    ③ 最先沖壓孔，與 X 軸之夾角($\pm\theta$)，＋表示順時針方向，－表示為反時針方向。

    ④ 沖壓孔數($\pm n$)，＋表示順時針方向，－表示為反時針方向。

⑵　圓弧之孔：如圖 3-83 所示，在部份圓周上沖壓孔之型式，其程式如下：

①　基準圓之中心座標(X,Y)。

②　基準圓之半徑(r)。

③　最先沖壓孔，與 X 軸之夾角($\pm\theta$)。

④　各角度間隔($\pm\Delta\theta$) (＋，－表示沖剪方向)。

⑤　沖壓孔數(n)。

⑶　直線之孔：如圖 3-87 所示，在 X 軸夾角的直線上，等間隔沖壓孔之型式，其程式如下：

①　圖形基準點座標(X,Y)。

②　與 X 軸之夾角($\pm\theta$)。

③　孔間隔($\pm d$) (＋，－表示以中心座標之對稱沖剪方向)。

④　沖壓孔數(n)。

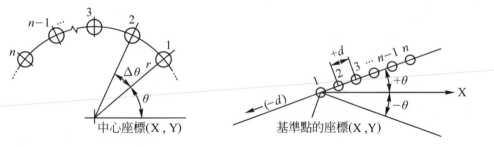

圖 3-83　沖圓弧之孔　　　　　　　圖 3-84　沖直線之孔

⑷　格子之孔：如圖 3-85 所示，在 X、Y 軸方向以等間隔沖壓格子狀孔之型式，其程式如下：

①　圖形基準點座標(X,Y)。

②　與 X 軸方向之間隔($\pm d_1$) (＋為 X 軸正方向，－為負方向)。

③　在 X 軸方向之沖壓孔數(n_1)。

④　與 Y 軸方向之間隔($\pm d_2$)。

⑤　在 Y 軸方向之沖壓孔數(n_2)。

(5)　直線蠶食之孔：單沖頭無法沖剪較大尺寸或複雜之形狀，則採用連續重疊壓剪的加工，類似蠶食桑葉之情形，故稱為蠶食加工。如圖 3-86 之形狀，在直線上沖壓之程式如下：

①　圖形基準點座標(X,Y)。

②　蠶食長度($\pm \ell$) (ℓ 表示開始與結束之沖頭中心距離，＋，－為蠶食之進行方向)。

③　與 X 軸之夾角($\pm \theta$)。

④　沖頭直徑($\pm P$) (＋表示向進行方向蠶食基準線的左側，－表示蠶食右側)。

⑤　蠶食間隔(d)。

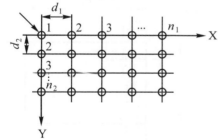

圖 3-85　沖格子之孔

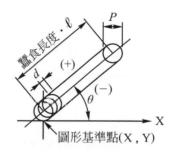

圖 3-86　直線蠶食之孔

(6)　圓弧蠶食之孔：如圖 3-87 所示之形狀，以某點為中心點蠶食成圓弧狀，其程式如下：

①　圖形基準點座標(X,Y)。

②　圓的半徑(r)。

③　開始沖剪之點與 X 軸之夾角($\pm \theta_1$)。

④ 進行蠶食之角度($\pm\theta_2$) (＋表示順時針，－表示反時針)。

⑤ 沖頭直徑($\pm P$) (區別蠶食基準圓的外側或內側)。

⑥ 蠶食間隔(d)。

(7) 矩形蠶食之孔：如圖 3-88 所示之大方形缺口，在 X、Y 方向以方形沖頭進行蠶食，其程式如下：

① 圖形基準點座標(X,Y)。

② X 軸方向的沖壓長度($\pm\ell_1$) (＋表示 X 軸的正方向，－表示為負方向)。

③ Y 軸方向的沖壓長度($\pm\ell_2$)。

④ X 方向的沖頭寬度(W_1)。

⑤ Y 方向的沖頭寬度(W_2)。

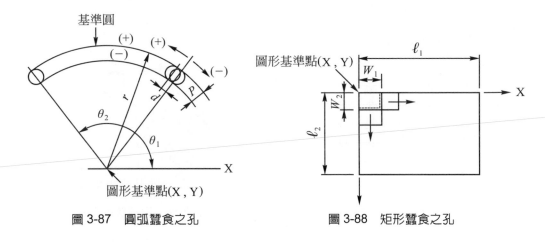

圖 3-87　圓弧蠶食之孔　　　　圖 3-88　矩形蠶食之孔

3. 基本加工圖形之範例(如圖 3-89 所示)

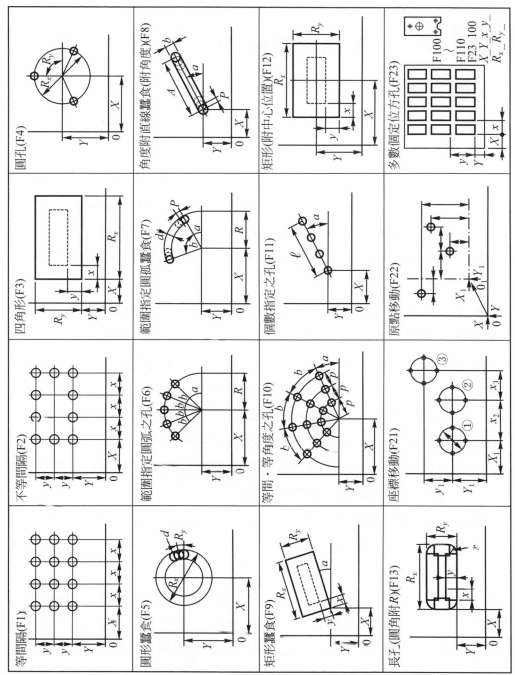

圖 3-89　基本加工圖形

3-12 雷射切割機之使用

一、前　言

　　板金工廠長時期以來，認為存在的四大問題(噪音、困難、骯髒、危險)的職業場所，但這是以往的說法，如今由於雷射加工機的出現，已完全的改觀了，因為雷射加工是一種不使用刀具的非接觸性加工方式，因此沒有刀具之磨耗、破損，更新或更換等問題，同時亦沒有如沖床般的噪音與震動。也不需要如沖床所需的笨重、高價格之模具，故模具管理或一些保管場所等令人困擾的問題也都解決了，而且又適合產品多樣少量的生產方式。

　　板金工廠中最多之工作為薄板的切斷作業，利用雷射切斷加工比氣體切斷或高溫電離氣(plasma)切斷之加工，在加工速度、精度或成品之品質上，都有較佳的加工效果。同時，對於不銹鋼，也能以雷射光作非氧化性之切斷加工，此與其他的切斷方法完全不同，雷射加工後不必再做後續處理即可實施熔接作業，這是其最大的長處。

　　以往在板金工廠，大都是使用轉塔式沖壓床(turret punch press)，雷射加工與其比較，即可知雷射切斷可自由容易地切成任意形狀，故切片等問題便可迎刃而解，成品之品質又很優良。

　　解決了人們困擾的四大問題，實現了板金工廠也有良好環境的可能性，這最大功臣即是雷射加工機。因此本章開始說明有關雷射加工，尤其是 CO_2 雷射加工方面之有關問題。

　　雷射名詞是 Laser 之譯音，其意思是經由輻射中激發、放射的振盪器(如圖 3-90 所示)，而將光予以增強成為一道很窄小且平行的能量光束；因雷射光束有幾乎平行的特性，可用圓錐鏡與凹凸透鏡等導光系統，聚焦雷射光束

為 0.0025mm 的光點，此光點之溫度可達攝氏 5500 度以上，幾乎可熔化任何金屬，故雷射加工已大量應用在金屬材料的切割、切孔、銲接或表面處理等用途。圖 3-91(a)(b)(c)(d)(e)所示為高效率、高精度的板金用雷射加工機(含選配裝置)及其加工之情形。為防止輻射外洩，工作區域以防護箱封閉，並方便觀察加工過程。為保護操作人員及環境，廢氣及切割的殘屑也以多槽吸出系統與精簡的集塵裝置有效的排除。

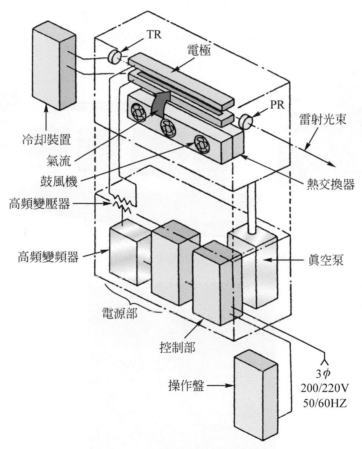

圖 3-90　CO_2雷射振盪器之基本構成

LC-1212αIV NT

(a) CNC 雷射切割機(日本 AMADA 公司)

(b) CNC 雷射切割機(德國 TRUMPF 公司)

(c) 雷射切割之情形

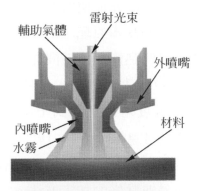

(d) 選配裝置(水霧冷卻切割)

旋轉軸管類切割裝置
(雙樞面式樣)

旋轉軸切割裝置支撐座
(單樞面式樣)

SUS 1.5mm
50×50 方管

SUS 1.0mm
φ50 圓管

(e) 旋轉軸管類切割裝置(選購配備)及加工形狀

圖 3-91　雷射加工(續)

二、雷射加工之原理及基本要素

1. 雷射加工的基本原理

　　雷射加工是利用雷射光的高強度、高同調性的特徵，以聚焦鏡將之聚集成功率密度達 $10^3 \sim 10^9$ 瓦／平方公分的光點，在工件表面產生局部的加熱熔化，甚至是氣化加熱效應，達到加工目的。當材料表面受到紅外光區的雷射光照射時，光子可以在 10^{-12} 秒內將能量傳遞給電子，電子又在 10^{-9} 秒內將能量轉換為晶格熱，光能轉換為熱能的時間非常短，雷射光束的功率密度相當高，在單位時間、

單位面積內，提供極高的光能使材料表面瞬間獲得大量熱能，這就是利用雷射進行加工的基本原理。

　　材料表面所獲得的熱能因為時間非常短暫不及擴散至加工件的內部，幾乎全部集中在表面薄層，工件本體仍可以維持在室溫狀態，但加工件表面溫度可以升高到千度以上，甚至使工件表面熔化、氣化，溫升速度可達每秒 $10^8 \sim 10^{10}$ 度，具有溫升迅速、熱影響區小的特性，對於某些只需要加工工件表層又不希望影響原有材料性質的情況，雷射是非常好的加工方法。

2. 雷射的基本要素

　　一般雷射發生裝置(簡稱雷射頭)的構造，主要包括下列三大部份：

(1) 雷射介質：為一種可以產生雷射光之材料。如紅寶石、氦氖、釹、氬氣、二氧化碳分子等，但非所有材質皆可當作雷射介質。

(2) 激發機構：此為提供外在的能量，將較低能階上的雷射介質激發到較高能階上，以便產生雷射。

(3) 共振腔：又稱光學回饋機構。主要是使受激輻過程產生的光子能在腔內，沿著一定方向多次來回地通過雷射介質使受激輻射過程反覆進行無數次，以便獲得大量的同一特性光子。雷射之能量單位為瓦特(Watt)。

三、雷射切割加工之原理及優點

　　雷射切割可以被想成在日光下用放大鏡產生聚縮光的能量，但這種縮光的能量則足以在紙上燒一小洞。在此我們便知光是一種能量，因此，只要把材料放在雷射光柱的高密度能源下即可切割，如果輸入熱大過材料的反射和傳導或散熱總和，那在照射點上，使溫度急劇上升，如果溫度足夠，輸入熱使材料蒸發而形成小孔；而小孔類似一個黑體，吸收雷射光的能量，被氣化的材料與噴濺的熔渣快速地流動，使小孔孔壁保持熔融狀

態，雷射光束最後貫穿工件，輔助氣體將熔融狀態的材料吹除，然後移動工件使小孔貫穿過工件，形成一道切口，達到切割材料的目的。

雷射切割有什麼優點：

1. 切割邊窄。
2. 切割邊只有很小的熱影響區。
3. 工作變形量小。

因雷射爲非接觸式的工具，故其優點：

1. 不會造成工件機械變形。
2. 不會磨損也不需更換工具。
3. 切割能力和工件硬度無關。

雷射切割機可適用之材料有塑膠、橡膠、木材、皮革、石英、碳鋼、不銹鋼、合金鋼……等等。圖3-92(a)(b)(c)(d)(e)(f)所示爲各式雷射切割之優良產品。

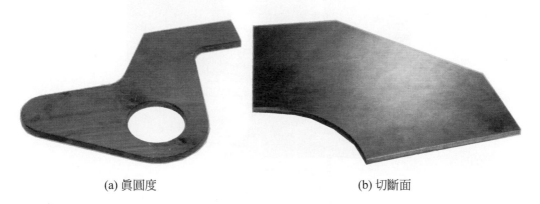

(a) 眞圓度 　　　　　　　　　　　　(b) 切斷面

圖 3-92　成型加工

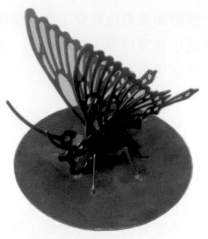

(c) 直角度

(d) 蝴蝶(利用 Laser 掃描過程,可去除
　　昂貴的手動量測和 CAD 繪圖)

(e) 圓管、立體製品的加工

SUS 10mm
4.0kw 氮割

熱軋花紋板6mm
4.0kw 小徑切割

熱軋鋼板6mm
4.0kw 小徑切割

AL5052　6mm
4.0kw 鋁切割

(f) 利用最新光學曲率技術切割之成品

圖 3-92　成型加工 (續)

四、影響雷射切割品質之因素

　　雷射切割金屬的原理是以高能量密度聚集成的雷射光照射到工件表面上，加以輔助氣氧化反應的能量，使金屬熔化蒸發。因其完成切割之因素很多，故影響切割品質之因素，如圖 3-93 所示。

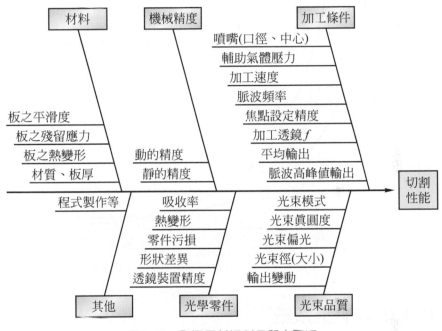

圖 3-93　影響雷射切割品質之要因

1. 雷射切割與傳統切割技術之比較

加工方法	雷射之優點
氧乙炔切割	切口寬度小，熱影響區小，可切割尖銳外形，工件變形小。
電漿切割(Plasma)	切口寬度小，熱影響區小，可切割尖銳外形，工件變形小。
帶鋸切割	切口寬度小，無毛頭，變形小，可切割尖銳外形，切割速率高。
切片加工(Nibblin)	切緣平滑，無毛頭，切口寬度小，工件變形小。
衝製(Punching)	毋需模具，可切割複雜外形，適用於多種少量生產。

2.　雷射切割本屬於高成本之切割，而其特性適合少數多樣產品之切割，及切割形狀複雜之產品，表 3-5 所示爲雷射切割與其他加工方式之生產成本比較。

表 3-5　雷射切割與其他加工方式之生產成本比較

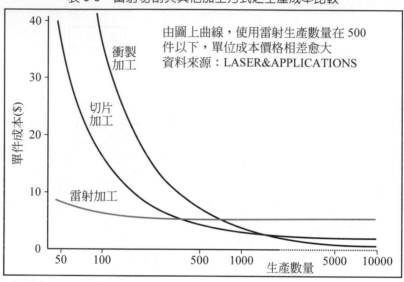

由上圖知，約在 500 件以下之量產，使用雷射切割之單件生產成本較低。

五、CO₂雷射加工系統

一般雷射運用於加工，其系統應包括下列各項(如圖 3-94(a)(b)所示)。

1.　雷射本體與電源控制系統。

2.　導光系統。

3.　工作檯。

4.　CNC 控制器。

5.　供氣系統。

6.　冷卻循環系統。

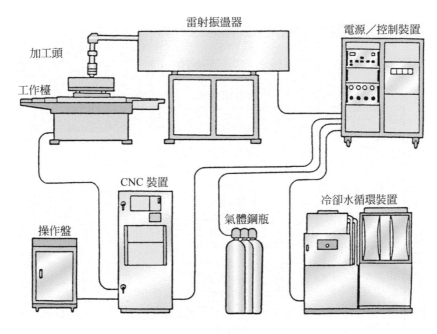

(a) CO_2雷射加工系統

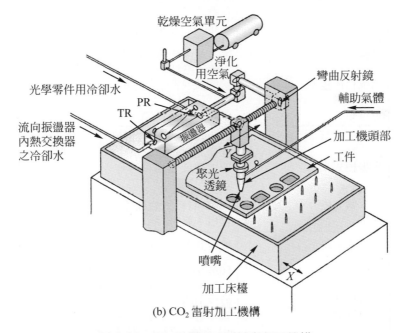

(b) CO_2雷射加工機構

圖 3-94 CO_2雷射加工系統與加工機構

六、雷射切割機各部品之構造說明

1. 雷射切割機之主要規格，如表 3-6 所示。

表 3-6　雷射切割機之主要規格

項　　目	規　　格
尺寸	寬度 4.924mm 深度 2.065mm 高度 1.822mm
重量	2.900kg
工作台高度	800mm
X 軸行程	2,500mm
Y 軸行程	1,250mm
Z 軸行程	90mm
位移速度(最大)	12m/min
切割速率(最大)	3m/min
定位精度	±0.1/300mm 或更少
重複精度	±0.01mm 或更少
切割能力	中碳鋼 6mm(*1) 不銹鋼 4mm(*1)
工作範圍	X 軸 2,500mm Y 軸 1,240mm
最大荷重	80kg(*2)
軸驅動系統	X/Y 軸 AC 伺服馬達 Z 軸氣壓缸
噴嘴位置控制	接觸式
工件夾數	2
定位銷	氣壓缸(手動)
雷射光波長	10.6μm 二氧化碳雷射
偏光性	圓偏光
發振模式	連續波或脈衝
NC 軸數	2
資料輸入媒介	3.5 英吋軟式磁碟機
螢幕	單色 7 英吋
冷卻水系統	風冷式冷卻水機
電源需求	50/60Hz，三相 200V，20kVA 50/60Hz，單相 100V，0.6kVA
接地標準阻抗	最少 10 歐姆
使用氣體	氦、氬、二氧化碳 混合氣 (比率值：72.3、24.3、3.4)
氣體消耗量	0.5ℓ/min(正常運轉下)

2. CO_2雷射切割機之構造說明

(1) 主要外形及構造如圖 3-95(a)(b)所示。

(a) 外形

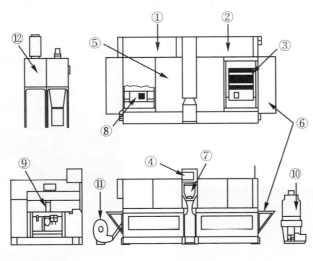

(b) 主要構造

圖 3-95 CO_2雷射切割機

① 雷射振盪器：可配合板厚、材質來選擇高出力的發振器，如圖 3-96所示。

② 電源供應器：(提供適當及穩定之電壓)

③ 冷卻系統：提供發振器控制在常態之溫度之下。

④ NC控制面盤：具備先行控制機能等，可高速度、高精度加工，如圖 3-97 所示。

⑤ 工作檯面：分為兩軸控制(標準型)，豪華型三軸控制。

⑥ 補助檯面：擴充工作範圍。

⑦ 操作面盤：各控制開關及指示燈點，如圖 3-98 所示。

⑧ 空壓系統：供應發振器與電源供應器。

⑨ 切割頭：分為接觸式與非接觸式二種，如圖 3-99(a)(b)所示。

⑩ 冷卻塔：用蒸餾水循環使用。

⑪ 抽風機：引導氣流減少污染。

⑫ 集塵裝置：以集中集塵方式，有效的清除粉塵。

圖 3-96　雷射發振器　　　　　　　　圖 3-97　NC 控制面盤

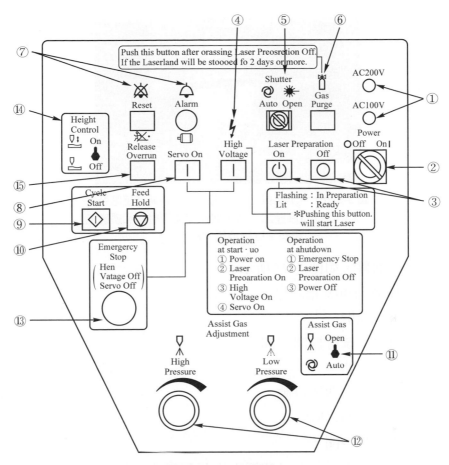

圖 3-98　操作面盤

圖 3-99(a)　切割頭(一)

圖 3-99(b)　切割頭(二)：非接觸式z軸靜電感應裝置
　　　　　　(高速加工時，可正確讀取材料和噴嘴的
　　　　　　距離，以維持穩定的加工)

(2)　操作面盤，如圖 3-98 所示。

①　200V/100V 指示燈。

②　電源開關。

③　雷射系統待機開／關。

④　電壓壓開。

⑤　發振器之開與自動。

　　自動→開／關。

　　手動時→開。

⑥　氣體之表示已有足夠壓力之氣壓進入發振器。

⑦　警示錯誤燈／消除鍵。

　　當錯誤產生而停機時，此燈會亮起(消除錯誤，再按一下此鍵)。

⑧　伺服系統起動(X，Y 軸)。

⑨　CYCLE STAR 執行程式。

⑩　FEED HOLD 暫停。

⑪　輔助氣體開／自動。

⑫　輔助氣體之高／低壓調整。

⑬　緊急停止。

⑭　切割頭高度開／關。

　　手動時候使用之開關。

(3)　NC 系統，如圖 3-100 所示。

①　螢幕顯示。

②　功能鍵 F1～F6。

③　游標鍵。

④　數字鍵。

⑤　消除＋LED；插入鍵。

⑥　轉換鍵(切換鍵)。

⑦　取消鍵。

⑧　輸入鍵。

⑨　IC 卡插入槽。

⑩　RS232 傳輸埠。

⑪　亮度調整鍵。

⑫　切割頭調整鈕：使用於工件與電極之間之距離，如圖 3-101 所示。

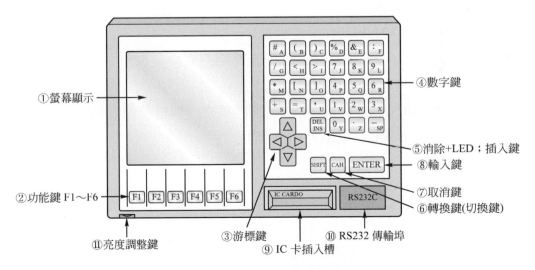

圖 3-100　NC 系統控制面板

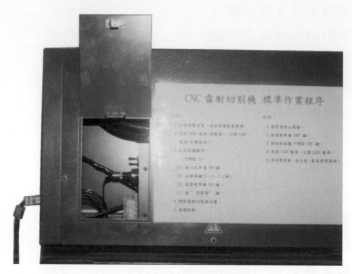

圖 3-101　切割頭調整鈕

(4)　螢幕之操作。

MODE

① MANUAL(手動)。

② AUTO(自動)。

③ PROGRAM EDIT(程式編輯)。

④ LASER CONTROL(雷射控制、切割條件參數)。

⑤ MAINTENANCE(維護)。

⑥ EXTERNAL MEMORY(記憶體擴充、傳輸控制)。

⑦ ORIGIN RETURN(回主畫面)。

(5)　切割頭之構造，如圖3-102所示。

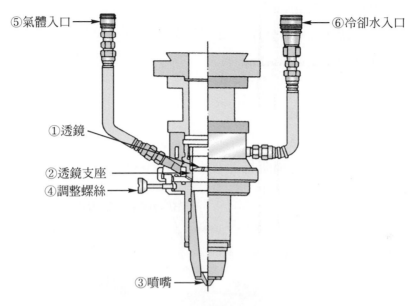

⑤氣體入口

⑥冷卻水入口

①透鏡

②透鏡支座

④調整螺絲

③噴嘴

圖 3-102　切割頭之構造

七、CO_2 雷射切割機之基本操作法

1.　安裝需要之事項

(1)　電源：60Hz　220V　20kVA　3相

　　　60Hz　100V　0.6kVA　單相

(2)　接地：用銅棒接地。

(3)　雷射氣體：CO_2(二氧化碳)、氦、氖混合氣體。

混合比率：3.4：72.3：24.3。

氣體消耗量：0.5公升／分。

(4)　供應壓力：5～6kg/cm^2。

(5)　空氣流量：300NL／分。

(6)　空氣壓力：5～6kg/cm^2。

(7)　補助氣體：氧(O_2)、乾淨空氣(AIR)、氖等。

供應壓力：$7kg/cm^2$。

(8)　冷卻系統水：0.5公斤／分。

供應壓力：$2\sim3kg/cm^2$。

2.　機器基本操作

(1)　相關之供應準備。

　①　雷射氣體供應

　　(a)　將壓力錶與鋼瓶相連接，如3-103所示。

　　　　　　　　　　　　　　　　　　高壓錶(鋼瓶內之壓力)

　　　低壓錶(工作壓力錶)

　　　　　　　　　　　　　壓力調整閥

圖 3-103　安裝壓力錶

　　(b)　打開鋼瓶閥，檢查是否有壓力。

　　(c)　調整低壓錶至少至 $5\sim6kg/cm^2$。(注意：必須確認氣體不可以漏氣)

　②　補助氣體之供應：不同切割材料必須有不同之補助氣體，如表3-7所示，其壓力需達$7kg/cm^2$。

表 3-7　配合用途選擇各種加工法

加工法	一般切割	淨切割 (選購配件)	空氣切割	簡易切割 (選購配件)
特　徵	雷射加工的標準型 (適用 SS 鋼材)	防止燒焦、熔著及氧化膜發生(適用不銹鋼)	實現理想的運轉成本	最適於表面處理鋼板的加工
輔助氣體	氧氣	氮氣	空氣	空氣(經特殊處理)
切斷面之品質	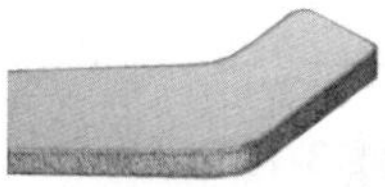	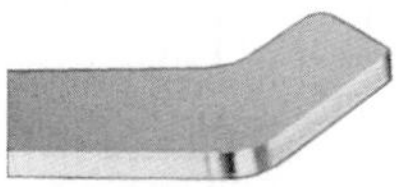	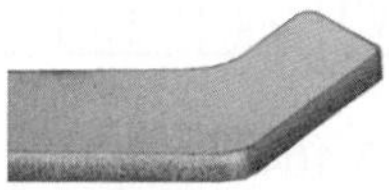	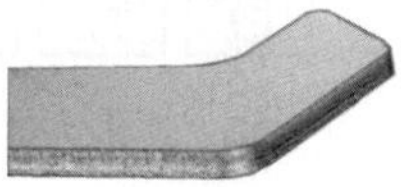

③　電源供應

(a)　需要單向 100V 與三相 200V 之電壓。

(b)　機器側方之電源供應器打開至 ON。

(c)　檢查 200V 與 100V 之燈是否有亮。

④　乾的空氣：將空氣機打開，調整至 6～7kg/cm²，設定壓力錶之出氣口至 4kg/cm²。

(2)　機台之準備。

①　NC 準備事項

(a)　將電源之開關至 ON，並有螢幕出現如圖 3-104 所示。

(b)　按 SERVO 伺服起動鍵。

(c)　按功能鍵 F(OK)-XYZ 至原點位置，如圖 3-105 所示。

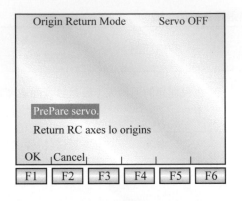

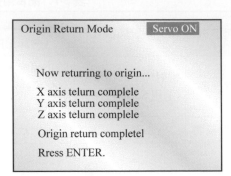

圖 3-104　　　　　　　　　　　　圖 3-105

② 發振器準備事項

　　(a) 按操作面盤之發振準備鍵。(開始時會閃爍，直到發振器與冷卻已經完成後，燈即不閃)

　　(b) 按高電壓鍵，指示燈亮。

(3) 工件上料。

① 工件夾具

　　(a) 本機可加工 1240×2500×80kg 之 6mm 最大板厚。

　　(b) 採用前方左側之蓋子，可調整夾具之位置與距離，如圖 3-106 所示，應儘量使兩支夾具分開。設定 A 值如圖 3-107 所示，利用下列公式：$A = (X - 1100)/2$，例：$X = 2440$，即 $A = (2400 - 1100)/2 = 670$。

　　(c) 腳踏開關使夾具打開，並放入工件直至材料表面與夾具完全接觸。

② 工件之行程

　　(a) 選擇 "1 手動" 到主畫面。(如圖 3-108 所示)

　　(b) 移動工件至切割之起點 X(用游標選擇 X，移動按 F1)。

　　(c) 移動切割頭至切割起切點 Y。

(d)　調整切割頭高度 2(參閱次頁之調整內容)。

(e)　此時切割位置已準備，按 F6 跳出至主畫面。

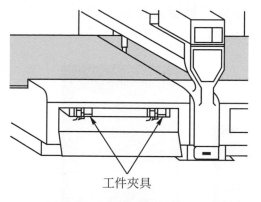

工件夾具

圖 3-106　調整一個夾具之正確位置

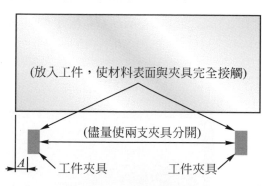

(放入工件，使材料表面與夾具完全接觸)

(儘量使兩支夾具分開)

A　工件夾具　　工件夾具

圖 3-107　設定"A"值之說明

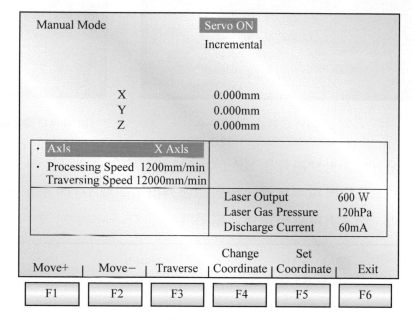

圖 3-108　主畫面

(4)　NC程式輸入

　①　NC資料 IN\OUT 之準備

　　(a)　連接溝通之線在NC I/O之傳輸機與機器之控制，如圖3-109
　　　　所示。(注意：中間連接線之方向)

(a) NC 系統　　　　　　　　　　　　(b) NC I/O 傳輸機

圖 3-109

　　(b)　插入 3.5" 磁片至NC I/O傳輸機上。

　　(c)　按輸出與步驟鍵，程式即會列出，如圖3-110所示。

　　(d)　用上下鍵選擇傳輸之檔名。

MARU.TAP	950401
SIKAKU.TAP	950401
< Dir end >	

圖 3-110

② 控制器方面之準備

　(a) 選擇 "6" 資料傳輸，將出現如圖3-111所示。

　(b) 按F2載入程式，如圖3-112所示。

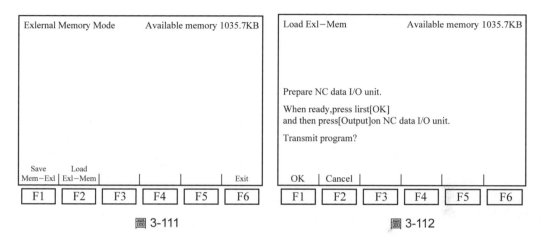

圖3-111　　　　　　　　　　圖3-112

③ 資料傳輸：按機台上之F1 OK後，再按I/O傳輸機之OUTPUT
輸出，即完成傳輸之動作。(相同之檔名會被覆蓋)

④ 增加切割條件

　(a) 在機台上選擇 "2自動模式"，如圖3-113所示。

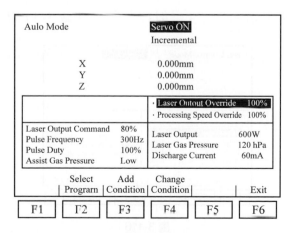

圖3-113

(b)　按 F3 "切割條件",如圖 3-114 所示。

(c)　使用游標上下選擇切割之材料與板厚。

(d)　系統將詢問此切割條件所使用程式,如果相同程式按 ENTER 鍵。

(e)　完成後,即會有畫面,如圖 3-115 所示。

(f)　按 F6 回主畫面。

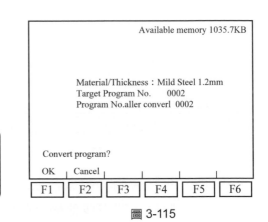

```
                                    Available memory 1035.7KB




                        Material/Thickness : Mild Steel 1.2mm
                        Target Program No.    0002
                        Program No.aller converl  0002



                        Convert program?
                        OK    Cancel
                        ┌────┬────┬────┬────┬────┬────┐
                        │ F1 │ F2 │ F3 │ F4 │ F5 │ F6 │
                        └────┴────┴────┴────┴────┴────┘
```

```
        Available memory   1035.7KB

Material/Thickness : Stainless Steel 1.0mm
```

圖 3-114   圖 3-115

(5)　雷射切割

①　補助氣體之設定

(a)　選擇主畫面之 "4 雷射控制",如圖 3-116 所示。

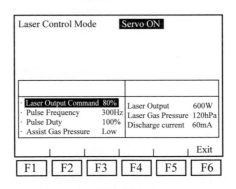

```
Laser Control Mode          Servo ON




┌─────────────────────────┬──────────────────────────┐
· Laser Output Command  80%  Laser Output        600W
· Pulse Frequency      300Hz  Laser Gas Pressure 120hPa
· Pulse Duty           100%   Discharge current  60mA
· Assist Gas Pressure  Low
                                              Exit
┌────┬────┬────┬────┬────┬────┐
│ F1 │ F2 │ F3 │ F4 │ F5 │ F6 │
└────┴────┴────┴────┴────┴────┘
```

圖 3-116

(b)　確認左下角補助氣壓"高或低"。

(c)　在操作面盤上選擇補助氣體在開的位置。

　　　此時確認並在面盤上調整低壓時其壓力至 1kg/cm^2。

(d)　移動游標上下去找尋高低壓，左右移動至高低壓。

(e)　調整至 2.5kg/cm^2 於低壓鍵上。

(f)　按 F6 回主畫面。

② 自動執行之操作

(a)　選擇"2 自動"，如圖 3-117 所示。

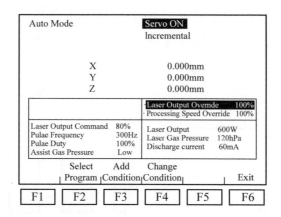

圖 3-117

(b)　鍵 F2 選擇程式。

(c)　輸入程式號碼(4 碼)。

(d)　按輸入鍵後，按 CYCLE STAR 即開始切割之作業。

③ 停止程式之進行：按暫停鍵即停止切割，此時發振器與氣體均
　　會關閉

(6)　關機

① 下材料。

② 按緊急停止鍵，即準備 OFF。

③　NC 按 F6 至主畫面，並將電源關閉。

④　將氣體全部關閉以防漏氣。

3.　設定切割條件

(1)　基本之雷射切割

①　CW 發振器與脈波發振器：雷射能量束在作用時有兩種方式，一是能量束一直作用於工件上，稱為連續波(Continuous Wave，CW)式加工，如圖 3-118 所示。二是能量束以間隔性的方式作用於工件上，即所謂的脈波式(PULSE)加工如圖 3-119 所示，由於能量並非像 CW 式加工般地一直作用在工件上，所施加在工件上的熱量較低，工件不易變形、扭曲。

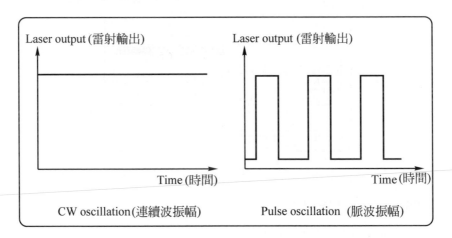

圖 3-118　連續波(CW)

說明：CW 輸入至工件之熱量較高，高速切割可能四方形角落不是很平直。

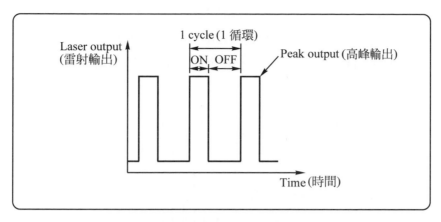

圖 3-119　脈波(PULSE)

說明：PULSE輸入至工件之熱量較低，較高精度、較複雜之外形切割較慢，可使用貫穿方式。

② 脈波切割與 CW 切割之特徵：一般而言，脈波切割加工是適用在低進入熱量，高精度的加工時，CW 切割加工是適用在高速切割。表 3-9 所示為其兩者的特徵，可知工件切割夾角若是尖銳的角度時，以脈波來加工較為有利。

表 3-8　脈波切割與 CW 切割之特徵

脈波加工	CW 加工
・因進入工作之熱量很少，故在下列加工時，可防止燃燒之發生。 ①厚板之小孔加工。 ②厚板之角部加工。 ③厚板之尖角加工。 ④穿孔。 ⑤微細加工。 ⑥低速度下之高精度加工。 ・難除去浮渣材料之切割(不銹鋼、鋁、黃銅、鈦等)。	・高速度加工。 　例如：1mmt，Vmax　10/min。 ・壓克力之光輝切割。 ・厚板時容易發生燃燒之缺點。 ・切割角部時，有必要依角部之大小而選擇脈波或 CW。

③ 補助氣體之用途：利用雷射加工時，如圖 3-120 所示，有從聚光透鏡附近進入的輔助氣體，與光束同方向的被吹到被加工物上，氣體之種類為配合用途而不同，有空氣、氧氣、氮氣與氬氣(Ar)等。

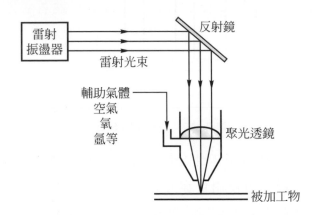

圖 3-120　雷射加工機頭部及輔助氣體

(a) 輔助雷射切割以提高氧化作用(氧氣是經常被使用的氣體)。

(b) 清理殘渣與金屬煙霧。

(c) 冷卻切割之進行。

壓力是另一個重要的因素，參考表 3-9 所示，本機組有分開之壓力迴路以供使用(用切換方式)。

表 3-9　壓力設定

穿　透	正常壓力設定 $1kg/cm^2$，如果太低可能會破壞鏡片。
快速切	當使用空壓時，正常壓設定 $1kg/cm^2$，N2 或其他氣體設定 $5kg/cm^2$。
脈　波	正常設定 $2.5kg/cm^2$，設定較高，材料較容易清除殘垢。
非金屬	

④ 焦點與電極之高度(如圖 3-121 所示)：雷射切割使用鏡片聚焦之原理，故焦點是切割最重要的因素。切割過程中焦點之位置必須落在工件上，或在工作物之表面上，而火嘴之高度歸因於切割頭高度與工件表面之距離，一般電極之高度在 1.0～1.5mm 之間。NC 焦點系統，對不同的材質、板厚及加工法，能自動設定不同的焦點位置，如圖 3-122 所示。

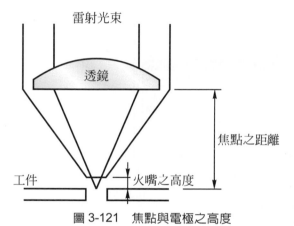

圖 3-121　焦點與電極之高度

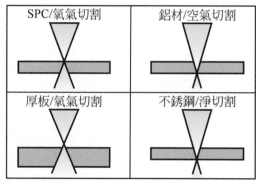

圖 3-122　依材質、板厚設定不同之焦點位

(2) 切割高度感應之調整：在非接觸式之機種，火嘴高必須是 1.5mm，以下是說明如何調整高度：

① 放入一塊 1～3mm 間之材料於切割頭下方。

② 用手動方式，將 Z 軸往下移至 80，切割速度設 840mm／分。

③ 改變速度至 22mm／分，且將 Z 軸往下降至切割頭接觸到工作物表面。(設增加之手動值為 "X1"，且轉順時針表至切割頭接觸到工作物表面)

④ 在 NC 控制器上往上移高 0.5mm。

⑤ 將其數值設為 0 點(在 NC 控制器之右側)。

(3) 改變切割條件

① 相關資料顯示

(a) 選擇"2自動"到主畫面，如圖3-123所示。

(b) 按F4改變條件，選擇游標找出要改變之材料，按F1(編輯)。

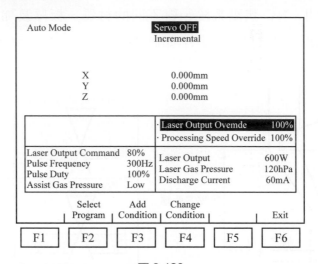

圖 3-123

② 改變切割資料

(a) 用左、右、上、下去選擇修改材料。

(b) 修改完按F6跳出。

4. 工作抬面控制

(1) 手動模式：選擇"1手動"於主畫面，即可顯示下列之螢幕，如圖3-124所示。

① 移動工作台：按"SERVO ON"螢幕亦會顯示

SERVO ON ＋ 按F1　　F2　　F3

② 選擇軸：手動模式下，用游標上下選擇欲移動之軸X、Y或Z。

③ 設定速度：左右鍵來移動至速度位置；上下鍵來改變設定之速度。

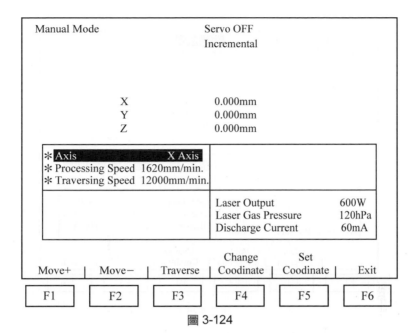

圖 3-124

④　定位(F4)

(a)　絕對座標。

	Stroke(mm)
X 軸	－ 10 至 2500mm
Y 軸	－ 10 至 1240mm
Z 軸	0.5 至 － 90mm

(b)　相對座標(F5)。

(2)　自動模式：主畫面上按F2自動，即會出現如圖3-125所示之畫面。

①　雷射輸出之界限：雷射輸出值由S-值控制(可以在NC程式中做程式修改)。設定範圍0～200％(10％一格)其設定值為百分比％。

②　行走速度之界限：速度之控制取決於 F 指示，而此速度是可以改變的。設定範圍從10～200 ％(10 ％一格)，可用上下游標去選擇速度，並用上下去增加或減少百分比。

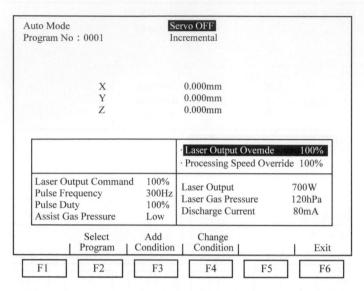

圖 3-125

八、雷射切割機之程式

1. 程式使用之參數(絕對座標及相對座標之說明請參閱第79頁)

   (1) 絕對座標值(G90)，如圖3-126所示。

   (2) 相對座標值(G91)，如圖3-127所示。

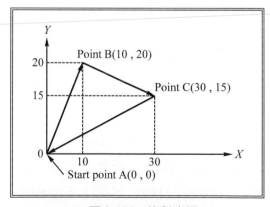

圖 3-126 絕對座標

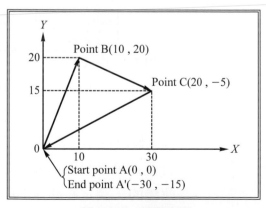

圖 3-127 相對座標

2. 使用之語言

(1) G指令。

G00→	高速位移指令,移至指定之位置
G01→	切割移動之指令,直線距離
G02→	順時針弧,X座標,Y座標,I為起點與終點,R為半徑
G03→	反時針之弧
G04→	延遲時間P
G28→	回原點
G90→	絕對座標
G91→	相對座標
G92→	平面之現在座標XYZ

輸入值之最大最小(3-2-2)

X Y	− 9999.999 至 9999.999	mm
Z	− 999.999 至 999.999	mm
IJR	− 9999.999 至 9999.999	mm
P	0 至 99.9	sec

輸入值之最大最小(3-2-2)

(2)　M指令。

M15	發振器開
M16	發振器關
M20	加入切割之條件起點
M21	加入切割之條件之終點
M22	補助氣體高壓 ON
M23	補助氣體低壓 ON
M24	補助氣體關
M25	高控制 ON(切割頭下降)
M26	切割頭昇起
M27	切割頭感應器 ON
M28	切割頭感應關
M02	程式結束
M30	程式結束
M98	呼叫副程式
M99	結束副程式

(3)　特殊指令。

F	切割速度指令
S	雷射輸出比率 0～100 %
B	頻率指令 50/100/200/300/400/500/800/1000
T	發振器之脈搏 0～100 %(5 %一次)

(4)　程式範例。

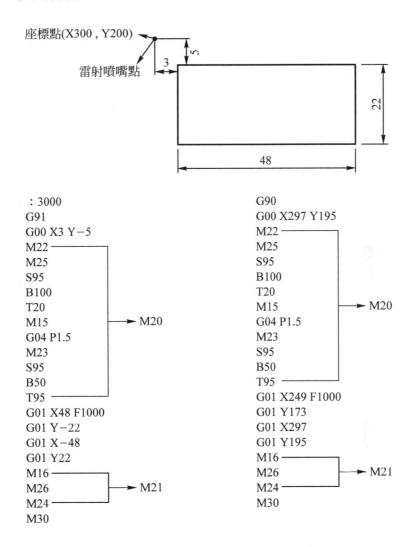

座標點(X300 , Y200)

雷射噴嘴點

：3000	G90
G91	G00 X297 Y195
G00 X3 Y−5	M22 ┐
M22 ┐	M25
M25	S95
S95	B100
B100	T20
T20	M15 ├→ M20
M15 ├→ M20	G04 P1.5
G04 P1.5	M23
M23	S95
S95	B50
B50	T95 ┘
T95 ┘	G01 X249 F1000
G01 X48 F1000	G01 Y173
G01 Y−22	G01 X297
G01 X−48	G01 Y195
G01 Y22	M16 ┐
M16 ┐	M26 ├→ M21
M26 ├→ M21	M24 ┘
M24 ┘	M30
M30	

九、雷射切割機之安全守則

1.　當高電壓"ON"且雷射已起動，不可直接看雷射與切割頭。

2.　當調整或保養時，應將雷射光門自動／開，以手動操作之。

3. 雷射切割機之狀態指引顯示燈，其中伺服 ON(綠燈)、高電壓(黃燈)、雷射光起動(紅燈)。

4. 停機二天以上時，為了防止外面髒空氣滲入，必須按氣體充入鍵；此時操作面盤燈會閃，直到完全進入後(約一分鐘充氣時間)，再關上雷射氣體與電源。

5. 安全光束隔離

   防止在調整輸出的光學設備時，意外地暴露在光束之下。

6. 排放系統

   許多材料加工時，由於燃燒會產生有害或有毒的氣體，排放系統可將這些煙自操作者的環境中排除。

7. 安全眼鏡

   二氧化碳雷射光束可被任意塑膠或玻璃安全透鏡所阻擋，操作人員在操作時應嚴格要求帶護目鏡。

8. 注意

   雷射及其系統必需小心使用，因為它是具有潛在危險的加工工具。

習題

一、是非題

(　) 1. 油壓剪角機應二人協同操作，以策安全。

(　) 2. 油壓剪角機之周圍應保留 10 平方公尺以上面積，以利操作。

(　) 3. 油壓剪角機之馬達幫浦運轉方向，若和箭頭指示方向不同，可更換電源線三條中兩條之位置。

(　) 4. 油壓剪角機可依兩次程序，剪切 90° 以上之缺口。

(　) 5. 油壓剪角機之上下刀刃，均採用特殊高級碳鋼，經熱處理研磨製成。

(　) 6. 高速砂輪切斷機只能作 90° 切割材料。

(　) 7. 使用砂輪切斷機，砂輪片破裂的主要原因為材料未固定及壓力太大所引起。

(　) 8. 換裝新砂輪片，首要之工作為拔下電源插頭。

(　) 9. 高速砂輪切斷機之砂輪片磨耗很慢，非常耐用。

(　) 10. 使用高速砂輪切斷機，應避免站在切斷機回轉方向之側面。

(　) 11. 輕型圓鋸機之鋸齒方向及工作物之夾穩，是操作者首要之務。

(　) 12. 輕型圓鋸機之鋸齒鈍挫時，可更換或加工研磨再用。

(　) 13. 輕型圓鋸機之鋸齒方向及工作物之夾穩，是操作者首要之務。

(　) 14. 為了使用方便，可將砂輪片護罩拆下，以利磨削。

(　) 15. 手提砂輪機分氣動式及電動式，板金作業常用電動式手提砂輪機。

(　) 16. 砂輪片的規格，其中 "6" 表示砂輪片之孔徑。

(　) 17. 手提砂輪機之研磨角度，砂輪片與研磨面保持為宜。

(　) 18. 應使用砂輪片之正面、側面磨削，背面決不可使用以策安全。

(　)19. AutoCAD 此套繪圖軟體之普及率在國內甚高。

(　)20. 板金數控機械專用系統軟體，必須考慮到機械的加工特性及配合機械的獨有特點去設計。

(　)21. 以別人設計的 CAD 部份，去搭配自己的 CAM 時，會造成事倍功半之效果。

(　)22. 板金數值控制機械電腦軟體是 AutoCAD。

(　)23. 利用掃描器可以將圖形數位化，使用者可以任意修改或放大縮小。

(　)24. CO_2 雷射切割鋼板時，在轉角處應減速並改變成連續波(CW)輸出。

(　)25. CO_2 雷射切割鋼板時，會自動留下一小段不切，其目的為防止工件掉落傾斜後突出材料表面。

(　)26. 以精密輪廓投影機做為圖形輸入裝置，可以量取精密度極高的樣品輪廓。

(　)27. 數值控制沖床，亦稱 CNC 沖床或 CNC 轉塔式沖床。

(　)28. CNC 轉塔式沖床，最適合大量及型式單一之產品。

(　)29. NCT 沖床採 C 型基座，較 O 型基座之強度，剛性更佳。

(　)30. CNC 轉塔式沖床之工作檯面，配有彈性下沈之滾珠裝置，可以減少工件與檯面之摩擦。

(　)31. CNC 轉塔式沖床，適用於大圓孔形及自由曲線之加工。

(　)32. 目前工業界最常用於切割工作的是二氧化碳(CO_2)氣體雷射切割。

(　)33. 雷射光除可切割金屬外，亦可切割其他非金屬，例如橡膠、塑膠或木材等。

(　)34. 雷射之能量單位為焦耳。

(　)35. 使用雷射切割，約在 5000 件以下之量產，其單位生產成本比其他加工方式較低。

(　)36. 雷射切割 SS 鋼材，最常使用的輔助氣體是氧氣。

二、選擇題

( ) 1. 檯剪是一種　(A)省時　(B)省力　(C)費時費力　的機器。

( ) 2. 用檯剪剪切時，廢料部份應置於　(A)下刀刃右側　(B)下刀刃左側　(C)隨意。

( ) 3. 檯剪把手長度是配合切斷刀的　(A)刀刃長度　(B)剪切材料之厚度　(C)機械高度。

( ) 4. 檯剪最宜供剪切　(A)內圓孔　(B)大量下料　(C)數量不多的直線剪切。

( ) 5. 方剪機剪切軟鋼板最大厚度約　(A)0.5mm　(B)1.5mm　(C)3mm。

( ) 6. 方剪機的延伸臂係供　(A)擺置大材料　(B)放置工具　(C)裝置前橫規　之用。

( ) 7. 方剪機最好　(A)一人　(B)二人　(C)三人　操作最為安全。

( ) 8. 方剪機角規係用剪切　(A)直角邊　(B)平行邊　(C)任意斜角　之用。

( ) 9. 方剪機上下刀刃之剪切角約為　(A)2°　(B)10°　(C)15°。

( ) 10. 腳踏剪床之規格表示為剪斷能力和　(A)總高度　(B)總重量　(C)床檯面容量　之寬度。

( ) 11. 方剪機上下刀刃之間隙，在板厚為 0.25～1mm 時，應為　(A)0.15～0.2mm　(B)0.01～0.05mm　(C)0.1～0.15mm。

( ) 12. 方剪機之使用應選擇在　(A)上刀刃最下傾部份　(B)上刀刃最高部份　(C)可任意選用。

( ) 13. 手電剪適用於材料厚度在　(A)1mm　(B)2mm　(C)3mm　以下。

( ) 14. 手電剪兩刀片之間隙可用　(A)內卡　(B)內徑測微器　(C)厚薄規測試之。

( ) 15. 手電剪刀片間隙為材料厚度之 (A)$\frac{1}{5}$ (B)$\frac{1}{10}$ (C)$\frac{1}{15}$ 倍。

( ) 16. 手電剪可動刀片最高位置距離固定刀片為 (A)0.3～0.5 (B)0.6～0.8 (C)1～1.2 mm 最佳。

( ) 17. 手電剪內之碳刷磨至若干就須更新？ (A)10 (B)6 (C)3 mm 左右。

( ) 18. 刀口間隙不正確會產生 (A)降低剪切效率 (B)材料變形更大 (C)毛邊。

( ) 19. 手電剪之刀片固定孔為長圓形，其作用是 (A)製造方便 (B)容易鎖緊 (C)調整間隙。

( ) 20. 手電剪剪斷最大限度之材料達 (A)200～300 公尺 (B)400～500 公尺 (C)600～700 公尺 後須重新研磨其刃角。

( ) 21. 以厚薄規校準刀片間隙時，使上刀刃緩慢下落是以 (A)電動 (B)手動 (C)隨便。

( ) 22. 手電剪刀片角度以何者測試 (A)專用角規 (B)量角器 (C)組合角尺。

( ) 23. 剪床上下刀刃之躲避角(餘隙角)約為 (A)5° (B)2° (C)10°。

( ) 24. 剪床之上刀刃係裝置於 (A)壓料板上 (B)剪切支樑上 (C)後定規上。

( ) 25. 剪床之使用應選擇在 (A)上刀刃最下傾部份 (B)上刀刃最高部份 (C)任意選用。

( ) 26. 以厚薄規校準刀刃之間隙時，使上刀刃緩慢下落是以 (A)電動 (B)手動 (C)隨便。

( ) 27. 剪床之剪切角過大時，則剪斷抵抗力變 (A)大 (B)小 (C)相同。

( ) 28. 剪切直角可利用剪床上的 (A)前定規 (B)後定規 (C)側定規。

( ) 29. 電動剪床欲剪切時 (A)啟動開關即可剪切 (B)必須等待馬達聲音均勻後才踩下離合器踏板 (C)隨便。

( ) 30. 電動剪床上下刀刃間的剪切角,一般標準為 (A)5～8° (B)8～11° (C)3～5°。

( ) 31. 剪床床台上之 T 型槽係供 (A)安裝前定規 (B)放置鋼尺、螺絲 (C)固定材料之用。

( ) 32. 電動剪床的規格是以 (A)剪切最大寬度及厚度 (B)馬力 (C)機械大小高度來表示。

( ) 33. 使用油壓剪角機剪切軟鋼板厚度 1.0mm,則剪刀間隙約為 (A)1.0mm (B)0.5mm (C)0.2mm (D)0.08mm。

( ) 34. 油壓剪角機之刀刃,其材質為 (A)中碳鋼 (B)高碳鋼 (C)高級工具鋼 (D)鑄鋼 經熱處理研磨製成。

( ) 35. 調整油壓剪角機之刀具間隙,應先使上、下刀具之刀鋒形成交錯約 (A)15mm (B)10mm (C)5mm (D)3mm 左右。

( ) 36. 油壓剪角機間隙之調整測量,應使用 (A)游標尺 (B)測微器 (C)厚薄規 (D)號規。

( ) 37. 油壓剪角機剪切鋁板之刀刃間隙,比剪切軟鋼時應 (A)相等 (B)稍大 (C)稍小 (D)不用考慮。

( ) 38. NC 剪床之定位量規之驅動源,應採用 (A)交流 (B)線性 (C)直流 (D)油壓 馬達,以提高定位精度。

( ) 39. NC 油壓剪床剪切板厚 1.0mm 之軟鋼板,其刀間隙為 (A)0.08 (B)0.06 (C)0.04 (D)0.02 mm 最適當。

( ) 40. NC 油壓剪床剪切板厚 1.2mm 之不銹鋼板,其刀間隙為 (A)0.05 (B)0.07 (C)0.09 (D)0.11 mm 最適當。

( ) 41. 剪床於剪斷過程中,剪床會發生三個方向的分力,其中以 (A)前後 (B)垂直 (C)水平 (D)任意 方向之受力最大。

( )42. NC 剪床之上刃座回昇裝置，係在特殊的氣缸內，充入何種穩定性良好之氣體？　(A)氦　(B)氬　(C)氮　(D)CO_2　氣體。

( )43. 有關 NC 油壓剪床之後定規之敘述何者錯誤？　(A)大部分由 AC 伺服驅動　(B)使用三角螺紋導桿傳動　(C)採用微電腦控制精度　(D)供大量剪切同一尺寸之板料。

( )44. NC 油壓剪床正常使用溫度是　(A)80～100℃　(B)60～80℃　(C)40～60℃　(D)20～40℃　最適當。

( )45. 有關NC剪床用之液壓油敘述，何者錯誤？　(A)不同製造廠商之液壓油不可混用　(B)液壓油受污染，有時會變成觸媒而加速氧化　(C)液面太高是造成溫度昇高之主因　(D)已劣化之液壓油應予全部更新。

( )46. NC油壓剪床剪切直角板料時，可利用　(A)前定規　(B)後定規　(C)側定規　(D)以上皆可　以保持直角度。

( )47. 有關NC油壓剪床線影裝置之敘述何者錯誤？　(A)線影對線容易又準確　(B)平時可當照明燈使用　(C)對單一尺寸之剪切方便又實用　(D)大量剪切同一尺寸之板料時使用。

( )48. 下列有關CNC轉塔式沖床之敘述，何者錯誤？　(A)加工速度快，安全性亦高　(B)沖剪圓孔時會產生限多毛邊　(C)藉著電腦控制，沖模隨著加工孔之形狀會自動更換　(D)有逐漸取代雷射切割之趨勢。

( )49. NCT 沖床，一般壓剪速度約　(A)100～200　(B)200～300　(C)300～400　(D)400～500　SPM。

( )50. NCT 沖床之轉刀材質是　(A)碳鋼　(B)不銹鋼　(C)高碳鋼　(D)合金鋼。

（　）51. NCT 沖床之工作檯，爲達到快速位移功能，一般均採用　(A)伺服馬達　(B)線性馬達　(C)油壓馬達　(D)氣壓馬達　控制定位。

（　）52. NCT 沖床之"G88"碼，其意義是　(A)方形沖孔　(B)直線沖壓　(C)圓形或弧沖孔　(D)任何角度沖孔。

（　）53. 雷射聚焦後之光點，最高溫度約　(A)3500℃　(B)4500℃　(C)5500℃　(D)6500℃。

（　）54. 下列有關雷射切割之優點，何者錯誤？　(A)切割邊窄　(B)工作變形量小　(C)熱影響區小　(D)切割速率低。

（　）55. 雷射切割不銹鋼時，爲防止燒焦、熔著及氧化膜發生，通常使用　(A)氧氣　(B)氮氣　(C)空氣　(D)CO_2氣體　爲輔助氣體。

（　）56. 雷射切割之火嘴高度約　(A)15mm　(B)10mm　(C)5mm　(D)1.5mm　爲適當。

（　）57. 雷射之 NC 焦點系統，能自動設定不同的焦點位置，下列何種材料之焦點位置設定於材料之背面？　(A)鋼板　(B)銅板　(C)鍍鋅鋼板　(D)鋁板及不鏽鋼板。

三、問答題

1. 試述鋼剪之選擇及注意事項。
2. 航空剪之形狀依其用途可分爲那三種？
3. 試說明檯剪剪切時，切口有毛邊的原因。
4. 如何剪切材料寬度很小，且壓制板無法壓制的材料？
5. 試述方剪機主要構造。
6. 試述電動剪床刀刃間隙的調整方法。
7. 試述電動剪床之傳動機構原理。
8. 試述油壓剪角機之操作步驟。

9. 利用廢料，使用油壓剪角機剪切下列切角或切凹，如圖所示。

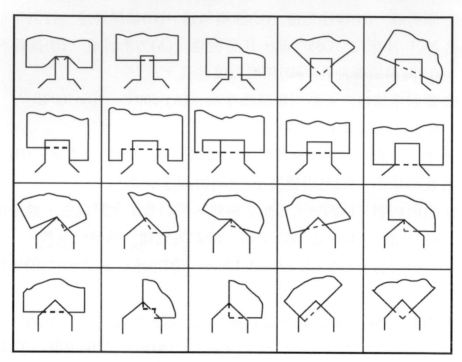

10. 試述油壓剪床之優點。

11. 試述油壓剪床之主要構造。

12. 試簡述 NC 油壓剪床之上刃座回昇裝置，充入氮氣之功用？

13. 試說明使用 NC 油壓剪床之液壓油應注意事項？

14. 利用各種厚度之廢料，使用 NC 油壓剪床剪切尺寸為：25×150mm 可供氣銲對接練習用材料，一舉二得。

15. 在三分鐘內能確實更換砂輪片。

16. 試述 CNC 轉塔式沖床之原理。

17. 試述 CNC 轉塔式沖床之程式，可分為那二種表示法？

18. 一般雷射發生裝置之構造，主要包括那三大部份？

19. 雷射切割高度感應如何調整？

20. 雷射切割之輔助氣體用途？

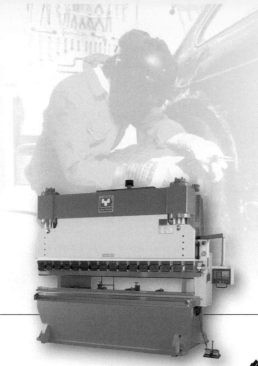

彎曲成形加工

4-1 標準折摺機之使用

4-2 萬能折摺機之使用

4-3 油壓折床之使用

4-4 NC 油壓折床之使用

4-1　標準折摺機之使用

一、前　言

　　標準折摺機為板金作業上,用途最廣泛之機器,可成型任何角度、弧度,諸如各型汽車車身,大小金屬箱、盒、桌、椅、門窗、萬能角鋼等均可勝任彎曲加工。最大之特點為折彎裕度不受限制,它能折摺尖銳之角及鈍圓之角,若裝上成型模可做各種特殊形狀之折摺。通常一人即可操作,並可做快捷確實之調節,其折摺邊緣能更換,各部機件之設計極平衡。如圖 4-1 所示。

圖 4-1　標準折摺機

二、標準折摺機之構造

　　如圖 4-2 的三面視圖表示折摺機的各個部份。此機的三個主要部份是床台、夾持片和折摺葉,以下分別介紹各零件的名稱和作用:

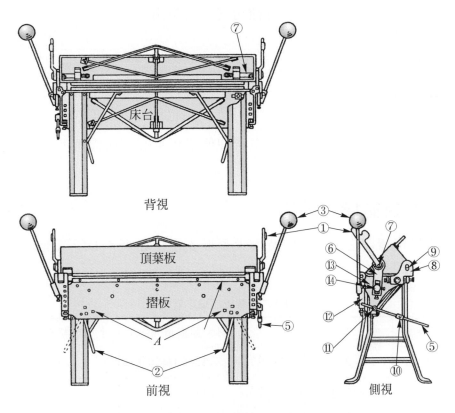

圖 4-2　標準折摺機之三視圖

(1)　夾緊手柄：在機器兩邊，每邊一個，用來夾住板片。

(2)　折摺板手柄：在機器兩邊，用來操動摺板。

(3)　平衡錘：可以調整，使操作靈活。

(4)　上摺板條：摺疊細小縫扣時可以拆除。

(5)　調整止規：用來調整彎摺所需之角度。

(6)　夾緊連桿：用來操動頂軸。

(7)　頂軸。

(8)　鑄槽：用來調整摺板條作各種厚度板片的加工。

(9)　鑄槽鎖。

⑽　調整止規滑塊：為彎摺各種角度之定位用。

⑾　止規鑄件。

⑿　摺板鑄件。

⒀　床側鑄件。

⒁　連桿調整塊。

　　如需重複摺疊操作，可先調整滑塊使摺板昇高到所需角度，便可重複折彎。

三、標準折摺機之規格

　　一般以可彎摺之最大厚度及最大長度表示，如表 4-1 所示為各種機型之規格。

表 4-1　標準折摺機之規格

規格／機型	能力 m/m(in)	最大開距 m/m(in)	上模調整量 m/m(in)
LD-416S	1.5×1230(16GA×48 1/2″)	32(1 1/4″)	16 (5/8″)
LD-414S	2.0×1230(14GA×48 1/2″)	38(1 1/2″)	25 (1″)
LD-412S	2.5×1230(12GA×48 1/2″)	38(1 1/2″)	25 (1″)
LD-616S	1.5×1850(16GA×73″)	58(2 1/4″)	25 (1″)
LD-614S	2.0×1850(14GA×73″)	38(1 1/2″)	25 (1″)
LD-612S	2.5×1850(12GA×73″)	38(1 1/2″)	25 (1″)

四、標準折摺機的調整

　　普通折摺機都可彎摺#16 的鐵板至最薄的板件。因為板金作業中常用#24 和#26 鐵板，所以折摺機一般都調整至適宜這類板厚用。如果彎折的板片厚度和上述相差很多，則夾緊手柄的拉力或頂葉板和摺板間的退度

便需加以調整，否則夾過厚的材料時可能著力不均；夾過薄的材料時會產生滑動，而且材料就可能破裂、扭曲，或使機器損壞。

1. 夾持力之調整

　　　　折摺機之夾持手柄是靠偏心作用來作用的，利用調整螺釘，可使偏心的作用範圍昇高或降低，以夾緊不同厚度的板片。圖 4-3 表示手柄的機構，亦是圖 4-2 中⑥和⑭的詳細結構，在圖 4-3 中，A 是鎖緊調整裝置的固定螺釘，調整手柄拉力時，需先將它鬆開，然後再旋轉螺釘 B；螺釘 B 旋入可增加拉力，退出則拉力減輕。要試驗拉力是否正確，可把樣板先放在折摺機上，調整螺釘並試用手柄，待滿意後，就扭緊螺釘 A，再將手柄機構鎖緊。調整時，左右兩邊手柄應一併進行，因為兩柄的拉力相差過大，折摺機的摺疊力就不能均勻。

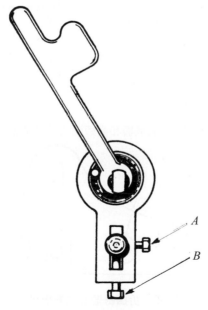

圖 4-3　手柄調整部份

2. 頂葉板和摺板間退度之調整

　　圖4-4(a)(b)說明退度的重要性，如果沒有留下退度，再頂葉板和摺板間的材料就可能破裂。#22以下之薄板，退度應留出1 1/2倍板厚，而#22以上較厚之板片，應留出2倍板厚的退度。圖4-5是調整機構，是圖4-2中⑧和⑨的詳細結構，兩邊都有此裝置，兩邊要調整到一致，否則彎出的角度就不相等。調整退度時，先鬆開固定螺釘E，隨後旋動兩個調整螺釘C和D，即可獲得適當之退度。(螺釘C把頂葉板移向後方，而螺釘D將它移向前方)，退度調妥後，調整螺釘和固定螺釘都要扭緊，否則頂葉板在夾住板片時就會發生移動。

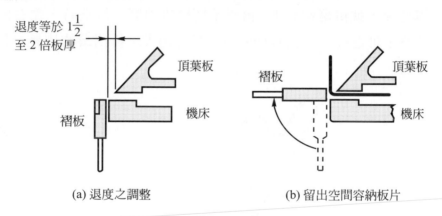

(a) 退度之調整　　　　　　(b) 留出空間容納板片

圖4-4　頂葉板和摺板間的退度調整

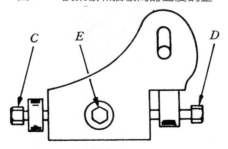

圖4-5　折摺機退度調整機構

3. 其他調整部份

　　圖 4-2 中的 A 是螺栓和螺帽，螺栓是通過摺板雙層板片的。當彎摺長件板片時，板中心部份的彎摺角度和兩邊不同，扭緊或放鬆這些螺栓，就能使板件全長的彎摺角度一致。

五、標準折摺機之使用方法

1. 折彎前，先用尖沖在板片上打印，然後將夾緊手柄推開，如圖 4-6 (a)，次將板片伸入，使頂葉板的邊緣與沖印對齊，如圖 4-6(b)。左手扶著板片，右手拉著夾緊手柄夾住板片，最後提高摺板手柄到適當位置而完成此摺角，如圖 4-6(c)。

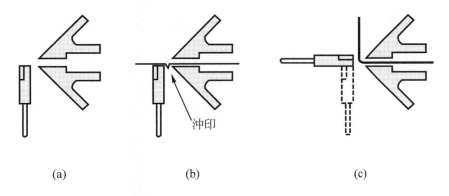

(a)　　　　　　　　(b)　　　　　　　　(c)

沖印

圖 4-6　折摺機之操作步驟

2. 彎製窄彎或逆向彎頭，如果邊緣寬度是 6mm 或更小時，機上的外摺板條便要拆除(如圖 4-7)，才能做出小彎。

3. 彎折厚板時，需在摺板上另加角鐵補強，增加支持力(如圖 4-8)，這角鐵是由摩擦夾插在摺板的孔中來夾持的。

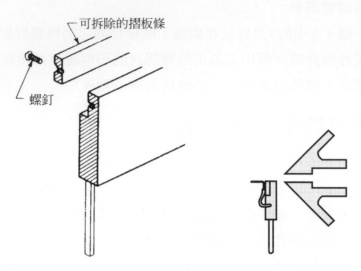

圖 4-7　拆除外摺板條摺窄彎　　　圖 4-8　加角鐵彎折厚板

4. 摺邊或合縫的擠壓(如圖 4-9)，把接縫塞在兩件夾板中間，並盡力拉緊手柄將摺邊合攏。

5. 方形導管的彎摺，須注意在導管成型前，先將內扣摺好(如圖 4-10)。

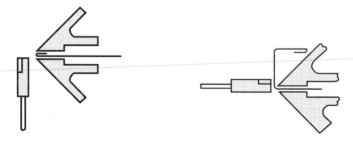

圖 4-9　摺邊或合縫的擠壓　　　圖 4-10　用摺板機做方形導管

6. 如圖 4-11 所示，用折摺機彎製小弧件的方法，使用合適直徑的圓棒，配合摺板的操作，就可將弧形製出。

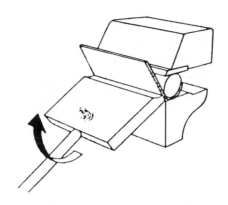

圖 4-11　用板機彎製小弧件

六、成型模

在折摺機上可裝各種成型模作各種彎摺，圖 4-12 表示成型模和它的固定方法。成型模又稱模子，是用摩擦夾或夾頭固定在摺板上。圖 4-13 所示，利用成形模在折摺機上做成的成品。

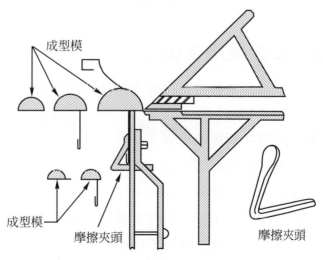

成型模

成型模

摩擦夾頭

摩擦夾頭

圖 4-12　成型模和它的固定方法

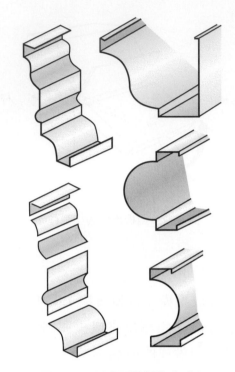

圖 4-13　用成型模製作之成品

七、折摺機的安全使用要領

1. 操作時，注意是否有其他人站在平衡錘附近，自己亦要小心平衡錘和手柄(如圖 4-14 所示)。

2. 不可用折摺機彎折圓棒或鐵線。

3. 在床上敲打板片必須使用木槌。

4. 機上各活動部份每三個月加油一次。

5. 夾持工作物時，不可加套管將手柄延長，以免折摺機受力過度。

6. 記住頂葉板兩端的間隙對彎折工作極有幫助。(因為已彎好的邊緣可以插進間隙中)。

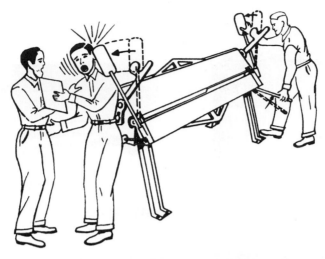

圖 4-14　使用折摺機時要注意安全

4-2　萬能折摺機之使用

一、前　言

　　板金彎曲加工，可以使用不同型式的機械，來成型各種形狀的製品，而萬能折摺機(如圖 7-15(a)(b)所示)，係使用最廣泛的一種機械；因其折摺塊由不同尺寸所組合，所以可折摺兩端已成形之工作物，諸如各型汽車車身，大小金屬箱，盒、桌、椅、門窗、萬能角鋼等均可勝任彎曲加工。

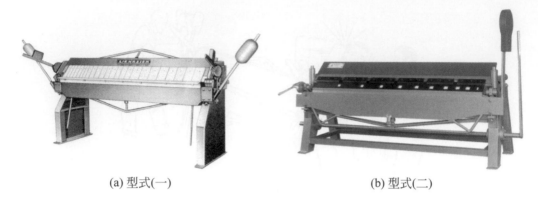

(a) 型式(一)　　　　　　　　　　　　　　(b) 型式(二)

圖 4-15　萬能折摺機

二、萬能折摺機之構造

如圖 4-16 所示為萬能折摺機之構造，由機架、下顎、上顎壓制座、折摺塊、折摺葉、退度調整器、夾持力調整器及角度調整器等主要部份所構成，另外折摺葉配重、材料厚度調整手輪、凸輪、夾持力調整器及折摺塊固定手輪亦為其構造之一部份；其構造與標準折摺機大同小異。

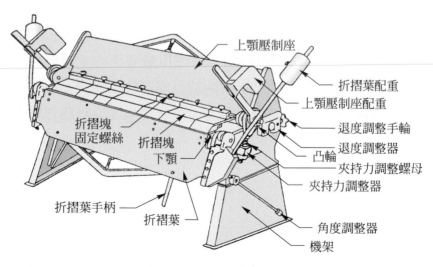

上顎壓制座
折摺葉配重
上顎壓制座配重
退度調整手輪
退度調整器
凸輪
夾持力調整螺母
夾持力調整器
折摺塊固定螺絲
折摺塊
下顎
折摺葉手柄
折褶葉
角度調整器
機架

圖 4-16　萬能折摺機之構造

三、萬能折摺機之規格

　　一般以可彎摺之最大厚度及最大長度表示，如表 4-2 所示為各種機型之規格。

表 4-2　萬能折摺機之規格

規格／機型	LD-416U	LD-414U	LD-412U	LD-616U	LD-614U	LD-612U
能　力 m/m(in)	1.5×1220 (16GA	2.0×1220 (14GA	2.5×1220 (12GA	1.5×1830 (16GA	2.0×1830 (14GA	2.5×2440 (12GA
最大開距 m/m(in)	32(1 1/4″)	38(1 1/2″)	38(1 1/2″)	58(2 1/4″)	38(1 1/2″)	58(2 1/4″)
上模調整量 m/m(in)	16 (5/8″)	25 (1″)	25 (1″)	25 (1″)	25 (1″)	25 (1″)

四、萬能折摺機之調整

　　板金作業中常用#24 和#26 鐵板，所以摺板機一般都調整至適宜這類板厚用；但彎折的板片厚度和上述相差很多時，則夾緊手柄的拉力，或上顎壓制塊和折摺葉間的退度就需加以調整，否則夾過厚的材料時可能著力不均；夾過薄的材料時會產生滑動，而且材料就可能破裂、扭曲，而使機器損壞。

1. 夾持力之調整

　　　由夾持力調整器上的調整螺帽來調整，使下顎與上顎壓制塊之間隙為 $9/10t$ (t 表材料厚度)，如圖 4-17 所示。

2. 退度之調整

　　　由兩側的退度調整手輪來調整，必須保持兩端之退度相等，且使下顎與上顎壓制塊保持 1 1/2～2 倍的板厚，如圖 4-17 所示。

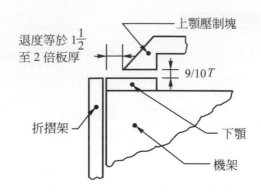

退度等於 $1\frac{1}{2}$ 至 2 倍板厚

上顎壓制塊

9/10 T

折摺架

下顎

機架

圖 4-17　夾持力與退度之調整

3. 折摺寬度之調整

　　依所需折摺材料的寬度，利用不同尺寸的折摺塊去組合，若無法得到，可在折摺塊間略留間隙。

4. 角度之調整

　　由角度調整器來調整所需折摺之角度。

五、萬能折摺機之使用方法

　　如圖 4-18 所示為加工法成品實例。折彎前，按折摺的寬度先組合不同尺寸之折摺塊，然後將手柄推開，次將板片伸入，使折摺塊的邊緣與劃線對齊；左手扶著板片，右手拉下手柄夾緊材料，最後抬高折摺葉手柄到適當位置而完成此摺邊。折摺時必須考慮折彎之順序，否則不易完成所有折彎之工作；圖 4-19 所示為萬能折摺機所加工之各項成品。

圖 4-18　萬能折摺機之操作

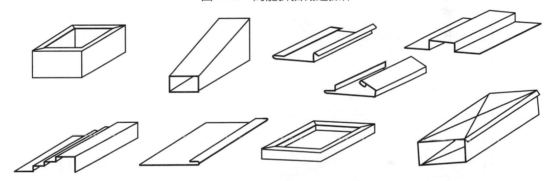

圖 4-19　萬能折摺機加工之成品

六、萬能折摺機之使用安全注意事項

1. 拆卸之折摺塊，不可放在機台上，以免掉落擊傷足部。
2. 使用兩塊以上折摺塊時，其刀口部份應保持一直線，並且一定要確實裝緊。
3. 調整退度時，折摺塊刀口決不可超過折摺葉邊緣，否則刀口易損壞。
4. 不可用鐵鎚敲打折摺塊。
5. **不可彎曲圓形鐵材，切記！**

七、折曲形狀簡單範例及樣本

使用萬能折摺機彎曲時，作業程序不可錯誤，否則已先摺好之邊，將阻擋了下一步驟之彎曲。表 4-3 及 4-4 所示為萬能折摺機折曲形狀簡單範例及樣本。

表 4-3　折曲形狀簡單範例

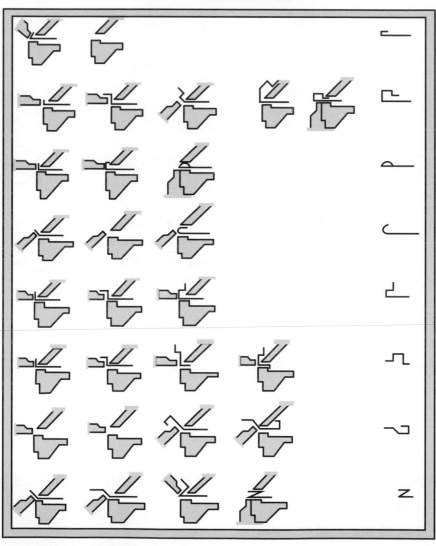

表4-4　彎板樣本

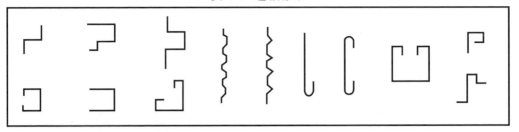

4-3　油壓折床之使用

一、前　言

　　小件製品或零件之摺彎，可用普通的折摺機加工，但是汽車車體、電氣控制箱、鐵櫃、冷凍櫃、輸送設備或電梯門板等大件製品，則必須使用大型的油壓折床方能勝任；此種係利用油壓驅動之板金動力機械，適用於寬幅度及彎曲線較長的折彎工作上。圖4-20(a)(b)所示為不同之油壓折床。

二、油壓折床之構造及規格

　　油壓折床的型式甚多，其主要規格以下死點最大加壓能力及可彎曲的最大厚度(mm)與長度(mm)表示(例如：3.2×1600)。一般之構造如圖4-21所示；機架之型式為C型，以利彎曲後之製品取出，或彎曲模具的左右端作業性。

　　油壓折床係利用油壓缸使滑件昇降，其運動方式可分為下降式及上昇式二種，如圖 4-22(a)(b)所示。下降式之油壓缸、油箱等設在框架上方，重心較不穩定、安裝性稍差，但沖模不上下移動，板材之保持性及安定性良好，較易定位且能維持相當精度。上昇式之下降行程係利用自重，油壓設備置於床台下方，油壓系統可簡化，且重心較穩，目前日本AMADA公司皆屬於上昇式之油壓折床，如圖4-23所示。兩者皆利用腳踏板使沖頭或

沖模上下動作，即可施行劃線配合加工、並利用高低速度變換開關，高速的往復運動，但進入實際加工時減低速度，以避免極端之劇烈運動，可使彎曲精度增加。

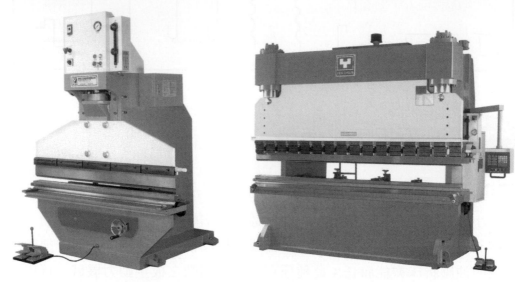

(a) 萬能油壓折床　　　　　　　　　　(b) NC 油壓折床

圖 4-20　油壓折床之種類

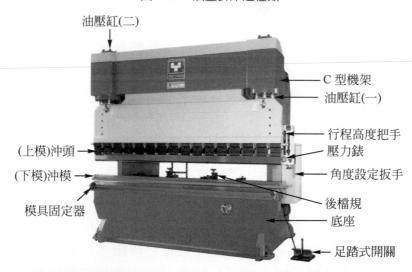

圖 4-21　油壓折床之構造(下降式)

(a) 下降式

(b) 上昇式

圖 4-22　油壓式折床滑件之運動方式

圖 4-23　油壓折床(上昇式)

三、油壓折床模具的種類與安裝

1.　模具之種類

　　油壓折床之模具均爲上下成對而組成，以V型模具及鵝頸(Goose-Neck Die)爲主，可分爲標準型刀具及特殊型刀具，如圖 4-24 所示。

2.　模具之安裝與拆卸

　　沖頭或沖模的安裝方法因廠牌、設計上而稍有不同，原則上從沖頭安裝，如圖 4-25 所示以沖頭壓板夾著沖頭而固定，所以安裝沖模後，不能進行與沖模調心用的移動，但在實際的作業，須單手支持相當重的沖頭，以另一手鎖緊沖頭壓板的螺栓，增加作業者的負擔，也可能因疏忽而使沖頭掉落，因此，實際上安裝步驟如下：

⑴　把沖模置於機床或沖模保持器上。

⑵　V溝中心對合沖頭安裝部約在正下方的位置。

⑶　使滑件下降(上昇式是使沖模上昇)，如圖 4-26 所示，停於從沖模V溝到沖頭安裝部的高度，比沖頭高度大 2～3mm 的位置。

CH **4**

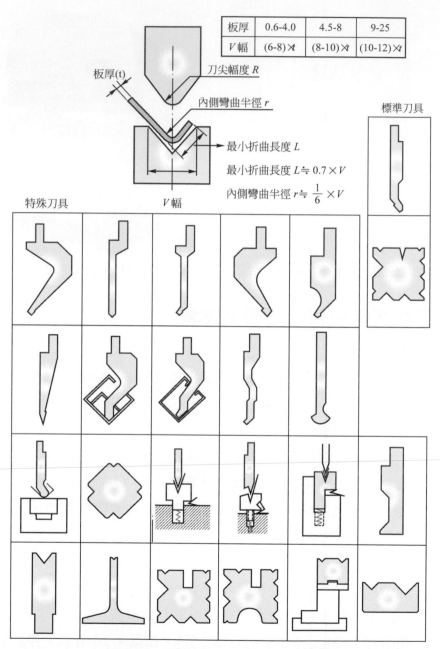

板厚	0.6-4.0	4.5-8	9-25
V幅	(6-8)×t	(8-10)×t	(10-12)×t

板厚(t)

刀尖幅度 R

內側彎曲半徑 r

標準刀具

最小折曲長度 L

最小折曲長度 $L \fallingdotseq 0.7 \times V$

內側彎曲半徑 $r \fallingdotseq \frac{1}{6} \times V$

特殊刀具

V 幅

圖 4-24　油壓折床之標準刀具與特殊刀具

(4)　沖頭前端從橫方向進入沖模溝內,滑移到所定位置,如圖4-27所示。

(5)　使滑件下降,以約1～2噸的荷重壓按沖頭與沖模。

(6)　在壓按狀態鎖緊沖頭固定螺栓。

(7)　使滑件稍上昇後,再以1～2噸荷重壓按。

(8)　在此狀態,如圖4-28所示,用沖模調心組將沖模固定,或以沖模下的沖模固定螺栓,固定於沖模保持器。

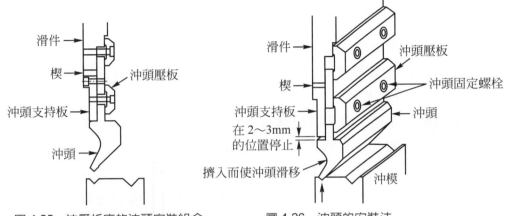

圖 4-25　沖壓折床的沖頭安裝組合　　　　圖 4-26　沖頭的安裝法

圖 4-27　沖頭滑入沖模溝內

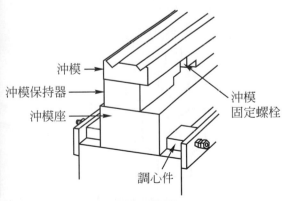

圖 4-28　沖頭固定法

(9)　確定沖頭前端與沖模溝中心是否對合。

卸下模具之步驟如下：

①　使滑件下降或上昇，沖頭前端在沖模溝上 2～3mm 停止。

②　放鬆沖頭固定螺栓，在沖模溝內承受沖頭。

③　在橫方向滑移沖頭而取出。

④　卸下沖模。

四、油壓折床之使用

1. 傳統折床彎曲加工如圖 4-29(a)所示，先將上模降到下模面上，使上模暫時停止，然後插入材料，使上模型刃部對準彎曲線即可，如圖 4-29(b)所示。

2. 若需大量生產，就要裝配材料位置之後擋規，如圖 4-30(a)(b)所示，使板材碰觸設定於彎曲尺寸之後擋規而彎曲。

3. 操作時插入與取出的動作要熟練，在上模降下即將彎曲之瞬間，應按住板材、抵緊後擋規，並在被彎曲之同時，能把板彈上去等輔助動作，都會左右作業效率以及製品之精密度。圖 4-31 所示為輔助動作之要領，須仔細觀察板材被彎曲時，究竟會做怎麼樣的運動，決不可向此運動反抗，否則容易溜滑了手而被板擊傷，或手指被夾住。尤其兩個人以上共同作業時，須決定各人的任務，充份保持聯絡，以策安全。

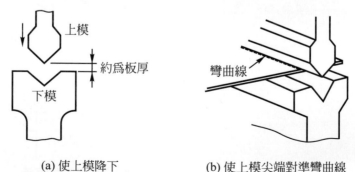

(a) 使上模降下　　　　　　(b) 使上模尖端對準彎曲線

圖 4-29　傳統油壓折床之彎曲

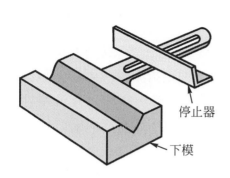

停止器

下模

(a) 傳統式的後檔規

(b) NC 化之自動後檔規

圖 4-30　後擋規之型式

(抵緊後檔規)

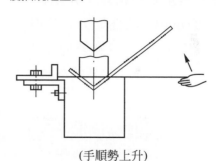

(手順勢上升)

圖 4-31　彎曲作業之輔助動作

五、油壓折床之操作安全注意事項

1. 使用正確模具，且保持其精度。

2. 上模、下模的裝配要平行，且兩模之定心(Centering)要正確。

3. 儘可能在機械的中央彎曲加工，以防止偏心荷重的現象。

4. 材料之表面，避免有鐵銹、油污及其他異物之存在。

5. 經常保持機身之清潔與潤滑工作。

6. 避免水份、灰塵、空氣混入油中，以免阻塞油管。

7. 確實配合機械工作能力與材料厚度。

4-4　NC 油壓折床之使用

一、前　言

　　NC油壓折床，係由機械式折床演進至傳統油壓折床後，再加上數值控制裝置，使板金彎曲作業之效率大幅提昇，其安全性、操作性及汎用性，均優於昔日之機種。圖4-32(a)(b)(c)所示為NC與CNC油壓折床之外形。

二、NC 油壓折床之構造及規格

　　NC油壓折床之構造，如圖4-33(a)(b)所示，適用於彎曲長尺寸板材之專用壓機，其主要規格以下死點最大加壓能力(Ton)及可彎曲的最大厚度(mm)與長度(mm)，彎曲能力之基準材質為SS41，以90°V形彎曲為標準，其框架均採用 C 形，以利變曲後之製品取出，或彎曲模具的左右端作業性。圖4-34(a)(b)所示為最新的機械兩側安全護欄及精密定位用後定規檔板。

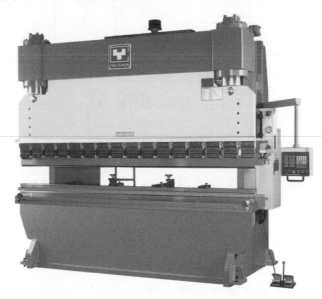

(a) NC 油壓折床(國內曄俊公司提供)

圖 4-32　油壓折床之型式

(b) CNC 油壓折床(日本 AMADA 公司)

(c) CNC 油壓折床(德國 TRUMPF 公司)

圖 4-32　油壓折床之型式(續)

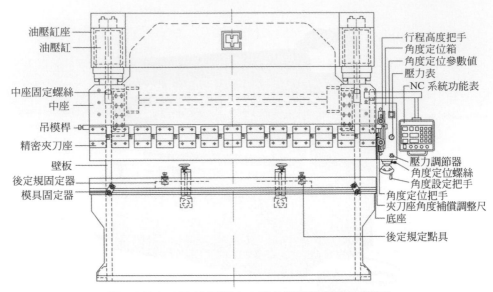

油壓缸座
油壓缸
中座固定螺絲
中座
吊模桿
精密夾刀座
壁板
後定規固定器
模具固定器

行程高度把手
角度定位箱
角度定位參數值
壓力表
NC 系統功能表
壓力調節器
角度定位螺絲
角度設定把手
角度定位把手
夾刀座角度補償調整尺
底座
後定規定點具

圖 4-33(a)　NC 油壓折床之機台結構與配備(正視圖)

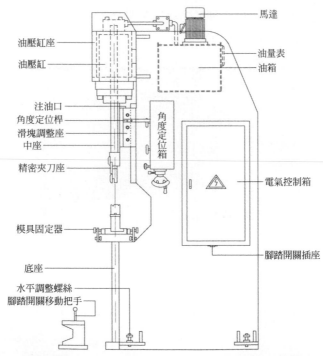

油壓缸座
油壓缸
注油口
角度定位桿
滑塊調整座
中座
精密夾刀座
模具固定器
底座
水平調整螺絲
腳踏開關移動把手

馬達
油量表
油箱
角度定位箱
電氣控制箱
腳踏開關插座

圖 4-33(b)　NC 油壓折床之機台結構與配備(側視圖)

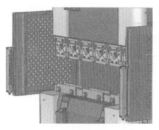

側檔規＋附尖端段差檔板
With side stoppers and stepped fingers

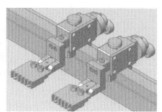

微接點閃避檔板
With micro joint clearance

(a) 光線式安全裝置　　　　　　　(b) 使上模尖端對準彎曲線

圖 4-34　CNC 折床精密配件

三、NC 油壓折床操作之流程

1. 操作面板如圖 4-35 所示(鍵盤說明如後)，啟動前確認液壓油的油量是否在油面計的藍色線上。

(1) 電源開關轉向右邊(電源指示燈亮)。

(2) 按「泵浦啟動」按鈕，綠色顯示燈亮時，油壓馬達即轉動，其他操作步驟如圖 4-36 所示。

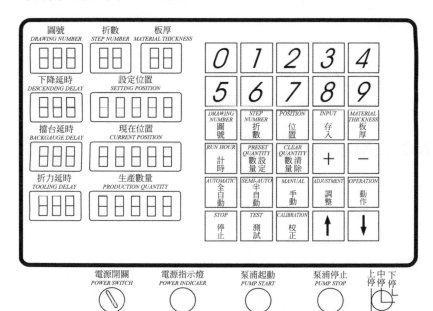

圖 4-35　NC 油壓折床之操作面板

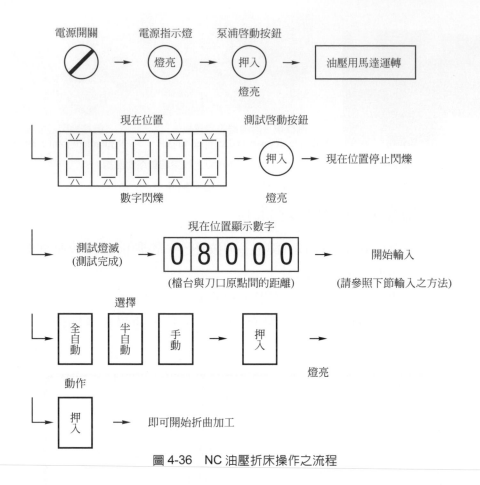

圖 4-36　NC 油壓折床操作之流程

四、NC 油壓折床之鍵盤

1.　圖號

　　顯示圖號按「圖號」鍵，再按「數值」鍵，可選擇 1～150 個圖號使用。

2.　折數

　　顯示每個圖中的折數，按「折數」鍵，再按「數值」鍵，可選擇 1～16 個折數使用。

3. 板厚

　　　　顯示加工金屬板的厚度，按「板厚」鍵，再按「數值」鍵，可設定板厚度為 0～9.9mm。

　　備註：在位置設定數值後，按「存入」鍵，則擋台的行程等於設定值。

　　　　　若按「＋」鍵，則行程會加上板厚。

　　　　　若按「－」鍵，則行程會減去板厚。

　　　　　設定板厚＝1.0mm；如設定 200.00mm。

　　　　　按「存入」鍵，行程＝200.00mm。

　　　　　若按「＋」鍵，行程＝201.00mm。

　　　　　若按「－」鍵，行程＝199.00mm。

4. 現在位置

　　　　即靜止時，擋台與折刀刀尖之間的位置(即實際尺寸)。

5. 設定位置

　　　　顯示設定擋台位置值，按「位置」鍵，再按「數值」鍵，即可設定位置。

　　設定範圍 3.00～599.99mm

　　若設定值小於 3.00mm，則顯示 3.00mm

　　若設定值大於 599.99mm，則顯示 599.99mm

6. 生產數量

　　　　顯示加工作品件數，每個圖號中，以設定折數為依據，當加工到最後一個折數完成後，數量自動加「1」，按「數量設定」鍵，再按「數值」鍵，可設定欲加工數量 0～99999，當數量到達時，顯示值會閃爍，機器自動停機，按「數量清除」鍵，再重新啟動機器。

7.　下降延時、擋台延時、折刀延時

　　　顯示延時時間，按「計時」鍵，可選擇欲設定之時間。按「一」下為下降延時之設定，按「二」下為擋台延時之設定，按「三」下為折刀延時之設定，－－時間0～99.9秒－－。

(1)　下降延時：在全自動操作時，折刀上昇到上定點後，再次下降的延時時間。

(2)　擋台延時：操作中，擋台是自動往下一個折數位置移動，若下一個移動位置是移向刀台，則須設定延時時間，時間0～99.9秒。

(3)　折刀延時：折刀到達下定點後，再次上昇，其中間的停留時間，時間0～99.9秒。

8.　數值鍵

　　　數值設定用鍵。

9.　規劃鍵

　　　加工條件的規劃用鍵。

五、NC 油壓折床之動作模式鍵

1.　動作

　　　在手動、半自動、全自動模式下，可利用此鍵找尋第一個折點的擋台位置。

2.　調整

(1)　在此模式，可利用「腳踏開關」調整折刀位置，踩上昇開關，折刀上昇，踩下降開關，折刀下降。

(2)　利用「↑」和「↓」鍵調整擋台位置，按「↑」鍵，擋台漸離刀台，按「↓」鍵，擋台漸近刀台。

3.　手動

　　　在此模式，踩「下降開關」，則折刀下降；踩「上昇開關」，

則折刀上昇，若踩「下降開關」，直到折刀到達下定點，則擋台自動向下一個折點位置移動，折刀自動上昇。

4. 半自動

　　在此模式，踩一下「下降開關」，則折刀自動下降，到達下定點，擋台自動向下一個折點位置移動，折刀經折刀延時時間到達後自動上昇，在上昇中若欲再下降，則踩一下「下降開關」即可再下降，在下降中，若發現不妥，欲上昇，則踩下「上昇開關」或按面板「停止」鍵，可使折刀上昇。

5. 全自動

　　動作和半自動相同，只是多一個下降延時時間，當時間到達時，折刀會自動下降。

6. ↑↓

　　在調整模式中，利用此二鍵調整擋台位置。

7. 校正

　　可修改擋台現在位置值。須先測試，再校正；折曲進行中修改現在位置數字。

8. 測試

　　開機後，現在位置顯示值會閃爍，按此鍵，令擋台定位；若開機後，未使擋台定位，手動、半自動、全自動，不能動作。

9. 停止

　　按此鍵可使機器停止運作。

(1) 開機測試時，須先起動泵浦。

(2) 測試完成後，欲操作手動、半自動、全自動模式，須先按「動作」鍵，令擋台移到第一折點位置，否則無法操作。

六、NC 油壓折床之操作方法

1. 切電源鑰匙開關，此時電源指示燈亮。

2. 押入泵浦起動，使馬達運轉。(如機台有移動或電源重新按裝過，請檢查馬達是否依箭頭指示運轉)

3. 換刀時請押「調整」鍵(不用測試)踩上或下，輕鎖折刀押板，再踩下降並轉角度定位器使之微加壓力，再將折刀押板鎖緊。

4. 按下電腦面板「測試」鍵，燈亮，此時現在位置窗口數字閃爍。

5. 測試完成，測試燈滅，此時現在位置窗口數字不閃爍。

6. 輸入你所需要折曲的編號數值，再按「存入」鍵。

7. 按入「調整」鍵，燈亮，以鋼板試折，並旋轉角度定位器的把手至所需角度，並將固定螺絲鎖緊。

8. 依工作物的需要選擇(全自動、自動、手動)再按「動作」鍵，燈亮，並開始折曲。

七、NC 油壓折床之輸入方法

1. 按「停止」鍵，燈亮。

2. 按「板厚」鍵，此時板厚窗口閃爍，輸入您所需要折曲鋼板厚度。

3. 按「圖號」鍵，此時圖號窗口閃爍，輸入數值(1～150)再按「存入」鍵或直接按「折數」鍵，此時折數窗口閃爍。

4. 按「折數」鍵，此時折數窗口閃爍，輸入數值(1)，再按「存入」鍵或直接按「位置」鍵，此時設定位置窗口閃爍。

5. 按「位置」鍵，設定位置窗口閃爍，輸入預定折曲的長度，再按「存入」鍵或直接按「折數」鍵。

   (1) 如你所折工件是內側尺寸(如圖 4-37 所示)，則直接按「＋」鍵，再按「折數」鍵。

   (2) 如你所折工件是外側尺寸(如圖 4-38 所示)，則直接按「－」鍵，再按「存入」鍵或直接「折數」鍵。

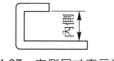

圖 4-37　內側尺寸表示法

圖 4-38　外側尺寸表示法

6. 按「折數」鍵，此時折數窗口閃爍，輸入數值(2)，再按「存入」鍵或直接按「位置」鍵。

7. 按「位置」鍵，設定位置窗口閃爍，輸入預定折曲的長度，再按「存入」鍵。

8. 按「折數」鍵，折數窗口閃爍，輸入數值 3，再按「存入」鍵，或是直接按「位置」鍵，此時位置窗口閃爍，輸入數值 0，再按「存入」鍵。此是工件兩折的輸入方法。(如工件是 3～16 折，請按照兩折的輸入方法，依序輸入。)

9. 圖號修改

原有圖號如要重新設定，如原有折數比修改後的折數多，請將修改後最後一折的下一折的設定位置窗口的數值改為零。

例：如欲修改為兩折，則折數窗口為 3 時，設定位置窗口須為零。

八、NC 油壓折床之擋台位置補正及保養

如果折曲尺寸與所需實際尺寸有差異時，請先按「停止」鍵，再按「測試」鍵後，再按「校正」鍵，此時現在位置窗口閃爍，量擋台與刀尖實際尺寸，再將所量尺寸鍵入，再按「存入」鍵，此時擋台調整完成。其保養須知如下：

1. 平衡桿、滑道，請每日打黃油。

2. 後定規裏面的螺桿與滑道請每月定期保養一次。

九、NC 油壓折床彎曲尺寸輸入實例

1.　工作圖(如圖 4-39 所示)

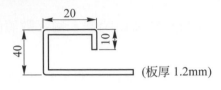

圖 4-39　折彎尺寸

2.　輸入步驟

　　⑴　按照操作方法 1～5 程序操作。

　　⑵　按圖號鍵，輸入工作物的編號(1～150)。

　　⑶　按板厚鍵，輸入 1.2。

　　⑷　按折數鍵，輸入 1。

　　⑸　按位置鍵，輸入 10，再按「－」。

　　⑹　按折數鍵，輸入 2。

　　⑺　按位置鍵，輸入 20，再按「－」。

　　⑻　按折數鍵，輸入 3。

　　⑼　按位置鍵，輸入 40，再按「－」。

　　⑽　按折數鍵，輸入 4。

　　⑾　按位置鍵，輸入 0，再按「存入」，此時工作物尺寸輸入完成。

　　⑿　按調整，以鋼板試折，並旋轉角度定位器的把手，使工作物至所需要的角度，並將固定螺絲鎖緊。

　　⒀　按半自動再按動作，正式開始工作物的折曲。

十、NC 油壓折床折曲角度的設定(如圖 4-40 所示)

1.　安裝上下模及中心校正。

2.　「下限設定轉盤」朝 "V" 方向轉到適當位置。

3.　「壓力調整鈕」朝 "＋" 方向轉到適當壓力。

4. 折曲材料放置在機械中央部下模上方。

5. 踩下「腳踏開關」。

6. 此時「下限設定轉盤」朝 "V" 方向轉。

　⑴ 上刀座則會下降直到材料與上模接觸便是折曲的起始點。

　⑵ 下限設定轉盤請轉到所需要的角度爲止。

7. 如果上刀座下降位置，超過想設定位置，放開腳踏開關。

　⑴ 改踩上昇到上止點，「下限設定轉盤」朝 "∨" 方向轉。

　⑵ 到所需要定位位置，並抄記「KONDA」角度定位參數值。

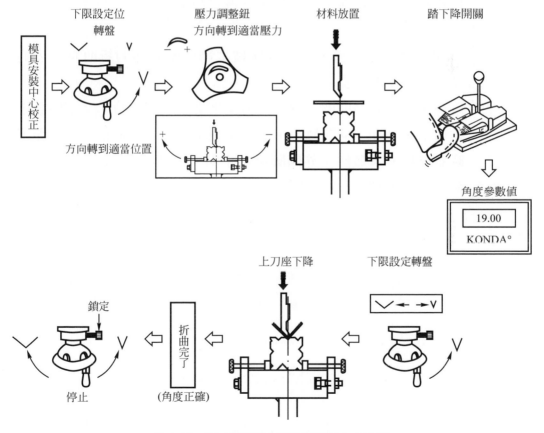

圖 4-40　NC 油壓折床折曲角度設定之流程

十一、NC 油壓折床折曲時的壓力設定(如圖 4-41 所示)

1.　安裝上下模及中心校正。

2.　「下限設定轉盤」朝"V"方向轉到角度參數值00.00。

3.　「壓力調整鈕」朝"－"方向轉到壓力0kg。

4.　折曲材料放置在機械中央部下模上方。

5.　踩下降「腳踏開關」。

6.　「壓力調整鈕」朝"＋"方向轉，上刀座則會下降下模V槽，當上下模接觸時，一邊觀察壓力計，一邊調高壓力，調至必要設定之壓力。

　　⑴　折曲長度的壓力值，請參考機械本體中座右面的折曲壓力表的值，如表4-5所示。

　　⑵　踩著下降「腳踏開關」時，上刀座下降至下限定位，「下限設定轉盤」請勿朝"∨"轉動，上刀座也不會動作。此情況應放開下降腳踏開關，改踏上昇開關至上止點，再朝"V"方向轉動，調到角度參數值適當的位置，再踩下降。

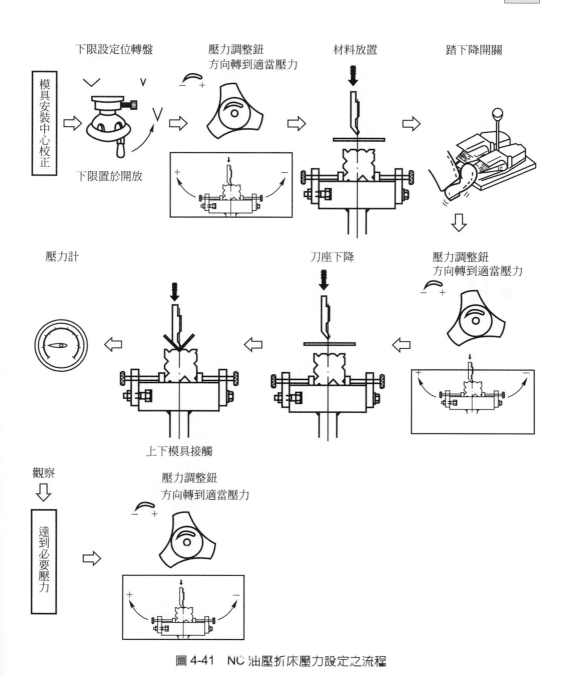

下限設定位轉盤　　壓力調整鈕
　　　　　　　　　方向轉到適當壓力　　　材料放置　　　　踏下降開關

模具安裝中心校正

下限置於開放

壓力計　　　　　　　　　　　　　　刀座下降　　　　　　壓力調整鈕
　　　　　　　　　　　　　　　　　　　　　　　　　　　方向轉到適當壓力

上下模具接觸

觀察　　　　　　　　壓力調整鈕
　　　　　　　　　　方向轉到適當壓力

達到必要壓力

圖 4-41　NC 油壓折床壓力設定之流程

表 4-5　折曲壓力表之值

瞱俊工業股份有限公司　YEH CHIUN INDUSTRIAL CO.,LTD.

V=6～12t
註：t 表示板厚
t=THICKNESS

曲板能量表　鋼板(45Kg/mm²)長度 1000mm 曲板壓力(ton)

V型模寬 V	曲板半徑 r	最小腳長 L	板厚 t																	
			0.5	1.0	1.2	1.6	2.0	2.3	2.6	3.2	3.6	4.5	6	9	12	16	19.3	22.2	25	30
6	1	4	3	11																
8	1.5	5.5	2	8	12															
10	1.5	7	2	7	10	17														
12	2	8.5		6	8	14	22													
16	2.5	11			6	11	17	22												
20	3	14				9	13	17	22											
25	4	18					11	14	18	27										
32	6.5	23						11	14	21	27									
40	6.5	28							11	17	21	34								
50	8	35								14	17	27	50							
63	10	45								14	21	38	85							
80	13.5	57											30	67						
100	16	71												24	54	95				
125	20	89													43	76	135			
160	26	113														60	106	149		
200	35	140															85	119	160	
250	42	175															95	128	165	238

機種 Model：YC-

項目	單位
能力 Tonnang Capacity	tom
曲板長度 Overall Bending Lenght	mm
機台框距 Distance Between Frames	mm
開隙深度 Throat Depth Of Side Frames	mm
行程 Ram Stroke	mm
動作油量 Hydraulic Oil Capacity	ℓ
電源 Electric Power	Hz　3φ　v
主機馬達 Main Mator	HP
製造日期 Date Manufactory	
製造號碼 Serial NO.	

十二、NC 油壓折床下限轉盤位置顯示器 "0" 的設定(如圖 4-42 所示)

實際折曲角度與「下限設定轉盤」的相對應而實施。

1. 折曲角度原點的設定

　　模具中心校正時(參照上下模具中心校正)，轉「下限設定轉盤」，使壓力計指針與調至適當壓力及下模 V 槽深度原點為止，將下限轉盤位置顯示器設定為 "0"。

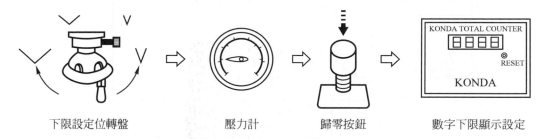

下限設定位轉盤　　　　壓力計　　歸零按鈕　　　　數字下限顯示設定

圖 4-42　NC 油壓折床折曲角度原點設定流程

2. 角度調整(如圖 4-43 所示)

　　經常折曲相同的加工條件(使用的模具、材料板厚、材質、折曲長度、折曲角度皆相同時)，材料折曲後之際，將「下限設定轉盤」顯示器的數字設記錄。

　　此後根據(1)「折曲角度原點的設定」的方法，將折曲角度原點設定，再轉下限設定轉盤，使它的顯示器的數字，與記錄之數字相同，即可進行大略相同的加工條件。

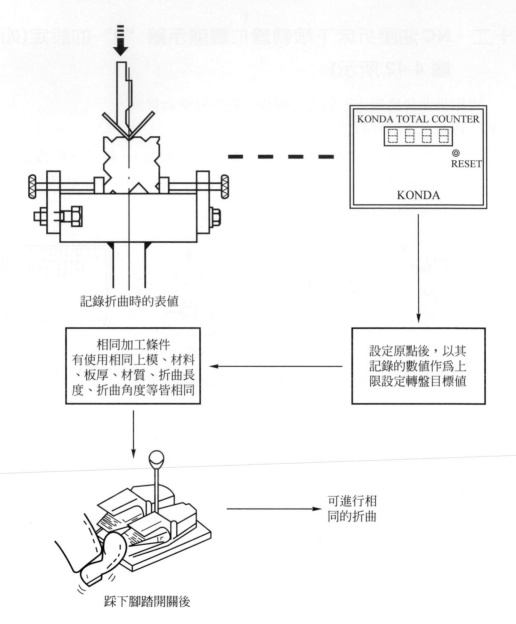

KONDA TOTAL COUNTER

RESET

KONDA

記錄折曲時的表值

相同加工條件
有使用相同上模、材料
、板厚、材質、折曲長
度、折曲角度等皆相同

設定原點後，以其
記錄的數值作爲上
限設定轉盤目標值

可進行相
同的折曲

踩下腳踏開關後

圖 4-43　角度調整之流程

十三、NC 油壓折床數位式上限顯示器

1. 機能與名稱(如圖 4-44 所示)

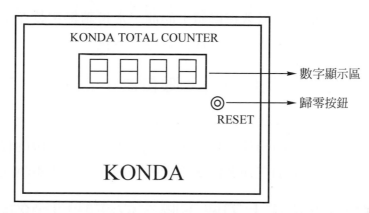

圖 4-44   角度參考數值

2. 原點設定方法

　　　原點 "0" 的設定是利用下限設定轉盤,所設定位置,讓上刀座下降後按歸 "0" 按鈕(請參照「折曲角度原點的設定」),如圖 4-45 所示。

　　任意的位置皆可設定 "0" 點。

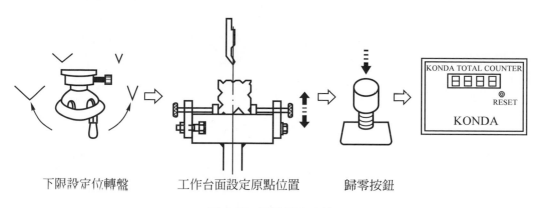

圖 4-45   原點設定方法

注意：除了按歸 "0" 按鈕外，KONDA護蓋請務必蓋住，以免作業中誤按歸 "0" 按鈕。

3. 清理

作業完畢後，附著在機體上的油、水份請擦拭乾淨；禁止清理時使用空氣噴槍，或高揮發性油質類等擦拭。

十四、NC 油壓折床上刀座上限位置的設定

折曲時上刀座如果每次都需由最高位置下降時，加工作業的效率是很不好的，因此根據加工的條件，可設定上刀座上止點及下限的位置，縮短上昇移動的行程，提高加工作業的效率。操作順序如圖 4-46 所示。

十五、NC 油壓折床上刀座下降定位速度切換的裝置

此設計可再接近折曲位置前高速，折曲時低速，以節省折刀運動時間，增加工作效率。操作順序如圖 4-47 所示。

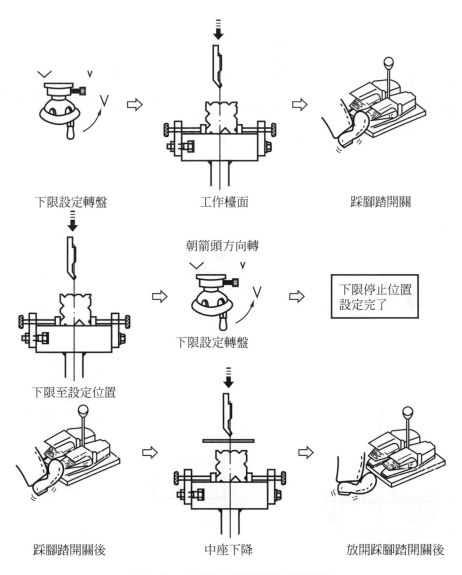

下限設定轉盤

工作檯面

踩腳踏開關

下限至設定位置

朝箭頭方向轉

下限設定轉盤

下限停止位置
設定完了

踩腳踏開關後

中座下降

放開踩腳踏開關後

圖4-46　上刀座上限位置設定之流程

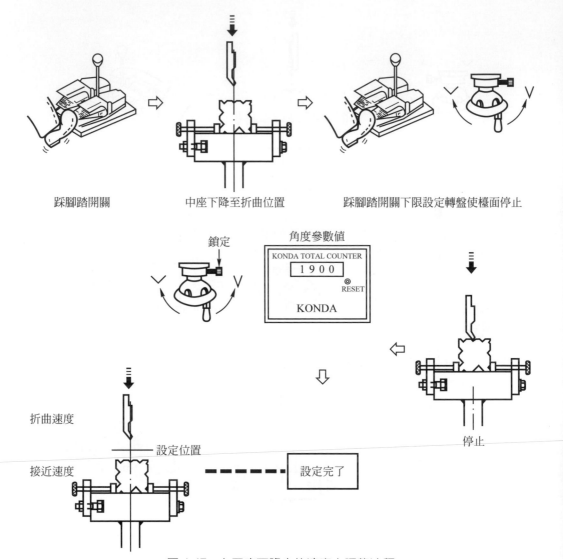

踩腳踏開關　　　　　　中座下降至折曲位置　　　　　踩腳踏開關下限設定轉盤使檯面停止

鎖定

角度參數值

KONDA TOTAL COUNTER
1900
RESET
KONDA

折曲速度

設定位置

接近速度

設定完了

停止

圖 4-47　上刀座下降定位速度之調整流程

十六、NC 油壓折床模具的種類

　　一般使用之標準模具，為能對於各行各式之折曲需求，具有多種種類及形狀的模具，以供參考選擇，故大略可分下列種類：

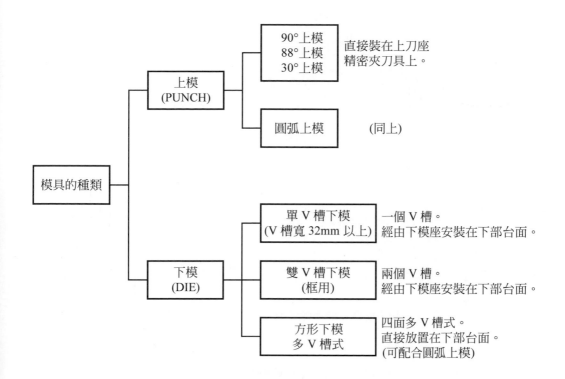

十七、NC 油壓折床模具的安裝

1. 模具安裝的準備
   (1) 旋轉角度控制器，並踩下降腳踏開關，使中座下降至底座適當距離，如圖 4-48 所示。
   (2) 「電源 "ON/OFF" 開關」切至 "OFF"。
   (3) 安裝模具是由下模先裝再裝上模。

2. 單 V 槽下模安裝
   (1) 單 V 槽專用固定模平置底座，固定螺絲孔向外。
   (2) 放入下模具至槽內，有凹槽的面向外，鎖緊螺絲。
   (3) 下模安裝請如圖 4-49 所示，請勿裝錯方向。

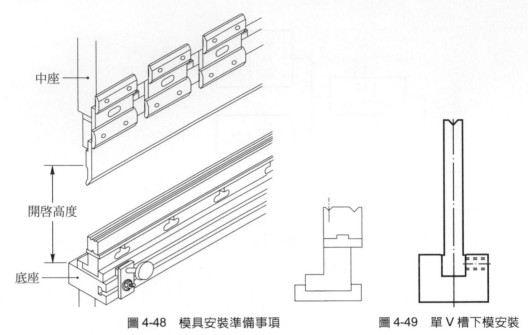

中座

開啓高度

底座

圖 4-48　模具安裝準備事項　　　　　圖 4-49　單 V 槽下模安裝

3.　雙 V 槽下模安裝

(1)　雙 V 槽下模時請使用後方之 V 槽(操作者的相反側)。

(2)　雙 V 槽專用下模座安裝在下部台面上,下部台面的夾板上緊。

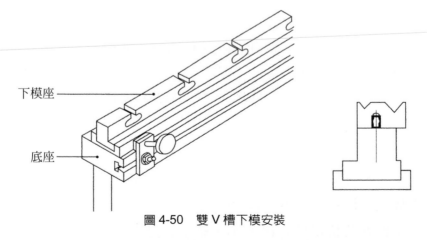

下模座

底座

圖 4-50　雙 V 槽下模安裝

(3)　下模的尺寸各有不同,如表 4-6 所示。

表 4-6　下模尺寸

型式 名稱	S TYPE	L TYPE
下模座	410	830
下　模	415	835

(4) 使用複數的下模座時,如圖 4-51 所示,各個下模座間隔約 5mm

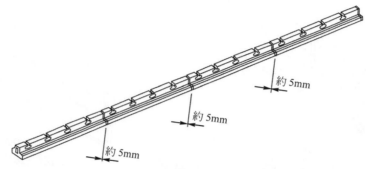

圖 4-51　複數的下模座

(5) 雙 V 槽下模專用下模座是有方向性:如圖 4-52 所示有段差部位,請按裝在後方(操作者的相反方向),使用的下模 V 槽,自然而然是在後方,萬一模具有崩裂飛散情況,也較安全。

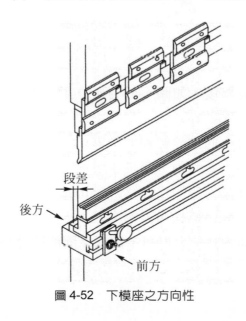

圖 4-52　下模座之方向性

(6)　固定下模座的螺栓放鬆。

(7)　使用的 V 槽朝後，將下模由下模座的上部前方滑進插入，如圖
4-53所示。此時大略調整使用的V槽中心線。固定下模的螺栓不
要完全上緊，待上模裝好中心線調出後再上緊。

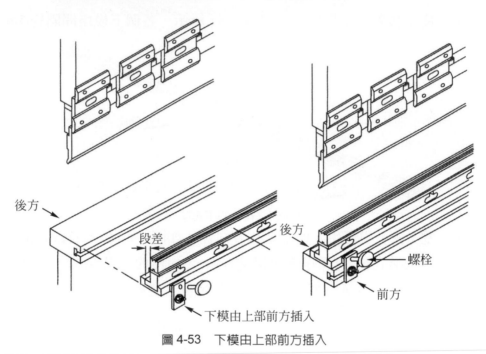

圖4-53　下模由上部前方插入

4.　上模的安裝

(1)　下模安裝完畢後，如圖4-54所示，將上模沿著V槽滑進插入至需
要的位置。

(2)　中間板上夾板的螺栓輕輕的上緊。

(3)　踩下降開關，並轉動下限把手，朝V方向轉動，並轉動壓力調節
閥，使微加壓力(壓力錶指針在50kg左右)。

(4)　中間板上夾板的螺栓用力的上緊。

(5)　上模滑進插入時，上模與中間板之間的間隙約3mm來設定上下檔
面的開啓量。

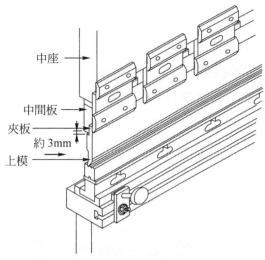

中座

中間板

夾板

約 3mm

上模

圖 4-54　上模的安裝步驟

十八、CNC 油壓折床之選件(如圖 4-55 及圖 4-56 所示)

1. 快速中間板
   (1) 新式快速中間板讓模具設置更快速。
   (2) 角度調整方式改變為「旋轉螺絲」，不須用力扭轉。
   (3) 更精確地固定及輕鬆地進行架模，不須以楔形塊進行調整。
   (4) 中間板的楔形塊為內藏式，故中間板可全部緊靠，可更自由地排列上模與下模。
   (5) 防止模具落下之安全設計。
   (6) 可從模具前方安裝折拆卸模具。

圖 4-55　快速中間板

2　油壓夾爪

 (1)　一個按鈕即可固定鎖緊上模。

 (2)　一個按鈕即可控制所有的上模座。

 (3)　可由模座前方進行模具之安拆卸作業。

 (4)　提昇安全性，防止模具落下之安全設計。

 (5)　即使夾爪開啓，上模可維持安全夾持的狀態，不會掉落。

 (6)　可快速解除中間板夾持狀態。

 (7)　機械在斷電狀態下，夾爪亦可持續夾持之安全設計。

圖 4-56　油壓夾爪

十九、NC 油壓折床模具的維護

1.　模具盡可能放在機械附近的模具收藏箱內。

2.　箱內的模具排放時，棚架應用木材或軟材(橡膠等)作爲襯墊。

3.　塗上黃油或防銹油，應經常注意勿讓它生銹。

4.　模具持續同部位折曲使用的話，模具會磨耗不平均，折曲精度會降低，所以模具使用應左右輪流安排、使用。

二十、NC 油壓折床安全守則

1. 倆人作業時，腳踏開關應由主操作者負責操作，如圖 4-57 所示。

圖 4-57　腳踏開關應由主操作者負責操作

2. 折曲寬度過窄或材料過小時，用夾子、鉗子等工具輔助，手指盡可能避開模具，如圖 4-58 所示。

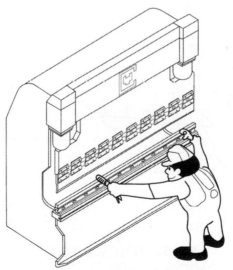

圖 4-58　過窄材料應使用輔助工具

3. 依照模具的形狀，手指有被夾住在模具與材料之間，應特別留意手的位置，如圖4-59所示。

圖4-59　特別留意手的位置

4. 模具的拆卸應依正確順序，馬達務必停止，如圖4-60及圖4-61所示。

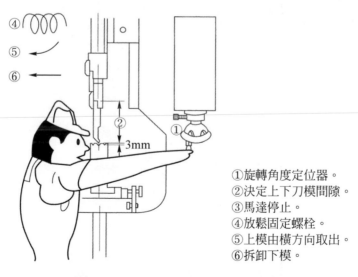

①旋轉角度定位器。
②決定上下刀模間隙。
③馬達停止。
④放鬆固定螺栓。
⑤上模由橫方向取出。
⑥拆卸下模。

圖4-60　模具拆卸應正確順序

圖 4-61 選用正確的拆卸工具

5. 進行折曲作業或試模時，絕對勿將手伸入上下模具之間，如圖 4-62 所示。

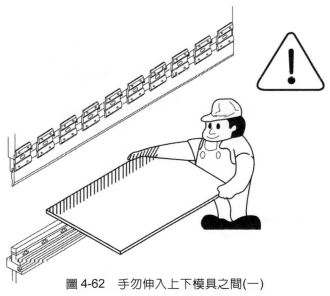

圖 4-62 手勿伸入上下模具之間(一)

6. 裝有 NC 後擋規、位置自動決定裝置的機械，它的檔規是根據腳踏開關的操作來自動移動。手指避免被夾在材料與後擋規之間，絕對勿將手伸入，如圖 4-63 所示。

圖 4-63　手指避免被夾在材料與後擋規之間

7. 模具部位是非常危險的，加工作業中，切勿將身體及手伸入上、下模之間，調整後規時，手切勿從前方伸入，如圖 4-64 所示。

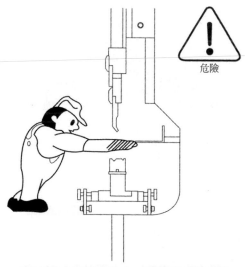

危險

圖 4-64　手勿伸入上、下模具之間(二)

8.　折曲作業時，應注意材料的運動及弧度(如圖 4-65 所示)。特別是大
　　件材料時，應輕踩腳踏開關慢速折曲。機械裝有 NC 時，折曲速度
　　是自動的，所以在可能範圍內勿將身體太靠進工作物，以免身體被
　　工作物碰傷。

危險

圖 4-65　身體不可靠近工作物

9.　模具使用時，應在模具的容許耐壓噸數內使用(如圖 4-66 所示)。但
　　是折曲長度在 1cm 時應重新調整。超過容許耐壓噸數的話，模具會
　　崩裂飛散噴出是非常危險的。(將壓力調整器調至最小壓力，並轉動
　　角度控制器)。

10.　銳角折曲時，如果過度折曲會發生被下模咬住的現象(如圖 4-67 所
　　示)，當抽取拉出時，下模有可能從下模座上脫落掉下，是非常危
　　險，務必注意。

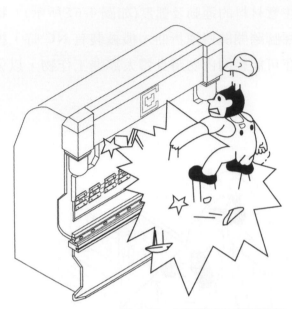

圖 4-66　勿超過容許耐壓噸數

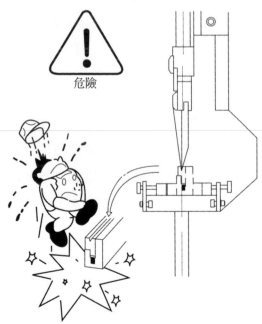

圖 4-67　勿過度折曲以防止下模咬住

11. 為防止折曲加工時產生之傷痕，可選用優力膠套(如圖4.68所示)，或優力膠墊(0.3t～0.5t)，管狀設計，方便單V下模之裝著與拿取可使用剪刀切割適當長度使用。

φ15

840mm

圖4-68　優力膠套(厚度0.5mm)

習題

一、是非題

(　) 1. 萬能折摺機係因其折摺塊由不同尺寸組合成而得名。

(　) 2. 使用鐵鎚敲打折摺塊，使刀口部份保持一直線，以確保彎曲品質。

(　) 3. 萬能折摺機可彎曲圓形鐵材。

(　) 4. 萬能折摺機具備了盤盒折摺機與標準折摺機之功用。

(　) 5. 用萬能折摺機彎曲鋁板，退度應較彎曲鐵板時為大。

(　) 6. 儘可能在油壓折床的中央位置彎曲加工，以防止偏心荷重之現象。

(　) 7. 油壓折床彎折軟鋼板成 90°時折彎處的材料厚度會增加。

(　) 8. 油壓折床之模具均為上下成對而組成。

(　) 9. 數值控制油壓折床彎折作業時，應考慮折彎之顯序。

(　) 10. NC 油壓折床之彎曲能力之基準材質為中碳鋼板，及 90°V 形彎曲為準。

二、選擇題

(　) 1. 折摺機上的頂葉板和摺板間的間隙約　(A)3～4 倍　(B)2～3 倍　(C)1～2 倍的材料厚度。

(　) 2. 用途最廣泛的折摺機是　(A)桿型　(B)標準　(C)盤盒　折摺機。

(　) 3. 標準折摺機彎折厚板時，在摺板上　(A)加角鐵補強　(B)拆下外摺板條　(C)裝上模子　，來增加支持力。

(　) 4. 折摺機夾持力大小之調慣是靠　(A)齒輪　(B)偏心　(C)人力　作用。

(　) 5. 標準折摺機規格表示 1.5×1230 係指　(A)可彎折最大長度為 1230cm　(B)可彎折之最大厚度 1.5mm　(C)可彎折最大長度為 1230mm，最大厚度 1.5mm。

( )6. 折彎作業時，折彎線與金屬材料之壓延方向應如何？　(A)互相平行　(B)互相垂直　(C)依材料性質　而定。

( )7. 軟鋼板彎曲 90°時，折彎處的板厚　(A)變厚　(B)變薄　(C)不變　(D)以上誓有可能。

( )8. 油壓折床適合下列那項工作？　(A)多種小量生產　(B)多量生產　(C)製品精度差。

( )9. 油壓折床模具之安裝　(A)先裝下模再裝上模　(B)先裝上模再裝下模　(C)按各廠牌而定。

( )10. 關於油壓折床之敘述何者為正確？　(A)製模的費用高　(B)作業範圍廣泛　(C)製品精度佳　(D)以上皆是。

( )11. NC 油壓折床的彎折壓力源是　(A)液壓油　(B)油壓泵　(C)油壓缸　(D)模具。

( )12. NC 油壓折床彎折厚度 3.0mm 以下鋼板，其 V 形下模寬度約為厚度的　(A)1～2 倍　(B)3～5 倍　(C)6～8 倍　(D)9～10 倍。

( )13. NC 油壓折床彎曲時，為防止偏心荷重現象，加工位置應在　(A)偏左　(B)偏右　(C)兩端　(D)中央。

( )14. 選用 NC 油壓折床 V 形下模之寬度時，下列何者為最主要因素？　(A)彎折長度　(B)彎折壓力　(C)材料厚度　(D)彎折形狀。

( )15. NC 油壓彎折之控制開關，一般採用　(A)腳踏式　(B)按鈕式　(C)拉柄式　(D)旋轉扭。

三、問答題

1. 試述折摺機之夾持力如何調整？

2. 試述頂葉板和摺板間的退度如何調整？

3. 試簡述然盒、標準、萬能折摺機主要不同點。

4. 試說明萬能折摺機各部位的調整方法。

CH **4**

5. 油壓折床之機架製成 C 型，爲什麼？

6. 試述上昇式與下降式之油壓折床之特點。

7. NC 油壓折床之規格如何表示？

8. NC 油壓折床彎曲角度如何設定？

9. 寫出 NC 油壓折床彎折下列工件之彎曲順序？(尺寸自訂利用廢料練習)

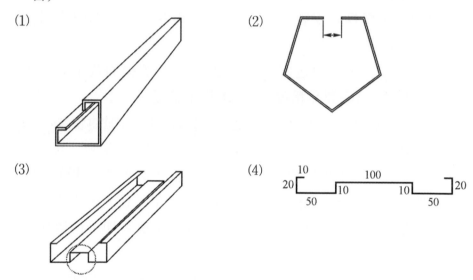

(1)

(2)

(3)

(4)
```
        10          100
   20 ┌─┐    ┌──────────┐    ┌─┐ 20
      │ └─┐10│          │10┌─┘ │
      50      ──────────      50
```

10. 按下作圖尺寸練習折彎伸縮工件。

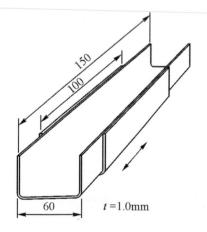

150
100
60
t =1.0mm

5

火燄及電弧切割

5-1　手動氧乙炔切割

5-2　半自動氧乙炔切割

5-3　電離氣切割

5-1　手動氧乙炔切割

一、氧乙炔氣體火焰切割之原理

　　將鐵或碳鋼欲切斷之部份,先用預熱火焰加熱到著火溫度(900℃左右),然後迅速扭開高壓氧氣閥,鐵即與氧氣發生激烈的燃燒反應,熔融的鐵金屬由於受高壓氧氣的作用,即形成切槽而進行切斷。圖5-1所示為氧乙炔切割之示意圖。

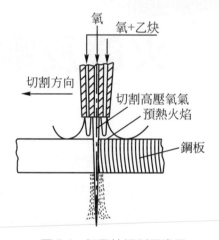

圖 5-1　氧乙炔切割示意圖

二、手動氧乙炔氣體切割之設備

　　氧乙炔切割所使用的設備大致與氣銲相同,唯一不同的是氣銲使用銲炬,而切割則使用附加高壓氧氣閥的切割炬,其主要構造說明如下:

1. 切割炬

　　　切割炬包括預熱及切斷兩部分,如圖5-2所示,預熱部份與銲炬相同,切斷部份為供給高壓氧氣。切割炬上有三個氣閥,分別為低壓氧氣閥、乙炔氣閥及高壓氧氣閥。

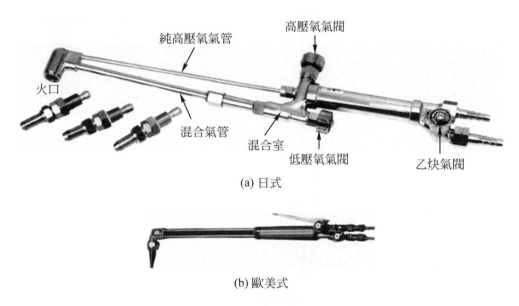

(a) 日式

(b) 歐美式

圖 5-2　氧乙炔切割炬的構造

2.　切割火嘴

　　切割炬所安裝的火嘴，一般可分為二種型式，即同心圓式(蛇目式)和異心圓式(梅花式)，如圖 5-3(a)(b)所示，其中以異心圓式較耐用，即使經長時間之切割而被飛濺物阻塞一、二孔，亦不致發生回火；清除火口亦比較簡單。相反的，同心圓式火口清除稍微不慎，碰歪其高壓氧氣通道，則火焰立刻歪斜，影響切割速度，並易引起回火。而切割火嘴的選擇如表 5-1 及表 5-2 所示，一般均按照板厚選擇切割炬及火嘴的大小。

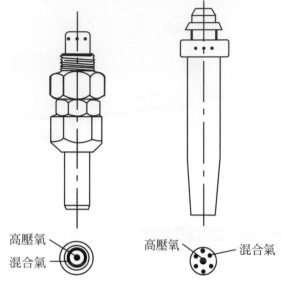

(a) 同心圓式(蛇目式)　　(b) 異心圓式(梅花式)

圖 5-3　切割火嘴型式

表 5-1　切割火嘴的選擇

切割炬	火口號碼	板厚(mm)
1 號	No.1(Ⅰ)	1〜7
	No.2(Ⅱ)	5〜15
	No.3(Ⅲ)	10〜30
2 號	No.1(Ⅰ)	3〜20
	No.2(Ⅱ)	5〜50
	No.3(Ⅲ)	40〜100

表 5-2　異心圓式切割火嘴的選擇

板厚(mm)	火口號碼	(kg/cm^2)	
		氧氣	乙炔氣
−5	00	1.5	0.2
5〜10	0	2.0	0.2
10〜15	1	2.5	0.2
15〜30	2	3.0	0.2
30〜40	3	3.0	0.2
40〜50	4	3.5	0.25
50〜100	5	4.0	0.3
100〜150	6	4.0	0.35
150〜200	7	4.5	0.4
250〜300	8	4.5	0.4

3. 切割導規

　　氧乙炔火焰切割炬，如果以徒手進行切割工作，由於受人為因素的影響，如手腕抖動等，會造成切割縫不均勻，因此為了提高手工切割成品的精密度，乃發展出各類型的切割導規。

(1) 直線切割導規：以角鐵或 25mm 厚之鋼板，鉋削成平直邊，切割炬火嘴輕靠著平直邊之輔助作縱向的切割，如圖 5-4 所示。

圖 5-4　使用直線導規輔助切割

圖 5-5　使用圓形導規切割圓形

(2) 圓形切割導規：在切割炬火嘴上套一圓規即可作圓形切割，如圖 5-5 所示。圓形導規，如圖 5-6 所示，係用一根六角型之長銅棒製成，一端裝有可以移動之中心衝，其距離可依切割直徑而調整；另一端裝有火嘴固定套環，以利進行切割。

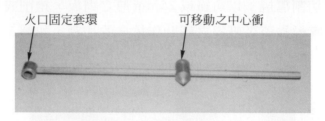

火口固定套環　　　　　可移動之中心衝

圖 5-6　圓形導規之構造

(3) 切割炬導輪：在火嘴旁加裝一導輪架，如圖 5-7 所示，可視需要作直線、圓形或曲線之切割。

圖 5-7　切割炬導輪

三、手動氧乙炔氣體切割之要領

1. 基本姿勢

切斷面的好壞，受切割姿勢影響頗大，必須力求穩定。一般採用之姿勢，如圖 5-8 所示，先蹲下距離切割物適當的距離，成雙臂抱膝的姿勢，手肘避免搖動，但腕部仍能自由移動為原則。

圖 5-8　手動切割的基本姿勢

2.　切割炬握法

　　切割炬因構造不同，其握法稍有不同。圖 5-9 所示為一般切割炬之握法；以右手握住柄部，拇指與食指挾持著預熱氧氣閥，左手以拇指與食指握住切割氧氣閥，中指與無名指(或無名指與小指)則夾住切割氧氣導管及混合氣體導管，以支撐切割炬。

圖 5-9　切割炬握法

3.　切割火嘴角度

　　做直線切割時，切割火嘴角度常隨著母材厚度而不同，茲分別說明如下：

⑴　板厚在4～25mm，切割火嘴保持與母材成90度，如圖5-10(a)所示。預熱火焰要大，整個厚度應充分預熱均勻，保證起割時割透，切割至終點時，應減慢切割速度，使鋼板切斷。

⑵　板厚在3mm以下，切割火嘴與母材保持15°～30°，如圖5-10(b)所示。預熱火焰要小，切割速度要盡量快。

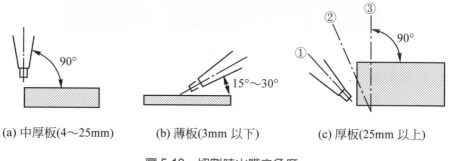

(a) 中厚板(4～25mm)　　　(b) 薄板(3mm以下)　　　(c) 厚板(25mm以上)

圖 5-10　切割時火嘴之角度

⑶　板厚在25mm以上，則從板端邊緣開始預熱，然後逐步切入，再保持90°角，如圖5-10(c)所示。

4.　直線切割法

⑴　點火後調至中性焰。

⑵　從母材邊緣開始預熱，如圖5-11(a)所示；內焰心與母材表面保持約2～3mm之距離。

⑶　母材成暗紅色時，移開火嘴至母材邊緣2～3mm處，如圖5-11(b)所示；並開啓高壓氧氣閥約1/2轉。

⑷　以穩定的速度，沿著切割方向進行切割，保持火嘴高度離母材表面約8～12mm，如圖5-11(c)所示。

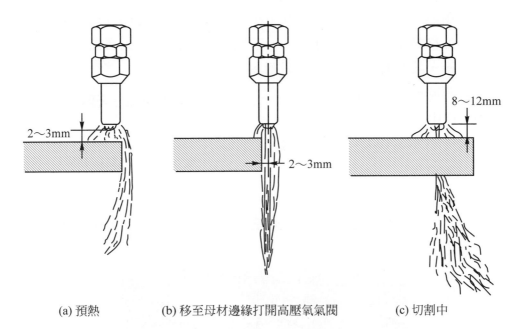

(a) 預熱   (b) 移至母材邊緣打開高壓氧氣閥   (c) 切割中

圖 5-11 直線切割之步驟

5. 曲線切割法

　　曲線切割包括圓形件、圓孔、半圓形件及圓弧件等，對初學者而言較困難，因為它不似直線切割有母材頭尾兩端邊緣可預熱。曲線切割法如下：

⑴ 在圓孔工件內緣或圓形工件外緣 15mm 處預熱；如圖 5-12(a)(b) 所示。

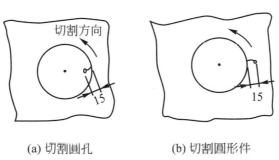

(a) 切割圓孔   (b) 切割圓形件

圖 5-12 曲線切割法

(2)　預熱至暗紅色時，將切割炬稍微提高，然後打開高壓氧氣閥，向外移動至所需之內側邊緣，若圓形件則向內移動至所需之外側邊緣，按照物件形狀移動切割。

6.　切割圓形法(加導規)

(1)　用中心衝在鋼板上打衝眼，大小必須適當；如圖 5-13 所示。

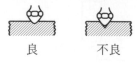

　　良　　　　不良

圖 5-13　中心點打衝眼

(2)　點火並調至中性焰。

(3)　將圓形導規中心衝固定於衝眼上，並調整適當之半徑，如圖 5-14 所示。

圖 5-14　導規固定在衝眼上

(4)　切割火口套在火口固定套環上。

(5)　按前述要領切割，切割炬運行速度必須均勻穩定。

7.　角鋼切割法

　　角鋼切割須分二次，如圖 5-15(a)所示，直角處應充分預熱後再行切割。圖 5-15(b)所示切割角鋼至角隅時，宜向剩餘不用之材料切入，俾使第二次切割時，熱量不會向剩材方向傳導而形成熱量不足的現象。

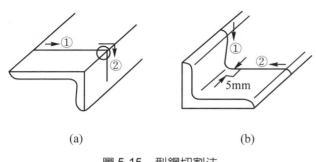

圖 5-15　型鋼切割法

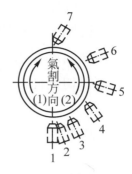

圖 5-16　固定管的切割法

8.　圓管切割法

(1)　固定管的切割：如圖 5-16 所示，一般從管子的下部開始切割。預熱時，切割火嘴應與管壁垂直，待割穿後將火嘴逐漸改變方向，分二次將管子切斷。

(2)　轉動管的切割：如圖 5-17 所示，將管子置於滾輪架上，切割火嘴偏離管頂一段距離，使熔渣沿內外管壁同時落下。(切割時逆時針轉動管子)。

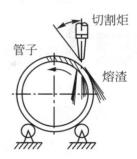

圖 5-17　轉動管的切割法

四、氧乙炔氣體切割安全注意事項

1.　切割前，應先檢查設備，各處接頭是否漏氣，並戴上護目鏡及防護裝備。

2.　切割處下方，應舖耐火材料或鋼板，並留意附近是否有可燃物品。

3.　勿隨意切割不明之封閉容器，以防止內部有可燃氣體或液體，因而發生燃燒或爆炸。

4.　剛切割下之材料，不可任意放置，以免燙傷別人。

5.　切割火口不可接觸地面，切割炬勿置於地上容易被踩到之處。

6. 開啓高壓氧氣閥約 1/2 轉即可；因爲全開壓力太大，噴射狀火焰反而縮短，不利切割。

7. 預熱溫度要適當，否則對切割面之影響很大。表 5-3 所示爲預熱火焰對切割面之影響。

表 5-3   預熱焰對切割面之影響

預熱焰太強	預熱焰太弱
1. 上緣角熔化成圓角。 2. 切割面較粗大。 3. 熔渣附著不易清除。	1. 切割易中斷，效率低。 2. 切割面凹凸不平。 3. 較易引起回火現象。

5-2   半自動氧乙炔切割

一、前　言

　　半自動氧乙炔切割機的發展，迄今有五十餘年，各種方法和技術發展驚人，從最簡單的直線和斜邊半自動切割機，以致於最新式的CNC自動切割機，大有一日千里之勢，但切割的基本原理仍是不變的。半自動氧乙炔切割機最大的優點就是以機器代替人工，即省時又省工，而且品質幾乎可達百分之百的理想要求。

二、氧乙炔半自動切割機之構造

　　氧乙炔半自動切割機如圖 5-18 所示，重量輕，特殊設計及輕鋁合金材料製造，攜帶方便，重心於傳動輪，切割平穩。主要構造如圖 5-19 所示，係由**馬達**帶動，**火嘴**安裝於沿著**軌道**行走之機件上，由操作者預先調好切割速度及火焰大小，然後預熱母材，打開高壓氧氣閥，隨即撥動**離合器**，

即可作自動前進及後退的直線切割，亦可將火嘴傾斜，作斜邊切割，以供電銲對接開槽用。其他氣體的裝備與手工氧乙炔切割相同。

圖 5-18　半自動切割機

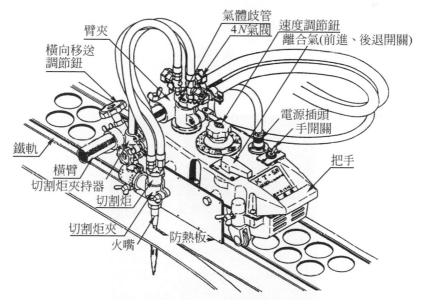

圖 5-19　氧乙炔半自動切割機之構造

　　氧乙炔半自動切割機之火嘴，如圖 5-20(a)所示，係一體成形，火嘴頭端製成錐度，以便安裝於切割炬上。更換火嘴時，應先用水冷卻，然後取

專用扳手旋開固定螺帽,如圖 5-20(b)所示,即可卸下使用通針清潔;亦可豎立機器更換火嘴,方便、簡單、省時,如圖 5-21 所示。一般氧乙炔半自動切割火嘴使用條件如表 5-4 所示。

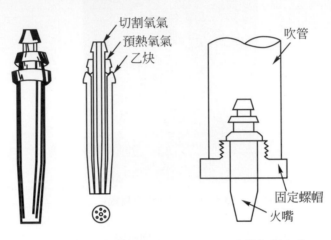

(a) 半自動切割火嘴之構造   (b) 安裝切割火嘴

圖 5-20

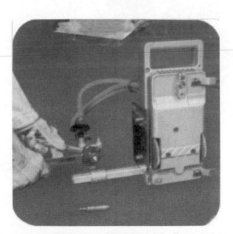

圖 5-21   更換切割火嘴

表 5-4　氧乙炔半自動切割火嘴使用條件(田中牌)

板　厚	火嘴	氣體壓力kg/cm²		切割速度	流量 l/h			火嘴孔徑
mm	號碼	氧氣	乙炔氣	(mm／分)	切割氧氣	預熱氧氣	乙炔	(mm)
～5	00	1.5	0.2	～690	690	510	460	0.7
5～10	0	2.0	0.2	690～550	1200	510	460	0.8
10～15	1	2.5	0.2	550～490	2100	590	540	1.0
15～30	2	3.0	0.2	490～400	3400	590	540	1.3
30～40	3	3.0	0.2	400～350	4300	825	750	1.6
40～50	4	3.5	0.25	350～320	6500	950	860	1.9
50～100	5	4.0	0.3	320～200	11000	1060	960	2.3
100～150	6	4.0	0.35	200～150	15000	1155	1050	2.7
150～200	7	4.5	0.4	150～90	22000	1430	1300	3.2
250～300	8	4.5	0.4	90～80	28000	1430	1300	4.0

三、氧乙炔半自動切割機之加工形式

　　氧乙炔半自動切割機之加工形式，主要分為直線切割與曲線切割兩大類，如表5-5所示。

表 5-5　氧乙炔半自動切割機之加工形式

加工形式	說　明	圖　解
1. 直線切割	特殊合金製直線軌道 2m 長，可置於鐵板上作全自動直線切割，非常方便，並可連接另一條軌道，作4m或更長直線切割。	

表 5-5　氧乙炔半自動切割機之加工形式(續)

加工形式	說　明	圖　解
2.條狀切割	可在該機二端加裝火嘴，作條狀切割，較窄的條形則只須將二支火嘴裝在該機同一邊，另一邊加裝平衡器，則能保持穩定切割。	
3.斜角切割	可同時裝設二支火嘴，作鋼板邊緣斜角切割，為銲接前準備工作。	
4.圓弧切割	隨機附件可作75～1380mm直徑圓弧切割，若加裝一支火嘴，並延長附件桿可作直徑1740mm之切割。	
5.不規則曲線切割	可放鬆前輪，直接將該機置於鋼板上，用手牽引作不規則曲線切割。	

表 5-5 氧乙炔半自動切割機之加工形式(續)

加工形式	說　明	圖　解
6.導引切割	可將所預作之曲線導引器置於該機右側，作所欲曲線或形狀之切割。	

四、氧乙炔半自動切割機之使用法

1. 安裝軌道，利用樣規平行於切割線，使切割機自鋼板頭端開始切割。
2. 點火後調整預熱火焰成中性焰。
3. 稍打開高壓氧氣閥，再調整成適當之中性焰。
4. 依母材厚度，調整適當之切割速度(旋轉速度調節鈕)。
5. 旋轉橫向及切割炬之調節鈕，使火嘴上下、左右移動至開始位置加熱。火嘴距離鋼板 8～12mm，焰心距離鋼板 3～4mm。
6. 鋼板頭端被加熱至呈暗紅色時，立即打開高壓氧氣閥，並撥動離合器，開始進行切割，如圖 5-22 所示。
7. 切割到鋼板末端時，先關高壓氧氣閥，再關乙炔，最後關閉預熱氧氣閥。

五、氧乙炔半自動切割機之保養及安全注意事項

1. 拆卸火嘴時，勿使火嘴掉落地面，傷及火嘴端部。
2. 最後離開者，應關閉切割機之電源，否則馬達長時間運轉，除浪費電力外，亦有燒毀之虞。

圖 5-22　半自動切割機切割直線

3. 搬動切割機，不可僅抓住橫臂，應兩手同時握持重心位置，以策安全。

4. 鐵軌輪溝要清潔乾淨，以防切割不穩而發生凹口現象。

5. 橡皮管及電源線在機體行走中，不可受到拖拉，應置於不會糾纏或絆腳之安全位置上。

5-3　電離氣切割

一、前　言

　　電離氣切割之發展，由於科技的進步，使得切割性差的金屬材料，例如：不銹鋼、鋁、銅、烤漆板、特殊合金等，在剪切技術上造成了極大的震撼，由於設備的價格並不昂貴，以及操作安全簡便，不須熟手即可操作，薄板切割比氧乙炔切割快了 3～4 倍。而且切割後母材無毛邊，不變形，節省切後處理之工時，已成為工業板金界必備之切割設備。圖 5-23 所示為電離氣切割之情形。

圖 5-23　電離氣切割之情形

二、電離氣切割之原理與方法

1. 基本原理

當一種氣體加熱到非常高的溫度，氣體分子獲得足夠能量後，其電子開始游離，使氣體本身變成一種具導電性的電離化氣體，即爲離子態(物理第四態)，也就是一般所稱的電離氣(plasma)。壓縮空氣式電離氣切割法，即利用此電離氣原理(如圖 5-24 所示)，將壓縮空氣通過高熱電弧，加溫離子化後，體積急速膨脹，再令離子化氣體與電弧同時強迫通過一狹窄的通路，產生聚集而高密的**柱狀**電離氣弧(如圖 3-25 所示)，該電離氣弧中心溫度高達 15000℃，能瞬間熔化並且吹掉已知的任何金屬材料，而達到切斷之效果。

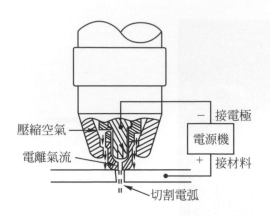

壓縮空氣

電離氣流

－　接電極

電源機

＋　接材料

切割電弧

圖 5-24　空氣式電離氣切割法

圖 5-25　電離氣電弧

2.　主要設備

如圖 5-26 所示為空氣式電離氣切割設備，皆以壓縮空氣為唯一切割氣體，可免除氧乙炔、氫、氮等耗費又不方便之氣體。圖 5-27 (a)(b)(c)所示為各型式的空氣式電離氣切割機。

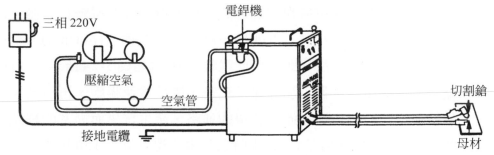

三相 220V

電銲機

壓縮空氣

空氣管

切割鎗

接地電纜

母材

圖 5-26　空氣式電離氣切割設備

3.　切割方法

切割鎗外型設計上有 70 度及 180 度二種，其構造如圖 5-28(a) (b)(c)所示，非常輕巧；同時在鎗管上附有按鈕開關，操作時只需將類似筆尖的火嘴，接觸於材料上如圖 5-29 所示，保持約 10～15 度傾斜角，然後按押開關，待電弧產生後即可移行，就像執筆寫字

劃線一樣容易。如圖 5-30(a)(b)(c)(d)所示為切割鎗握持的方法及切割的情形,切割無限制,直線、曲線、圓孔、圓形,皆可隨意操作。

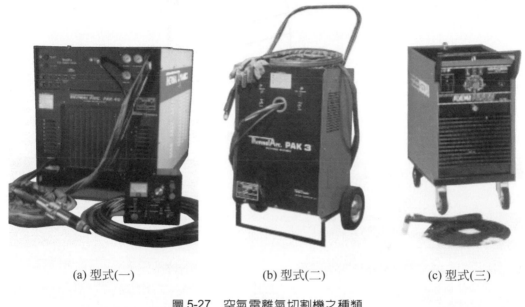

(a) 型式(一)　　　　　　(b) 型式(二)　　　　　　(c) 型式(三)

圖 5-27　空氣電離氣切割機之種類

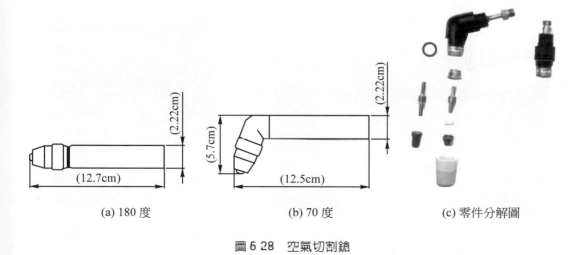

(a) 180 度　　　　　　(b) 70 度　　　　　　(c) 零件分解圖

圖 5-28　空氣切割鎗

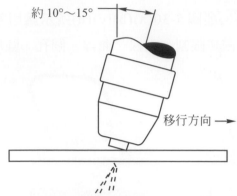

約 10°～15°

移行方向 →

圖 5-29　切割時空氣切割鎗之角度

(a) 切割汽車葉子板

(b) 切割圓形

(c) 切割圓管

(d) 切割直線

圖 5-30　切割鎗握持的方法及切割之情形

三、電離氣切割之特性

1. 適用於所有導電的金屬材料,如不銹鋼、銅、鋁、鋼板及鍍鋅鐵板等,而且切軟鋼時,切割速度可快可慢,並不影響切割品質,如圖5-31 所示。

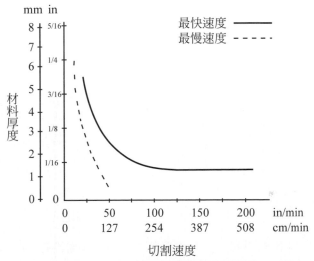

圖 5-31   材料厚度與切割速度之關係

2. 切割口狹小,材料不變形,無毛邊;切割鎗可碰觸母材,容易操作。
3. 空氣式電離氣切割與其他氧乙炔切割、機械式剪切之比較情形,如表 5-6 所示。圖 5-32(a)(b)(c)所示為空氣式電離氣切割面與氧乙炔切割面之比較情形。

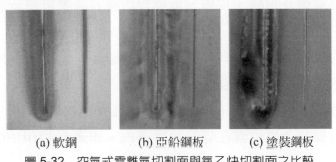

(a) 軟鋼   (b) 亞鉛鋼板   (c) 塗裝鋼板
圖 5-32   空氣式電離氣切割面與氧乙炔切割面之比較

表 5-6   空氣式電離氣切割與其他切割性能之比較

剪切方式／項目	空氣切割鎗	氧乙炔火焰切割	剪床	手電剪、電鋸
切割面品質	○很好	△普通	○很好	✕毛邊齒狀
剪切速度	○快	✕慢	○快	✕慢
材料變形量	○極微	✕有	○極微	△少許
適用材料	○所有金屬	✕僅限鐵材	△部份金屬	✕小部份金屬
曲面／異形剪切	○容易	△不容易	✕不可能	△不容易
使用成本	○低	✕高	○低	✕高
安全性	○好	✕差	△可	✕差
噪音量	○小	○小	✕大	△普通
活動性	○大	○大	✕固定式	○大
適用作業員	○不需經驗	✕需專業	○不需經驗	✕需經驗

四、電離氣切割安全注意事項

1. 切割時噪音有害(噪音量隨厚度提高)，必須以耳罩或耳塞保護耳朵。如圖 5-33(a)所示。

2. 輻射熱會傷及眼睛、皮膚，需要穿防護衣、護目鏡及頭盔保護。如圖 5-33(b)所示。

3. 電弧的高溫會分解出有毒的氣體，局部性的通風要良好，控制含量不超過容許範圍，如圖 5-33(c)所示。

4. 金屬煙霧視金屬種類而異，可能有危害存在，局部的通風必須良好，以控制金屬煙霧在容許的濃霧內。如圖 5-33(d)所示。

5. 電離氣切割機,除非做好防止電擊措施,否則不可在潮濕或低窪地
區使用,如圖 5-33(e)所示。

(a) 切割時噪音有害

(b) 輻射熱會傷及眼睛及皮膚

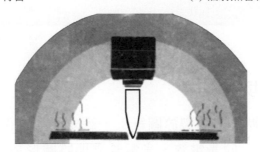

(c) 電弧的高溫會分解出有毒的氣體

(d) 金屬煙霧有害

(e) 電擊有害人命

圖 5-33　電離氣切割安全注意事項圖示

五、CNC 氧乙炔火焰切割法

　　將欲切割的形狀寫成電腦程式,然後將程式指令輸入電腦中,電腦即
命令切割機進行切割,如圖 5-34 所示。此種切割機對工件形狀的局部變更
或尺寸增減修改容易,對大型、複雜工件,無施工上的困擾。

圖 5-34　CNC 火焰切割機

六、電眼追蹤切割法

　　將欲切割的形狀預先繪製於圖紙上，然後以電眼沿著圖紙上的線條掃描，同時將此訊號送回光電管，光電管立即將圖形放大成需要切割的倍數，並將指令送至操縱馬達，馬達即用此指令帶動切割火嘴進行準確的切割，完全合乎精密度。同時亦可加裝數隻火嘴以增加效率，如圖 5-35 所示。

圖 5-35　電眼追蹤切割機

習題

一、是非題

( ) 1. 氣氣切割係利用氣、乙炔火燄加熱母材，使母材達到燃點，然後用高壓氧氣產生切割作用。

( ) 2. 母材厚度愈厚，切割火嘴號數應選用愈小。

( ) 3. 氧乙炔氣體切割法是利用氧化作用的原理。

( ) 4. 同心圓式之切割火口較梅花式火耐用，且不容易被熔濟阻塞。

( ) 5. 最理想的切割火焰是先調整成碳化焰。

( ) 6. 氧乙炔切割時，把部份熔融金屬吹回切割炬造成逆火，起因是移動太快，與氧氣壓力無關。

( ) 7. 氧乙炔半自動切割法已有使用電腦控制(CNC)的全自動切割法。

( ) 8. 一般氧乙炔半自動切割機之速度係採用無段變速來調整。

( ) 9. 氧乙炔半自動切割火嘴係一體成型，價錢昂貴，應妥為愛惜使用。

( ) 10. 用氧乙炔半自動切割鋼板，火口之高度應保持與母材面距離為 20mm 左右。

( ) 11. 使用氧乙炔半自動切割機，切割 12mm 之軟鋼板，最適當之火嘴是#2。

二、選擇題

( ) 1. 切割薄板(3mm 以下)，正確的火口角度是 (A)90° (B)45° (C)15°～30° 左右。

( ) 2. 切割中厚板(4～25mm)，正確的火口角度是 (A)90° (B)45° (C)15°～30°左右。

( ) 3. 一般切割時，火口內焰心與鋼板保持約 (A)10mm (B)15mm (C)3mm 之距離。

( ) 4. 切割時預熱溫度過高，會造成 (A)切割中途中斷 (B)易起回火 (C)母材上緣角熔化成圓角。

( ) 5. 氧乙炔切割時是 (A)純化學作用 (B)純物理作用 (C)兩種作用皆有。

( ) 6. 電離氣切割之特性 (A)切割口大 (B)材料容易變形 (C)適用於所有導電的金屬材料。

( ) 7. 用電離氣切割鎗切割時，與母材之角度為 (A)90° (B)45° (C)75～80°。

( ) 8. 電離氣切割所產生之噪音隨 (A)母材厚度 (B)電流大小 (C)空氣壓力而增加。

( ) 9. 電離氣弧中心溫度高達 (A)10000℃ (B)13000℃ (C)15000℃。

( ) 10. CNC火焰切割機之優點 (A)對單件工件切割非常經濟 (B)工件形狀的局部變更容易 (C)無尺寸標示的任意曲線切割容易。

三、問答題

1. 試述電離氣切割法之原理。
2. 試述電離氣切割安全注意事項。

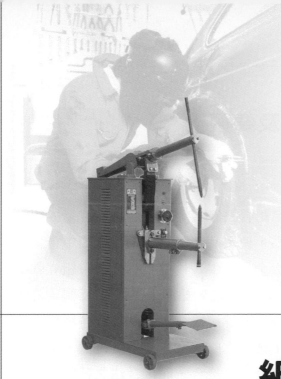

6

組立接合銲接

6-1　組立接合之工具及要領

6-2　拉釘鎗鉚接

6-3　足踏式點銲機之操作及維護

6-4　氣壓式點銲機之操作及維護

6-5　氣銲設備安裝、火焰調整及基本運行法

6-6　氣銲軟鋼板之工作法

6-7　電銲設備之使用及基本工作法

6-8　電銲－平銲

6-9　電銲－對接銲

6-10　電銲－填角銲

6-11　電銲－橫銲

6-1　組立接合之工具及要領

一、前　言

　　板金工作包含組立及接合作業，組合之優劣，對製品之強度及外觀影響頗大，若組合不當會發生許多缺點，使製品在電鍍或塗裝作業中會顯露出來，因此組立及接合之方法，在板金工作中是最重要的一環。組立就是依設計圖(工作圖)將各種單件(半成品)組合之，並測量其尺寸及測定其功能；而接合係運用各種板金接縫、鉚接或銲接接合之，並完成各種板金邊緣。因此，組立接合就是將成型加工後之半成品，按其相關位置，應用各種工具使其彼此對正固定，而作正確緊密之接合，而接合法之種類很多，其優劣由作業之難、易工時、材料節約、機械設備及品質程度等，綜合上面條件檢討後選出最適合之接合法。一般機件的接合法有螺絲、銷、鍵、壓入配合或利用加熱膨脹等，但板金工作之板材所用的接合法主要有二種：

1. 機械式接合

　　　　板金各部品以機械方式接合，必要時可拆卸，如螺栓、自攻螺絲、鉚釘、接縫、壓接等方式的接合。如圖 6-1 所示，利用氣壓式鉚釘機所接合之各項板金製品。

圖 6-1　機械式接合(鉚釘)

2. 冶金式接合

　　利用金屬材料原子間相互的吸引力，形成材料永久式的接合，亦即是「銲接」。如圖 6-2(a)(b)(c)(d)所示，利用氬銲自動銲接臺從事不鏽鋼之接合工作。

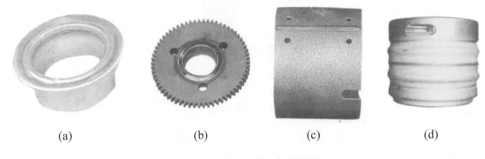

(a)　　　　　　(b)　　　　　　(c)　　　　　　(d)

圖 6-2　冶金式接合(氬銲)

二、組立接合之工具種類及用法

　　在板金裝配和銲接工作中，常利用夾具將工件定位和夾緊，而按夾具的動作分類，可分為手動夾具、氣動夾具、液壓夾具和磁力夾具等，茲分別說明如下：

1. 手動夾具

(1) C 型夾：如圖 6-3(a)所示，係由鍛造的 C 型弓架、螺桿及旋轉頭三部份組合而成，其形狀、大小隨工作物之不同而異。使用時旋轉螺桿，使旋轉頭前進夾緊工件物；但旋轉頭不與螺桿一起旋轉，故工作物之表面不易損壞。

(2) 彈簧 C 型夾鉗：如圖 6-4(a)所示，係由槓桿、調整螺絲、鬆開扳機及 C 型弓架所組成；C 型開口大小可由調整螺絲調整，以適合不同工作物之需要，尤其對小零件、角鋼，暫時固定非常方便。圖 6-2(b)所示為使用之方法及用途。

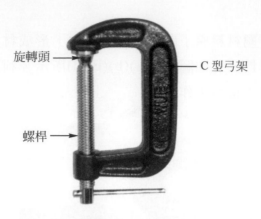

旋轉頭

C型弓架

螺桿

圖 6-3　C 型夾

(3)　萬能夾鉗：由高級合金鋼，經特殊熱處理而製成，經久耐用，並
有特殊微調裝置，可以最少的力量鎖住各種物件，可輕易地完成
繁複工作。圖 6-5(a)(b)(c)(d)所示為各類萬能夾鉗；係由槓桿、
調整螺絲、鬆開扳機、切斷刀及顎夾鉗口所構成，因兼具類似虎
鉗及夾具之功用，故又稱為手虎鉗，尤其對於接縫之暫銲固定非
常方便，為板金及汽車修護常用的手工具。圖 6-6 所示為萬能夾
鉗使用之方法；圖 6-7 所示為萬能夾鉗主要之用途。

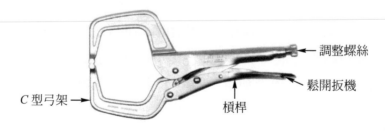

調整螺絲

鬆開扳機

C型弓架

槓桿

(a) 構造

圖 6-4　彈簧 C 型夾鉗

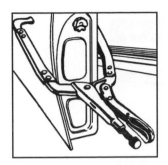

用於汽車車體　　　　　　夾緊較深之工件　　　　　　夾緊角鐵

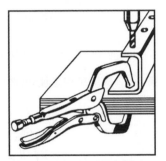
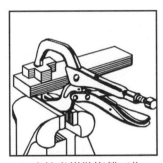

可夾住木頭膠合　　　　用於不易施工處之鑽孔　　　夾於虎鉗做複雜工作

(b) 使用方法及用途

圖 6-4　彈簧 C 型夾鉗(續)

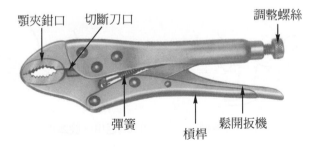

(a) 萬能夾鉗(圓弧嘴形)之構造

圖 6-5　萬能夾鉗之種類

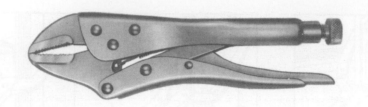

(b) 直嘴形

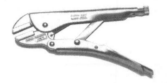

(c) 平行嘴形

(d) 半圓弧嘴形

圖 6-5　萬能夾鉗之種類(續)

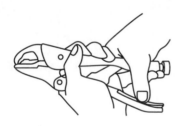

鬆開(四指捲握調整螺絲，
用姆指推開扳機)

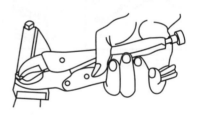

夾緊(張開顎口，調整夾持力
，以另一手壓下槓桿)

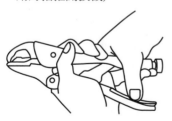

管板手(握緊槓桿，調整夾持力後旋轉)

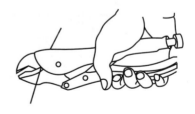

剪斷(適用一般鐵線，硬線可逐次加深剪切)

圖 6-6　萬能夾鉗之使用方法

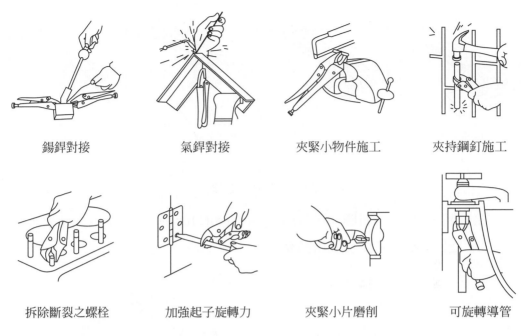

錫銲對接	氣銲對接	夾緊小物件施工	夾持鋼釘施工
拆除斷裂之螺栓	加強起子旋轉力	夾緊小片磨削	可旋轉導管

圖 6-7　萬能夾鉗之用途

(4)　銲接夾鉗：如圖 6-8(a)所示，由槓桿、調整螺絲、鬆開扳機及 U
型顎所組成，係組合銲接專用之夾具，對於暫銲固定極為方便。
使用時，先旋轉調整螺絲，使其顎夾先接觸到工件，然後壓下槓
桿即可固定。圖 6-8(b)所示為主要之用途。

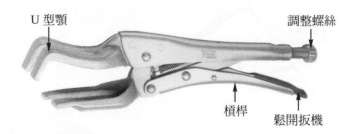

U 型顎　　　　　　　　　　　　　　調整螺絲

槓桿　　鬆開扳機

(a) 銲接夾鉗之構造

圖 6-8　銲接夾鉗

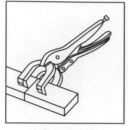
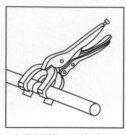
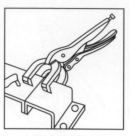

夾緊扁鐵對接　　　夾緊圓鐵、圓管對接　　　夾緊金屬板氣銲　　　夾持邊緣鉚接

(b) 銲接夾鉗之用途

圖 6-8　銲接夾鉗(續)

(5)　特殊夾鉗：如圖 6-9(a)(b)(c)(d)(e)(f)(g)所示，按組合需要而設計的各式夾具及使用圖例。

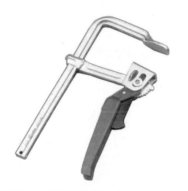

(a) 鍛鋼快速型夾　　　　　　　　　(b) 鍛鋼 F 型夾

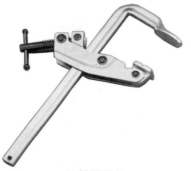

(c) 特殊型夾　　　　　　　　　(d) 快速檯面夾

圖 6-9　特殊夾鉗及使用情形

(e) 銲接角度夾 90°　　　　　　　　(f) 鋼帶式夾　　　　　　　　(g) 銲接管夾

圖6-9　特殊夾鉗及使用情形(續)

2.　磁力夾具

如圖 6-10(a)(b)所示為直角型磁力座,其使用方法如圖 6-9 所示,簡單又實用,非常適合於有角之組合銲接,並能吸吊25公斤表面光滑之鋼板。

(a) 磁力座　　　　　　　　　　　　(b) 磁性夾座

圖6-10　磁力夾具

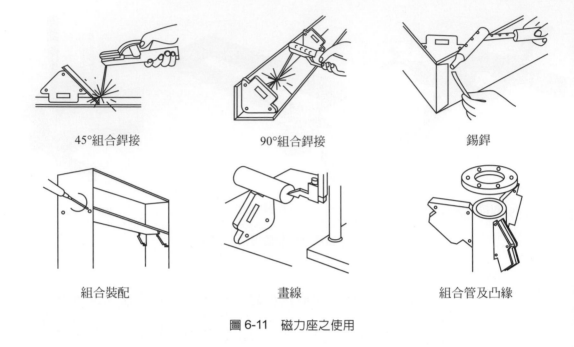

45°組合銲接　　　　　　90°組合銲接　　　　　　錫銲

組合裝配　　　　　　　　畫線　　　　　　　　組合管及凸緣

圖 6-11　磁力座之使用

三、組立接合之要領

在板金冷作製品之組立接合中，必須具備定位和夾緊二個基本條件：
①定位：確定零件在空間的位置或零部件的相對位置，稱爲定位。②夾
緊：零部件定位後，必須進行夾緊以固定其位置。亦藉助外力將定位後的
零部件固定在某一位置上，稱爲夾緊。零件在空間具有六個自由度，即沿
三個坐標軸(x,y,z)的移動，和繞這三個坐標軸的轉動，如圖 6-12 所示，墊
塊分佈在x,y,z三坐標平面上之六個支承點，限制了墊塊自由度，使其完全
定位，因此以一定規律分佈的六個支承點，來限制了零件的六個自由度，
稱爲六點定位規則。

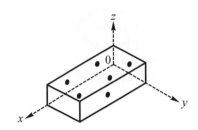

說明：1. 主要定位基準面x0y，支承點有 3 處，在 0x、0y軸被限制轉動，
　　　　而在 0z 軸限制移動。
　　　2. 導向定位基準面x0z，支承點有 2 處，在 0y 軸被限制移動，而
　　　　在 0z 軸限制轉動。
　　　3. 止推定位基準面y0z，支承點有 1 處，僅在 0x 軸被限制移動。

圖 6-12　六點定位規則(墊塊)

1. 冷作組立接合之要領

（1）選擇組立之基準面：在冷作組合中，必須合理選擇裝配之基準
　　面，以安排裝配順序，對提高效率影響頗大。常用的組合基準面
　　按下列幾點選擇：

①　外形有平面及曲面時，應以平面作為基準面，並應選擇較大的
　　平面。

②　依據製品之用途，選擇最重要的面為基準面。

③　所選擇之組合基準面，在裝配時易於對零件定位及夾緊。

（2）零件之定位法：在冷作組合中，最常用的定位方法有畫線定位、
　　擋鐵定位、銷軸定位及樣板定位等。

①　畫線定位：利用零件表面或裝配平臺表面畫中心線、接合線、
　　輪廓線等，作為定位線以確定零件之位置，如圖 6-13(a)(b)(c)
　　所示。

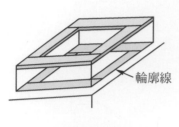
(a) 輪廓線定位

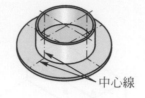
(b) 中心線定位

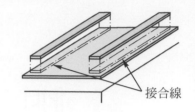
(c) 接合線定位

圖 6-13　用畫線定位

② 擋鐵定位：利用擋鐵，將零件定位後接合，如圖 6-14 所示。

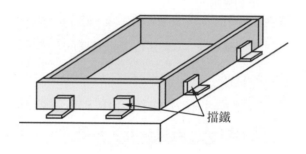

圖 6-14　用擋鐵定位

③ 銷軸定位：利用銷將許多零件之軸孔定位在同一軸線上，如圖
6-15 所示。

④ 樣板定立：依據零件的角度、弧度先製作對應的樣板，如圖
6-16 所示。

(3) 零件之夾緊法：對定位後之零件，必須應用各種治具、工具迅速
而準確地夾緊，使各構件彼此對正，而作緊密之接合，並藉點銲
(暫銲)將其連接成為一個完整之構件。

① 壓具夾緊：如圖 6-17 所示，係利用廢鋼板切割而成，使用時先
將其點銲跨越在兩構件之上，而以鋼楔塞入構件與壓具之間，
然後用大鎚衝擊鋼楔，使各構件間作緊密之接合；圖 6-18(a)(b)
(c)(d)(e)所示為利用各種壓具之組合方法。

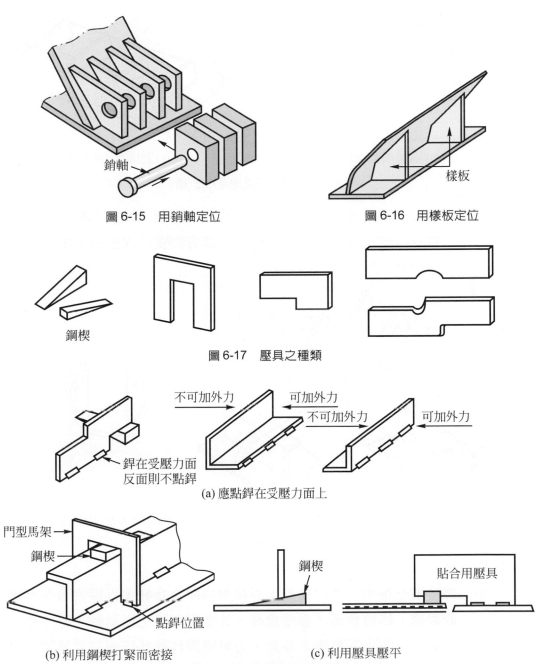

圖 6-15　用銷軸定位

圖 6-16　用樣板定位

圖 6-17　壓具之種類

(a) 應點銲在受壓力面上

(b) 利用鋼楔打緊而密接

(c) 利用壓具壓平

圖 6-18　各種壓具之組合方法

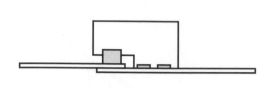 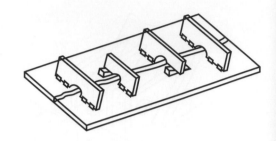

(d) 利用壓具使接觸面緊密　　　　　　　(e) 利用壓具防止變形

圖 6-18　各種壓具之組合方法(續)

② 背材夾緊：亦可用廢鋼板切割而成，並無一定的形狀，一般是
點銲跨越在兩構件之上，以防止構造物變形或扭曲，如圖 6-19
(a)(b)所示。

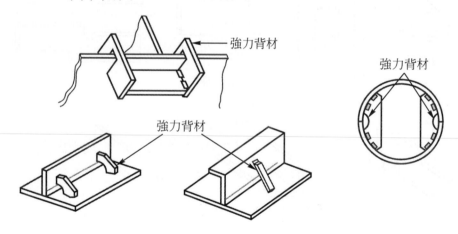

(a) 用強力背材固定以防止變形　　　　(b) 用強力背材防止張裂

圖 6-19　各種背材之使用法

2. 板金組立接合之要領

(1) 銲接前應選用適當的夾具：銲接面須配合良好，以獲得均勻而薄
的銲縫；銲縫愈薄，強度愈高，故當銲料熔化流動時，銲件必須
夾緊，以防止受熱後之移動，方可使銲件彼此正確接合無誤。如
圖 6-20 所示為車刀銅銲時之夾緊法。

(2) 固定銲及正式銲均不加銲條(氣銲或氬銲)：板金製品的組合，利用氣銲時常常不用銲條，單靠兩板邊緣的熔合來銲接，作此種組合銲接時兩材料要靠密，中間不可留間隙。如圖 6-21 所示為組合之情形。

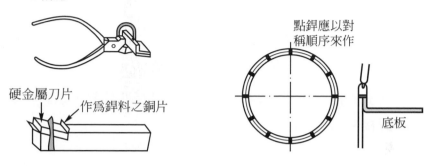

圖 6-20　車刀片之夾緊法　　　　圖 6-21　用氣銲組合之要領

(3) 管和管之情形

① 銲接處的檢查及修正：如圖 6-22(a)(b)所示，先檢查接合線是否一致，不吻合時用手提砂輪機及銼刀銼削，或是利用圓棒和木槌來修正，使接合線吻合。

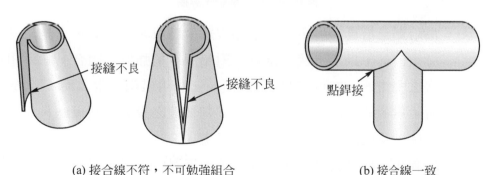

(a) 接合線不符，不可勉強組合　　　　　　　(b) 接合線一致

圖 6-22　檢查接合線

② 固定銲(點銲或暫銲)：固定銲之前，將接合處配合完後作記號，可使固定銲時容易作業，如圖 6-23 所示。薄板之暫銲要短且須滲透充分，但要有足夠數目以防止銲件移動。

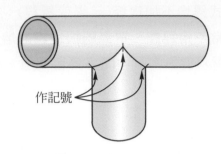

圖 6-23　接合處作記號

③　正式銲接：如圖 6-24 所示，將銲接長度分割，以對稱順序進行銲接。

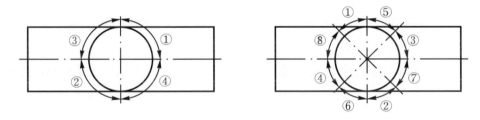

圖 6-24　以對稱順序銲接

(4)　電阻點銲治具：板金工作之點銲組合應用非常廣泛，大量生產時必須治具，以求迅速、確實。對於簡單補強板之組合，除選用適當之夾鉗外，亦可如圖 6-25 所示，利用磁鐵非常方便。圖 6-26 所示為各種點銲治具；製作時，基準線之設定、貼板法、尺寸之正確度及使用位置等都要慎重考慮。

(5)　自動化銲接之治具：為了謀求爭取廣大的市場，暢銷其產品，則需要大量生產以降低成本，並提高品質才能滿足消費者的需求，唯有應用自動化之機械設備，才能縮短工時節省勞力。

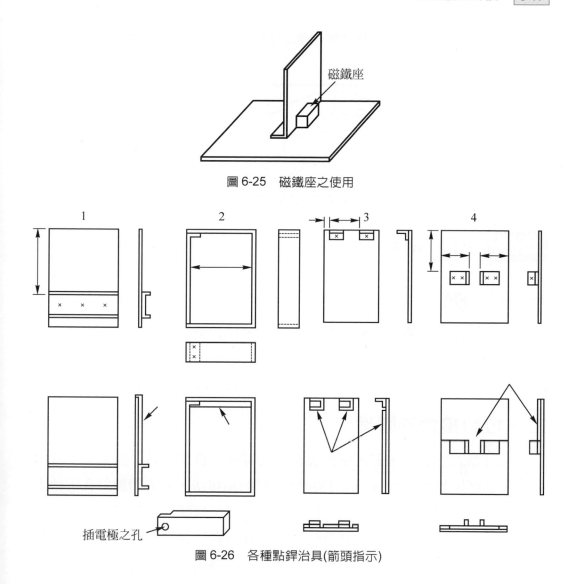

圖 6-25　磁鐵座之使用

插電極之孔

圖 6-26　各種點銲治具(箭頭指示)

四、組立接合應注意事項

1. 使用萬能鉗固定銲接時，火焰不可觸及彈簧，否則將失去夾持作用，學者應切記。

2. 夾持壓力大小應適當，可由調整螺絲調整之。

3. 依工作物之形狀，調整選用顎夾鉗口，操作時才不致於滑動，如圖 6-27所示。

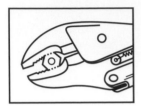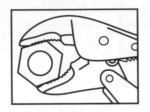

圖 6-27　調整選用顎夾鉗口

6-2　拉釘鎗鉚接

一、前　言

通常鉚接是將鉚釘由板材的另側插入，且必須以頂鐵墊住，再用鉚釘具作鉚接工作，但使用拉釘鎗作鉚接時，只需要由單側操作即可以鉚接，此種鉚接作業，常使用在手或頂鐵無法伸達到之底側部位的鉚接作業上。

二、拉釘接合的原理

拉釘為一空心的鉚釘，中央裝有一支釘梗，釘梗末為一圓領形，且中央具有刻度。如圖 6-28(a)所示為拉斷鉚釘的鉚接法，首先鑽鉚釘孔，插入拉斷鉚釘，利用手動或氣動拉釘鎗的夾頭套住拉釘梗，並施以拉力將釘梗咬住，梗頭受壓力，將迫使材質較軟的拉釘頭向外擴張成凸緣形，而使材料密合，然後再一次的加拉力直到釘梗被拉斷為止，即可將板材鉚接。圖 6-28(b)所示為拉釘接合之工件。

三、拉釘接合的優點

1. 單方向操作，無噪音。
2. 工作物不會被破損。

3. 工作輕快方便衛生。

4. 省力、省時、省事及正確。

5. 強度大。

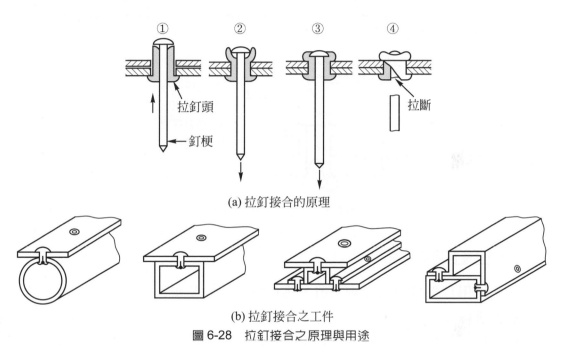

(a) 拉釘接合的原理

(b) 拉釘接合之工件

圖 6-28　拉釘接合之原理與用途

四、拉釘的種類及規格

1. 依材質可分為鋁合金及不銹鋼兩種。

2. 依釘頭可分為圓頭形與皿頭形兩種，如圖 6-29 所示。

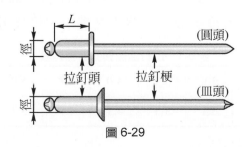

圖 6-29

　　拉釘各部位之名稱，如圖6-30所示可分為直徑、長度、拉釘頭、拉釘梗等。一般市面上拉釘以1000支為單位出售，拉釘的編號、規格及可接合材料之厚度，如表6-3所示。

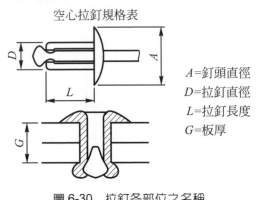

空心拉釘規格表

A=釘頭直徑
D=拉釘直徑
L=拉釘長度
G=板厚

圖6-30　拉釘各部位之名稱

五、拉釘之選擇

　　在使用拉釘接合工作物之前，選擇適當拉釘是很重要的，通常依下列因素去選擇：

1.　依工作物之材料選用同材質的拉釘。

2.　一般材料之接合選用鋁合金圓頭拉釘。

3.　工作物表面要求平滑時選用皿頭拉釘。

4.　在酸、腐蝕之場所，選用不銹鋼拉釘。

5.　材料之孔徑略大拉釘之直徑約0.1mm左右，如表6-1所示。

6.　拉釘之直徑、長度與板厚之關係之選用，可參考表6-2所示。

表6-1　拉釘直徑與孔徑對照表

拉釘直徑	2.4	3.0	3.2	4.0	4.8	5.0	6.0	6.4
鑽孔直徑	2.5	3.1	3.3	4.1	4.9	5.1	6.1	6.5

表 6-2　拉釘之規格與可接合板厚之關係表

編號	規格		可鉚板厚	編號	規格		可鉚板厚
NSA	D	L	G	YB	D	L	G
#	mm	mm	mm	#	mm	mm	mm
3～2	2.4	5.5	0.5～3.2	320	2.4	5.08	0.5～1.79
3～4		8.7	3.2～6.4	329		7.37	1.79～4.32
4～1	3.2	4.4	0.5～1.6	420	3.2	5.08	0.5～1.79
4～2		6.0	1.6～3.2	423		5.84	1.8～2.54
4～3		7.6	3.2～4.8	429		7.37	2.55～4.32
4～4		9.2	4.8～6.4	435		8.89	4.33～5.84
4～5		10.8	6.4～8.0	440		10.17	5.85～7.11
4～6		12.3	8.0～9.5	450		12.7	7.12～9.14
4～8		15.5	9.5～12.7	518	4.0	4.57	0.5～1.27
5～2	4.0	6.6	0.5～3.2	523		5.84	1.28～2.54
5～4		9.8	3.2～6.4	529		7.37	2.55～4.07
5～6		12.9	6.4～9.5	537		9.4	4.08～5.86
5～8		16.1	9.5～12.7	545		11.43	5.87～7.87
6～2	4.8	7.1	0.5～3.2	550		12.7	7.88～9.14
6～4		10.3	3.2～6.4	625	4.8	6.35	0.5～2.3
6～6		13.5	6.4～9.5	629		7.37	2.31～3.3
6～8		16.7	9.5～12.7	635		8.89	3.31～4.83
6～10		19.9	12.7～15.9	640		10.16	4.84～5.59
				649		12.49	5.6～7.62
NSA：鋁合金頭，鐵梗。				657		14.48	7.63～9.65
NSS：不銹鋼頭，鐵梗。				665		16.51	9.66～11.68
YB：鋁合金頭，鐵梗。				675		19.05	11.69～14.99

六、拉釘鎗之構造

　　手動拉釘鎗之構造如圖6-31(a)(b)所示，可分為普通型與強力型兩種，規格依長度而定，拉釘鎗前面配有數個鎗嘴，上面標有不同的口徑，可依實際需要裝卸交替使用。

　　拉釘鎗內具有拉釘鋼抓片，能緊緊地抓住拉釘之鐵梗，壓迫拉釘頭，使材料密合。

(a) 普通型拉釘鎗之構造

(b) 強力型

圖 6-31 拉釘鎗之構造

此外，目前氣動接釘鎗之使用亦頗為普遍，如圖6-32(a)所示，可節省大量時間及人力。其動作原理是用壓縮空氣，由連管經過活門而至活塞，使活塞在鎗身內做往復運動而成形；一般使用的空氣壓力約為$4.5 \sim 7.0 \text{kg/cm}^2$，而空氣消耗量依拉釘鎗之種類及型式而異，一般約為$0.1 \sim 0.7 \text{m}^3/\text{min}$。其

構造分解如圖 6-32(b)所示，配有數個鎗嘴，上面標有不同孔徑(ϕ4.8mm、ϕ4.0mm、ϕ3.2mm、ϕ2.4mm)，可依實際需要裝卸交替使用。

(a) 外形圖

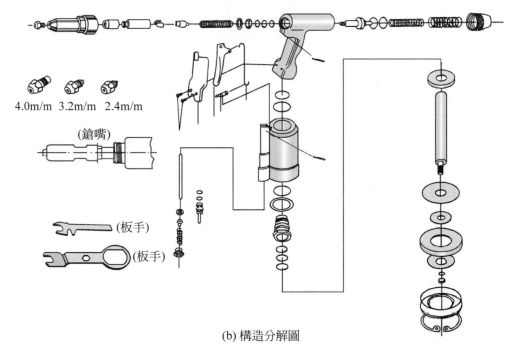

4.0m/m　3.2m/m　2.4m/m

(鎗嘴)

(板手)

(板手)

(b) 構造分解圖

圖 6-32　氣動拉釘鎗

七、拉釘接合之方法

　　手動拉釘接合的方法如圖6-33(a)(b)(c)所示，先將拉釘插進拉釘鎗，用鋼抓夾著尾部，再將頭部插入所鉚之板孔，鎗及釘緊頂住板孔，鎗柄往下壓，梗頭受到壓力，將迫使拉釘向外擴張成凸緣形，然後再一次加拉力直到釘梗被拉斷分離，在瞬時間中就拉接完成。而氣動拉釘鎗之接合方法，係先將拉釘插進鎗嘴，然後將頭部插入板孔輕扣扳機，迫使拉釘向外擴張成凸緣形，然後再次扣扳機，使釘梗被拉斷分離，而完成拉接之工作。

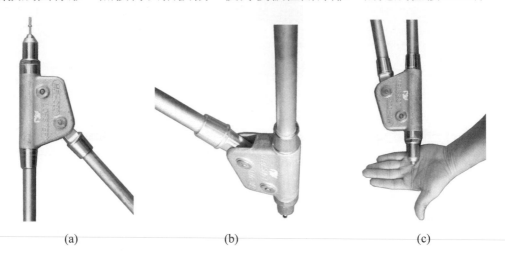

(a)　　　　　　　　　　　(b)　　　　　　　　　　　(c)

圖 6-33　拉釘鎗之使用方法

八、拉釘除去的方法

　　當以拉釘接合之物件損毀欲整修其內部，或當拉釘拉壞時，欲將其除去，換以新的拉釘，除去的方法與鉚釘的方法大致相同。

　1.　在型鋼上除去拉釘
　　⑴　使用鑿子鑿切拉釘頭。
　　⑵　用中心衝沖出釘梗。
　　⑶　選用等徑之鑽頭鑽出原孔位。

2. 在薄金屬板除去拉釘
(1) 用中心衝沖出釘梗。
(2) 選用等徑鑽頭鑽出釘梗。
(3) 用夾鉗類工具從鑽尾上清除。

6-3 足踏式點銲機之操作及維護

一、前　言

電阻銲接的原理是利用高電流通過兩塊以上的板材時，在重疊接觸的地方，因電阻而發熱(由電能轉變而來，$H = 0.24I^2Rt$)，使銲件熔融並利用電極加壓，使銲件接合在一起的銲接方法，因其銲接處為小圓點，故稱為點銲(spot welding)，如圖 6-34 所示。

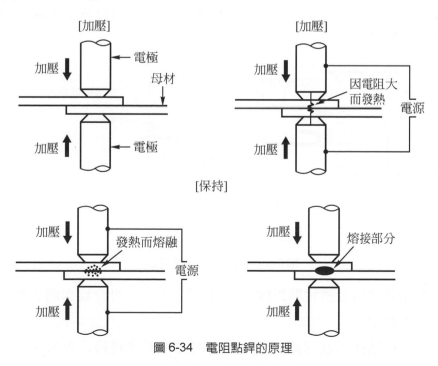

圖 6-34　電阻點銲的原理

點銲廣應用於汽車、鐵櫃、建築五金、廚房用具及日用品等方面。圖6-35所示點銲機點銲之情形,會發生耀眼之光線。

圖 6-35 點銲機點銲之情形

二、點銲機之構造

電阻點銲機之基本構造大致相同(如圖6-36所示),只是加壓方式、冷卻電極方式、控制方式及銲接材料、位置之不同,而發展了多種應用與特殊效果之點銲機。

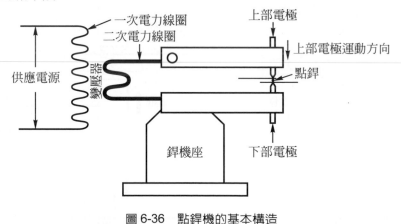

圖 6-36 點銲機的基本構造

本單元僅說明足踏式點銲機,如圖6-37所示,可分為六個主要部份:

1. 機架結構

包括機架及保護外殼,其功用並不影響銲接之效果。

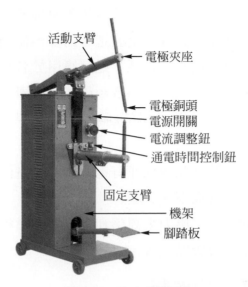

活動支臂

電極夾座

電極銅頭
電源開關
電流調整鈕
通電時間控制鈕

固定支臂

機架
腳踏板

圖 6-37　足踏式點銲機

2.　變壓器

　　　變壓器之功用在於變換成低電壓、高電流，然後輸送至電極部份以供銲接。通常在板金電阻銲接之輸出電流大致在 4000～10000 安培之間，尚未銲接時銲機之端電壓為 10 伏特左右，電機接觸母材通電後，電壓會降至 1 伏特以下。

3.　電極夾座

　　　電極夾座的功用是固定電極棒，每部銲機有二組電極夾座，一組安裝於活動支臂架上，另一組則安裝在固定機架上；可以視工件的需要而調整其長度和間隙。

4.　電極頭

　　　電極頭是將電流輸送至工件之橋樑，必須具有以下之性能：

(1)　極佳的導電性。

(2)　極佳的導熱性。

(3)　極佳的機械性強度和硬度。

(4)　施銲時與母材不會產生排斥分離的不良現象。

　　　普通電極頭以銅基合金製造者為多，使硬度及熔點提高，故可輸送甚高電流而不易損耗，足可應用於各種金屬之點銲銲接；一般軟鋼板以 C-C(銅－鉻)合金最佳。電極頭可製成各種大小形狀以配合工作的需要，為防止高溫軟化，平常都製成中空，通以冷水冷卻之。

(5)　控制設備：足踏式點銲機僅有電源開關、電流調整及通電時間控制等，操作非常簡單。

(6)　腳踏板：腳踏式之壓力來源係利用機構的槓桿原理省力，但易受人為情緒而影響銲點品質。

三、電阻點銲機之優劣點

1. 優點

(1)　受熱之影響較少。

(2)　作業速度快，可大量生產。

(3)　可以減輕銲接部重量。

(4)　構造簡單，操作容易。

2. 缺點

(1)　耗電量大。

(2)　銲接接頭無適當之破壞性檢查。

(3)　銲材之材質，板厚受電阻銲接機能量之限制。

四、電極頭形狀及使用

　　電極大小應該按照材料厚度來決定，經實驗結果，適當電極尖端之直徑 $d = 2.5 + 2t$，表6-3為銲件厚度與電極頭直徑的關係。

表6-3　電極尖端之直徑

板厚 (mm)	0.6	0.8	1.0	1.2	1.6	2.0	2.4	2.8	3.2
電極尖端直徑 (d)	3.6	4.0	4.5	5.0	5.8	6.5	7.4	8.0	9.0

1. 電極之形狀如圖6-38所示

    (1) 扁平形容易加工，操作中其熔接狀態容易看出為特點，缺點是有凹痕。

    (2) 球面狀可得良好之熔接效果，但整修困難，而且球形半徑 r 不能保持一定，對熔接結果有變動，故操作時要注意。

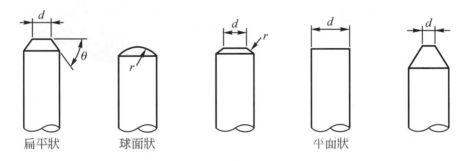

扁平狀　　　球面狀　　　　　　　平面狀

圖6-38　電極之形狀

2. 電極之使用

    (1) 若要一邊之表面沒有凹痕，用平寬之電極即可，如圖 6-39(a)所示。若選用萬向電極，如圖 6-39(b)(c)所示，則效果更佳，可以避免板金表面烤漆後而留下銲點之痕跡。

    (2) 若同材質而厚度不一時，接觸薄板之電極直徑要比厚板大，熱平衡才好，如圖 6-40 所示。

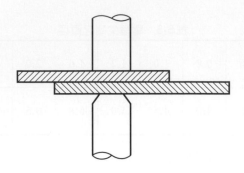

(a) 平寬電極

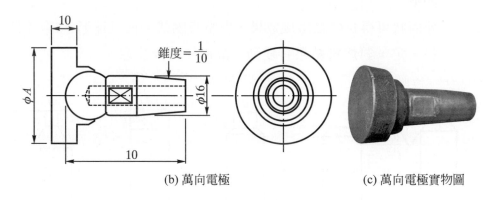

(b) 萬向電極　　　　　　　(c) 萬向電極實物圖

圖 6-39　表面無凹痕之點銲方法

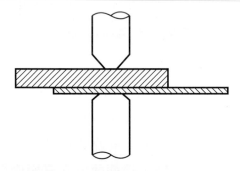

圖 6-40　厚度不同之點銲方法

五、足踏式點銲機之操作

1. 清潔母材(氧化膜、油、鐵銹儘可能的清潔之)。

2. 調整電流及通電時間

　　點銲工作物之前,可先用相同厚度之材料做試片,如圖6-41(a)所示,兩試片呈60°角互疊,再點銲一點於中間,然後再施以剪力試驗(注意掛上綿紗手套),其結果一邊呈孔狀而附著於另一邊,即成剝離之狀態,如圖6-41(b)所示。此時選用的電流高低、通電時間的長短、及加壓時間的長短,就是適當的點銲條件。

3. 打開電源開關,將工作物伸入,踩下踏板,先點銲兩端固定後,再依序完成之。

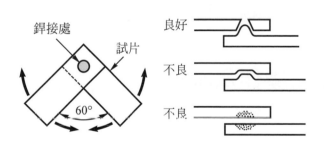

| (a) 兩試片呈60°角互疊 | (b) 剝離後之標準銲點 |

圖6-41　剝離試驗的方法

六、點銲安全注意事項

1. 點銲機要接地線,以防止觸電之危險。

2. 點銲前務須將點銲的地方除去油脂和鐵銹,才能使銲著點密著牢固,否則會引起爆飛之現象。

3. 點銲時，板的邊緣和每點的距離要正確，如圖 6-42(a)(b)(c)所示，兩銲點太近時，銲接電流將由相鄰之銲點造成短路分流，使各銲點之強度不均勻，影響銲點品質頗大。

4. 正確的調整兩電極之間隙及夾臂之長度。

5. 電極頭要正確的上下對齊，且須加工整平，接觸面才能平行而得到最佳之銲點。

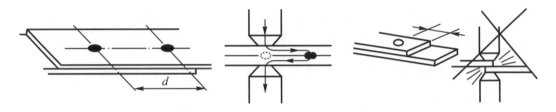

(a) 點銲距離要適當　　(b) 點銲太近而引起分流現象　(c) 太接近邊緣會引起爆飛及熔化過度

圖 6-42　點銲各銲點之間距

6-4 氣壓式點銲機之操作及維護

一、前　言

由於足踏式點銲機易受人為情緒而影響銲接品質；因此氣壓式點銲機壓力之大小，係由人為設定後自動控制，供應了快速和高品質的銲接優點，因此廣泛用於汽車工業、板金工業，已達到密不可分之地步。

二、氣壓式點銲機之種類及構造

氣壓式點銲機若依作業方式可區分為手提式、懸掛式及立式三種，如圖 6-43 至圖 6-44 所示。

圖 6-43 手提式氣壓點銲機

圖 6-44 懸掛式氣壓式點銲機

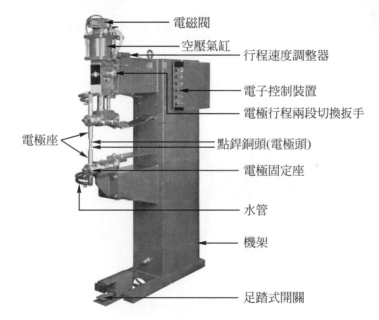

圖 6-45 立式氣壓式點銲機(水冷式)

　　本單元僅說明立式氣壓點銲機之主要零件，如圖 6-45 所示，分別說明如下：

1. 空壓氣缸

　　　如圖 6-46 所示，其主要作用為使電極升降並壓緊工件。

2.　行程速度調節器

如圖 6-47 所示，其主要作用為控制氣缸之行程速度，是由節流閥及止回閥所組成。

速度調整螺絲

圖 6-46　空壓氣缸　　　　　圖 6-47　行程速度調節器

3.　過濾、調壓、給油組合器(三點組合)

如圖 6-48 所示為將過濾器、調壓及潤滑器三個元件組成一體，裝於管路中以達到調質之目的。

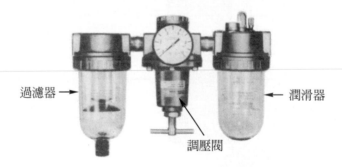

過濾器 →　　　　　　　　　　　　　→ 潤滑器

調壓閥

圖 6-48　過濾、調壓、給油組合器

(1)　過濾器：係用來清除空氣中所含的所有雜質及水份。每日於開機前，應先將水杯之水排除，排水時，將水杯下方之螺絲放鬆，水會被高壓空氣排出。水排完後需將排水螺絲鎖緊。

(2)　調壓閥：係調節空氣壓縮機送出之壓力，以及保持一定的操作壓力(二次壓力)，以適合點銲機使用。操作壓力由板厚來決定，用調整螺絲加以調整，順時針轉壓力愈大，逆時針轉壓力愈小，可由壓力錶上讀取正確之數值。

(3)　為潤滑電磁閥及氣缸之用，上方之調整螺絲，可以調整給油量之大小；通常電極上下動作15～25回時，滴下一滴油較為適當。儲油杯內之油位不可低於1/4位置，加油時可將上方加油蓋打開加油。

4.　電磁閥

如圖6-49所示，其主要作用為控制氣體在管路中流動的方向，使氣壓缸產生動作變化。

5.　電極行程兩段切換扳手

係用來調整點銲銅頭間之距離，以適合不同高度工件之需要。

6.　電子控制裝置

其主要控制項目為熔接電流、通電時間，以及電極之加壓時間、保持時間與開放時間等，如圖6-50所示。

圖6-49　電磁閥

圖6-50　電子控制裝置

7.　電極頭

如圖6-51(a)(b)(c)(d)所示為各種大小型式不同之電極，以銅基合金製造者為多，其中含有0.5～1％之鉻銅，為業界最代表性之電

阻點銲之電極材料。其形狀大致分一體成形及套蓋形二種。為配合工作的需要，防止溫度增高使電極變軟，一般都製成中空通以冷水，冷卻水的用量，以排出水溫不超過60℃為限，以避免在裏面產生水垢。

8. 電極座

　　如圖6-52所示為電極座之構造，其功能固定電極頭，每部點銲機有二個電極座，可以視工作的需要而調整其長度和位置，如圖6-53所示。由於電極頭屬於消耗品，必須常更換，因此電極座部份以錐度($T = 1/10$)設計，在生產線上用套蓋形電極頭較經濟，而一體成形之電極頭，當尖端局部耗損時，可以使用專用之電極頭絞刀修磨後繼續使用，如圖6-54(a)(b)所示。

(a) 標準型(一體成形)

(b) N型(一體成型)

圖6-51　各種不同種類和形狀的電極頭

(c) 套蓋型　　　　　　　　　　　(d) 30°及 90°電極

圖 6-51　各種不同種類和形狀的電極頭(續)

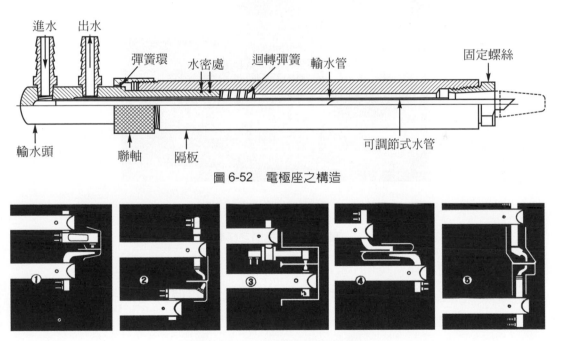

圖 6-52　電極座之構造

圖 6-53　各式電極座及應用情形

(a) 電極頭修磨機

(b) 現場修磨電極頭

圖 6-54　電極頭之修磨

9. 電極固定座

　　電極棒如需稍微拉長或傾斜時,將四個固定螺絲放鬆即可調整,如圖 6-55 所示。

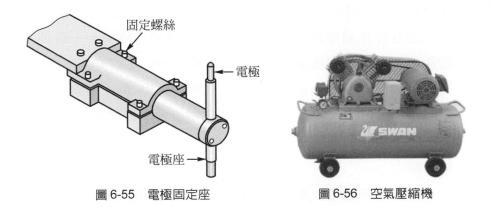

圖 6-55　電極固定座　　　圖 6-56　空氣壓縮機

10. 空氣壓縮機

　　提供電極升降動力及銲接壓力，如圖 6-56 所示。

三、電阻點銲基本要素與控制方式

　　電阻點銲一般的控制方式，如圖 6-57 所示，其基本要素有下列五項：

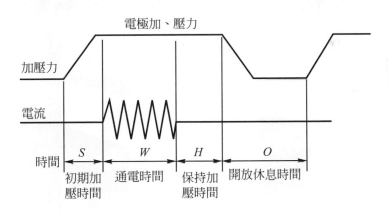

圖 6-57　電阻點銲一般控制方式

1. 銲接電流

　　由於電阻所發生之熱和電流之平方成正比($H = 0.24I^2Rt$)，所以電流之大小直接影響到銲接品質。電流太低，所產生之熱無法熔解

銲件成為半融體，即無法接合；反之，若電流太大，生成熱量太多，造成銲件過熔及變形，或接頭強度減低而變脆。一般控制裝置為數位按鍵式，電流調整之範圍由 00～99，當電流調整為 00 時，其電流大小約為最大電流之 30％，調整為 99 時，即為 100％最大電流；數字愈大電流愈大，數字愈小電流愈小。圖 6-58(a)所示為點銲電流計量測之情形。

2.　銲接壓力

　　點銲時所配合的壓力有兩種，一為銲接壓力，一為鍛接壓力。銲接壓力應用在施銲前及銲接中當母材熔化之時；而鍛接壓力應用在銲接行將結束電流切斷後，當母材熔化面逐漸冷卻時施壓之。此二壓力都需相互配合，可由壓力調整器事先設定。圖 6-58(b)所示為點銲壓力計量測銲接壓力之情形。

(a) 點銲電流計

(b) 點銲壓力計

圖 6-58　點銲電流及壓力之量測

3. 銲接時間

　　在施銲過程中，每一銲接點的銲接週期內，必須調節下列四項不同的時間因素：

(1) 初期加壓時間：為電極對被銲接物加壓，停留至熔接開始時間調整，其時間單位為 cycle，總時間約為 2 秒，調整鍵由 00～99，如調整為 50 時，其加壓時間約為 1 秒。初期加壓時間太短，電極加壓尚未穩定即進入熔接狀態，會產生極大火花，熔接物表面粗糙，電極頭耗損亦大。但初期加壓時間若太長，則作業效率降低。

(2) 通電時間：是指施銲時，電流通過母材銲面，自開始至切斷的時間，應依材質、板厚等因素來決定，可參閱表 6-4 所示之熔接條件表調整。時間太長，表面會粗糙，形成耗電及降低作業效率；時間太短時，銲接強度會不足。

(3) 保持加壓時間：是指熔接電流已中斷，而電極上的壓力仍持續一段時間，直到銲點冷卻為止。若時間太短，則板尚未冷卻造成部份脆化，而降低附著能力。保持時間太長時，可能使板面產生明顯凹痕，並降低作業效率，通常之範圍於 0.5～30 之間。

(4) 開放時間：銲接工件需要連續多點銲接時，需將連續開關切至連續位置，則銲接動作在休息(開放)時間結束時，會繼續第二次點銲動作。休息(開放)時間，即電極上昇至第二次下降的時間，通常以點銲速度來調整。

4. 銲件表面狀況

　　銲件表面生銹、油污、灰塵及油漆等，會妨礙電流通入銲件，造成銲接之困難，所以宜用機械方法、噴砂法或酸洗法，將母材表面清除乾淨。

表 6-4　軟鋼板點銲條件表

板厚	電極			最良條件				中等條件				普通條件			
	d	D	R	時間	加壓力	電流	強度	時間	加壓力	電流	強度	時間	加壓力	電流	強度
mm inches		mm		Hz	kg	A	kg	Hz	kg	A	kg	Hz	kg	A	kg
0.4 0.016	3.2	16		5	115	5200	180	10	75	4500	160	20	40	3500	125
0.5 0.021	3.5	16		6	135	6000	240	11	90	5000	210	24	45	4000	175
0.6 0.024	4.0	16		7	150	6600	300	13	100	5500	280	26	50	4300	225
0.8 0.031	4.5	16		8	190	7800	440	15	125	6500	400	30	60	5000	355
1.0 0.040	5.0	16		10	225	8800	610	20	150	7200	540	36	75	5600	530
1.2 0.047	5.5	16		12	270	9800	780	23	175	7700	680	40	85	6100	650
1.6 0.062	6.3	16		16	360	11500	1060	30	240	9100	1000	52	115	7000	925
1.8 0.070	6.7	16		18	410	12500	1300	33	275	9700	1180	58	130	7500	1100
2.0 0.078	7.0	16		20	470	13300	1450	36	300	10300	1370	64	150	8000	1305
2.3 0.094	7.8	16		24	580	15000	1850	44	370	11300	1770	77	180	8600	1685
3.2 0.125	9.0	16		32	820	17400	3100	60	500	12900	2850	105	260	10000	2665

5. 電極接觸大小及形狀

　　母材銲接點面積的大小，依電極尖端接觸母材面的大小直徑而定。一般用 $d = 2.5 + 2t$ 來計算，d 表電極尖端直徑的大小(mm)。t 表銲件之厚度(mm)。電極之形狀，係依據銲件形狀、銲件材質(不同材質點銲)及厚薄加以設計。圖 6-59(a)(b)(c)(d)(e)所示為利用各種形狀電極之點銲實例。

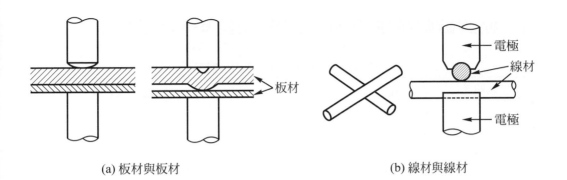

(a) 板材與板材   (b) 線材與線材

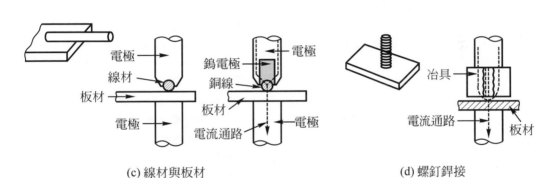

(c) 線材與板材   (d) 螺釘銲接

圖 6-59　點銲實例

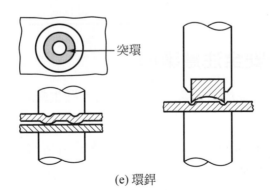

(e) 環銲

圖 6-59　點銲實例(續)

四、點銲缺陷發生原因及對策(如表 6-5 所示)

表 6-5　點銲缺陷發生原因及對策

缺陷名稱	缺陷原因	防止對策
點銲母材變形	①電極和母材未垂直。 ②夾具使用不當。 ③電流過大。 ④點銲順序錯誤。	①調整電極使接觸面和母材成垂直。 ②選用適當夾具。 ③降低電流。 ④改變施銲順序。
銲點燒破	①母材接點部份生銹，使點銲接觸面積變小(即電流密度變大)。 ②母材和母材有間隙。 ③電流太高(或時間太長)。 ④壓力太大。 ⑤上下電極接觸面不平行。	①除去母材之雜質、油污、銹蝕。 ②使母材和母材之間無空隙。 ③調低銲接電流(或縮短點銲時間)。 ④減小壓力。 ⑤挫平電極表面。
銲點下陷	①壓力太大。　　②電流太高。 ③施銲時間太長。 ④電極面不平。 ⑤上下電極中心線未對正。	①減低壓力、電流及通電時間。 ②將上下電極面挫平。 ③調整上下電極使其中心線同在一縱軸上。
火花飛濺與氣孔	①母材接觸未密合。 ②銲點冷卻速度太快。 ③沖壓力量太大。	①使母材接觸密合。 ②防止急冷。 ③減低衝力。

五、點銲操作安全注意事項

1. 電流過大時，金屬會急劇膨脹而熔化，發生爆飛(冒出火花)之現象，會降低強度。

2. 電流過小時，即使通電時間加長，熱經由傳導、輻射而被發散，以致無法形成銲點。

3. 熔接時間之長短與所發生之熱量有關，一般鐵金屬(軟鋼板)較長，鋁或銅板之電、熱傳導性良好的金屬，限在短時間(約 1/10 秒)內完成。

4. 工作場所勿潮濕，以防漏電。

5. 依銲件選用適當電極及形狀。

6. 須戴護目鏡，以防止火花飛濺灼傷。

7. 調整上、下電極之間隙時，應先將熔接開關切斷，否則上、下之電極因直接接觸而過熔。

8. 點銲位置及方向錯誤時，點銲之脫離方法如圖6-60所示，先將鑽頭磨成鈍角(140°～160°)，然後貫通上板，到下板時停止開孔，用木槌輕輕敲打即可脫離重新再點銲。另如圖 6-61(a)(b)所示為新型氣動式銲點去除鑽及其使用欲脫離之情形；可調整及固定鑽除深度，不會鑽到下層鋼板，以確保鑽除品質。

9. 電極行程兩段切換扳手，要推入或拔出時，須先將足踏開關踏下，使電極下降始可拔出或推入。

六、點銲機之維護工作

1. 過濾器及潤滑器須作定期檢查，並按需要補充潤滑油或打開過濾器之排水閥。

2. 每日於空氣壓縮機使用後，應旋開桶底洩水閥，將桶內所凝積水份及油污等排除乾淨。

3. 定期性的加油潤滑機件。

4. 定期將電極拆下清潔，並且檢查電極之位置是否偏差及電極面是否平行。

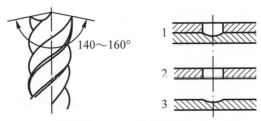

圖 6-60　點銲錯誤之脫離法

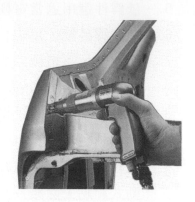

(a) 氣動式銲點去除鑽 　　　　(b) 在汽車門柱上欲脫離銲點之情形

圖 6-61　使用專用手工具脫離銲點

6-5　氣銲設備安裝、火焰調整及基本運行法

一、前　言

　　氧乙炔銲俗稱氣銲，工作原理是由「自燃」的乙炔和「助燃」的氧氣混合產生高熱來熔化金屬，再將銲條熔化(或不加銲條)滴入母材熔化處，冷卻後即接合住的一種方法，在板金工作中，均用來銲接較薄之鋼板、汽車板金修護等，若將其中銲炬換為切割器，還可用來切割鋼板或預熱校正工作物之變形。

二、氣銲的設備、種類及用途

　　氧乙炔氣銲設備如圖 6-62 所示，茲將主要裝置簡述如下：

1.　氧氣及氧氣瓶

　　(1)　氧氣：氧氣為無色、無味、無臭的氣體，較空氣為重，能與大部分的元素起直接的化學變化，也就是具有氧化作用的性質；氧化

劇烈時將發生光和熱，因此氧氣與油脂類接觸時，其混合氧化物非常容易發火，而爆發起火災，學習者須特別小心。氧氣通常以壓縮之形態灌裝在鋼瓶內使用，其壓力在35℃的狀態時達到150kg/cm^2。

(2) 氧氣瓶：氧氣瓶本體為無縫鋼瓶製成，其厚度在5～8mm之間。氧氣瓶之尺寸和重量，如表6-6所示，氣瓶上塗黑色以區別之。鋼瓶口之閥內設有安全瓣，若瓶內壓力異常到設定壓力時(約在180～200kg/cm^2)，為了防止鋼瓶爆炸，其中之安全片被瓶內高壓衝破，氣體將由逸氣孔流出，以確保生命財產之安全，如圖6-63(a)(b)所示。

氧氣瓶搬運時不可使其滾倒或受激烈的撞擊，避免受陽光直接照射，必須保持在40℃以下，並且注意不可放置在易燃品附近。

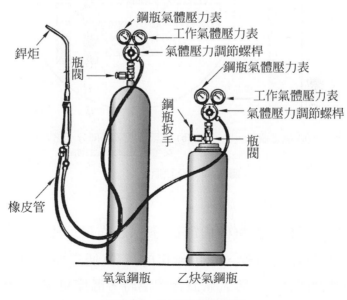

圖 6-62　氣銲之基本設備

表 6-6　氧氣瓶之尺寸和重量表

稱呼 (l)	內容積 (l)	直徑(mm)		高度 (mm)	重量 (kg)
		外徑	內徑		
5.000	33.3	205	187.0	1,285	61.0
6.000	40.0	235	216.5	1,230	71.0
7.000	47.7	235	218.0	1,400	74.5

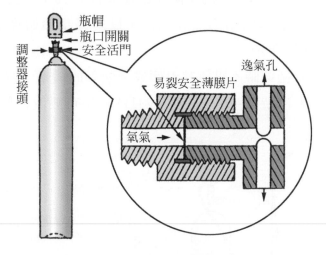

(a) 氧氣瓶　　　　(b) 氧氣鋼瓶氣閥部分上之
　　　　　　　　　　安全防護裝置器剖面

圖 6-63　氧氣瓶之構造

2. 乙炔氣及乙炔氣瓶

(1) 乙炔氣：將碳化鈣(俗稱電石)與水起作用反應出乙炔氣(C_2H_2)。
純乙炔氣比空氣輕，無色無臭的氣體(通常因含有硫化氫等不純
物，故有惡臭)，與氧氣混合燃燒時，溫度可達 3600℃左右。乙
炔氣在低壓時非常安定，但在高壓時極不穩定，因此氣銲作業應
注意限制其壓力在 1.3kg/cm² 以下。

(2) 乙炔氣瓶：乙炔氣瓶為鋼板滾製後銲接而成，在瓶底或肩部有安全熔塞的裝置，如圖 6-64(a)(b)所示，是用低熔點合金製成，當瓶內溫度超過98℃時，安全熔塞會自動熔化，使瓶內乙炔氣逸出以防止鋼瓶爆炸。

目前工業界均用瓶裝乙炔氣(又稱為熔解乙炔氣)，其容積有30ℓ和50ℓ，蓋其使用方便，搬運容易，氣體較純，無回火之虞。**熔解乙炔**就是在瓶內填入像海棉狀之多孔性物質(如石棉、木炭粉粒等混合乾燥物)、珪藻土、纖維等用來吸收丙酮，然後在標準的充填壓力($15.8kg/cm^2$)下灌入大量乙炔氣，被丙酮完全吸收(一大氣壓下丙酮能熔解25倍的乙炔)。

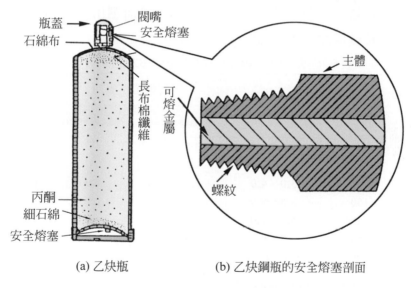

(a) 乙炔瓶　　　　　(b) 乙炔鋼瓶的安全熔塞剖面

圖 6-64　乙炔氣瓶構造

3. 銲炬和火嘴

(1) 銲炬：又稱銲把或銲槍，如圖 6-65 所示，係用以混合氧氣及乙炔氣，並在前端裝置火嘴，以便燃燒發生火焰。

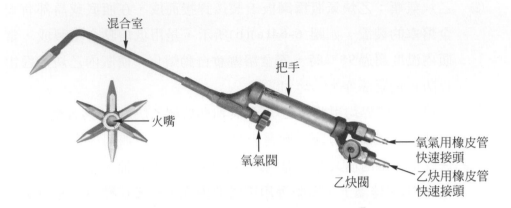

混合室

把手

火嘴

氧氣閥

氧氣用橡皮管
快速接頭

乙炔閥

乙炔用橡皮管
快速接頭

圖 6-65　銲炬和火嘴

(2)　火嘴：火嘴上刻有號碼，數目越大，其中之孔也越大，使用時，火焰也越大；故在銲接時應視材料厚薄而選用。火嘴號數與母材厚度及氣體壓力關係如表 6-7 所示。

表 6-7　火口號數(與母材厚度及氣體壓力之關係)

火口號碼 (JIS)	母材厚度 (mm)	氣體工作壓力	
		氧氣(kg/cm^2)	乙炔氣(kg/cm^2)
50	1.0～1.2	0.5～1.5	0.2
75	2.0～3.0	1.0～2.0	0.3
100	3.0～4.0	1.5～2.5	0.4
150	3.5～5.0	2.5～3.5	0.4
225	5.0～7.0	3.5～4.5	0.5
350	7.0～9.0	4.5～5.5	0.5
500	9.0～13.0	4.5～5.5	0.5

4.　氧氣及乙炔氣之壓力調節器

(1)　氧氣調節器：如圖 6-66 所示，其上有二個壓力錶，一個指示氧氣鋼瓶中氧氣壓力，另一個則是指示使用時，經過橡皮管之氧氣壓力(亦即表示工作之壓力)。**順時鐘鎖緊調整螺絲手柄表示開，逆時鐘放鬆調整螺絲手柄表示關**，初學者切記不可弄錯。

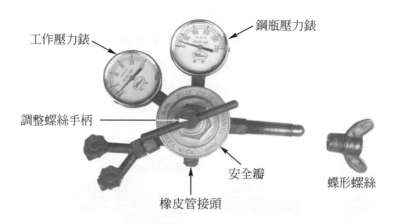

圖 6-66　氧氣壓力調節器

(2)　乙炔調節器：如圖 6-67 所示，其上有二個壓力錶，一個指示乙炔瓶中之乙炔氣壓力，另一個則指示使用時，經過橡皮管之乙炔壓力(亦即表示工作壓力)。螺絲調整手柄之使用與氧氣調節器相同。

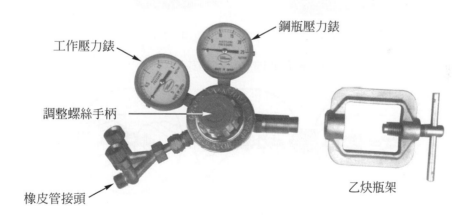

圖 6-67　乙炔調節器

5. 橡皮管接頭及防止回火快速接頭

(1) 橡皮管接頭：皮管接頭一端成錐度而有三級，以套入橡皮管中；另一端有螺帽，與調節器接合。氧氣用之螺帽其螺牙為正牙，而乙炔用的則為反牙，且螺帽上有刻痕以資區別，如圖6-68(a)所示。

刻痕

乙炔用(左牙)　　　　　　　氧氣用(右牙)

(a) 橡皮管接頭

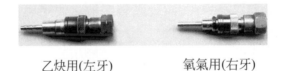

乙炔用(左牙)　　　　氧氣用(右牙)

(b) 防止回火快速接頭

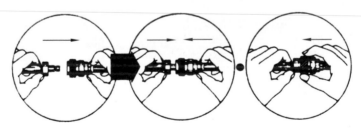

(c) 快速接頭之裝拆

圖 6-68

(2) 防止回火快速接頭：為了防止萬一回火(倒燃)等意外事件，通常在銲炬與壓力調節器之橡皮管接頭處加裝防止回火快速接頭，如圖6-68(b)所示，此種裝置只允許氣體單向輸出，而不能逆流，使

用方法如圖6-68(c)所示。另一種乾式防止回火之安全器按裝於壓力錶之二次壓力出口處，如圖6-69(a)(b)所示，此種安全器可100％防止回火。

(a) 乾式安全器(一)　　　　　　　　　　　　(b) 乾式安全器(二)

圖6-69

6. 橡皮管

　　堅韌之橡皮管其組織結構分為三大部分，中心部份的橡皮富有極佳彎曲彈性俾能負荷氣體的壓力，中間部份為二至三層的纖維組織，外層則為有色的堅韌橡皮保護；其外形如圖6-70所示，顏色通常分為紅色(乙炔用)與綠色(氧氣用)，整個橡皮管皆經過特別的化學處理，以防止其高度燃燒性。

圖6-70　橡皮管

7.　其他附屬設備

(1)　鋼瓶扳手：用以旋開氧氣瓶與乙炔瓶之開關。逆時針旋轉為開，順時針旋轉為關，如圖 6-71(a)所示。(建議：氧氣瓶與乙炔瓶瓶口開關上各掛上一支鋼瓶扳手以策安全。)

(2)　打火器：係藉摩擦以產生火花，以供銲炬點火用，如圖 6-71(b)所示。

(3)　護目鏡：主要是遮住強烈火焰之光線，防止銲接飛濺物之灼傷眼睛而損傷視力，如圖 6-71(c)所示。

(4)　皮管夾子：用以夾持橡皮管與皮管接頭，如圖 6-71(d)所示。

(5)　活動扳手：裝拆調節器之用，如圖 6-71(e)所示。

(6)　通針：銲炬火口的氣道孔徑務必保持清潔和光滑，用火口清潔通針來擔任「清道夫」之工作。如圖 6-71(f)所示。

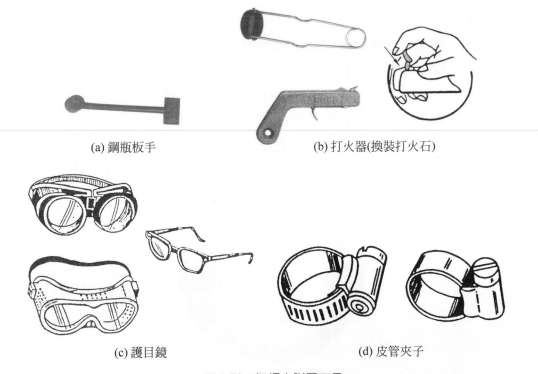

(a) 鋼瓶扳手　　　　　　　　(b) 打火器(換裝打火石)

(c) 護目鏡　　　　　　　　　(d) 皮管夾子

圖 6.71　氣銲之附屬工具

(e) 活動扳手

(f) 通針

圖 6.71　氣銲之附屬工具(續)

三、氣銲火焰的種類、調整及用途

氧乙炔火焰，由於氧氣和乙炔氣混合之多寡，可調整成三種火焰，即碳化焰、中性焰、氧化焰，以利各種不同金屬之銲接。

1. 碳化焰(還原焰)

當點火時最初爲乙炔火焰如圖 6-72(a)，此時火嘴沒有氧氣放出，故火焰爲黃色且周圍帶有黑煙，然後慢慢開大氧氣閥，則黃色火焰漸漸縮短，且有白色之內焰產生在火嘴前端，外圍罩以一層明亮羽狀紫藍色的外焰，如圖 6-72(b)所示，因其還原作用特強，一般用於銀銲或銲鉛、鋁及鋼的表面硬化之熱處理。

2. 中性焰(標準焰)

當氧氣再慢慢增加，則碳化焰漸漸縮短，且內焰更爲明顯，當中焰和內焰剛好重疊時即稱爲中性焰，如圖 6-72(c)所示(此時氧與乙炔之流量比爲 1：1)，是一般銲接上最常用的火焰，銲接時不會使材質氧化或碳化，適於軟鋼、銅、不銹鋼等之銲接。

3. 氧化焰

中性焰後再繼續增加氧氣則形成氧化焰，如圖 6-72(d)所示，內焰更縮短，外焰變成明亮之淺藍色，且會發出嘶嘶之聲，這種火焰不適合普通之銲接，但是可以用來銲接黃銅及加熱。

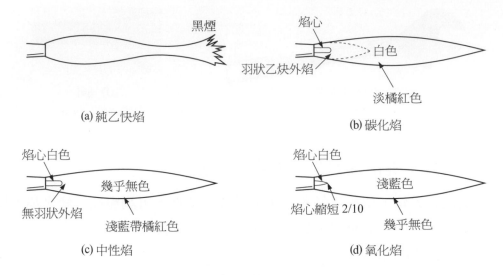

(a) 純乙炔焰

(b) 碳化焰

(c) 中性焰

(d) 氧化焰

圖 6-72　火焰的種類

四、氣銲火嘴及銲條的選擇

火嘴大都用紫銅製成，因其有耐高溫，不生銹之特性。火嘴的選用依作業者的技能、銲接母材的厚度、銲接場所、金屬的種類等而定。火嘴過小，滲透不良，需要加熱及銲接的時間長；火嘴過大時，過分氧化影響材質及污染銲道，銲接後須加工清潔之。茲將火嘴孔徑和母材厚度及使用銲條之直徑關係列於表6-8，此表為日本工業規格。

銲接各種不同材質的金屬，必須選用適當的銲條，使銲道的材質成份保有正確的組織。一般軟鋼銲條表面鍍銅，以防止生銹；其中含碳之成份通常均高於母材。一般板金所用銲條直徑為1.6～2mm，長度為1000mm。

表 6-8　火嘴孔徑與銲件、銲條之配合(JIS)

銲炬種類	火嘴號碼	孔徑(mm)	銲件厚度(mm)	銲條直徑(mm)
○○號	10	0.4	0.1	1.0
	16	0.5	0.16	1.0
	25	0.6	0.25	1.0
	40	0.7	0.4	1.0
小型	50	0.7	0.5	1.0
	70	0.8	0.7	1.0
	100	0.9	2.0	1.6
	140	1.0	1.4	1.6
	200	1.2	2.0	1.6
中型	200	1.2	2.0	1.6
	225	1.3	2.3	1.6
	250	1.4	2.5	1.6
	315	1.5	3.2	2.6
	400	1.6	4.0	2.6 或 3.2
	450	1.7	4.5	3.2
	500	1.8	5.0	3.2
一號大型	250	1.4	2.5	3.2
	315	1.5	3.2	3.2
	400	1.6	4.0	3.2
	500	1.8	5.0	3.2 或 4.0
	630	2.0	6.5	4.0
	800	2.3	8.0	4.0
	1000	2.4	10.0	4.0
二號大型	1200	2.6	12.0	5.0
	1500	2.8	15.0	5.0
	2000	3.0	20.0	5.0
	2500	3.2	25.0	6.0
	3000	3.4	30.0	6.0
	3500	3.6	35.0	6.0
	4000	3.8	40.0	6.0

五、氣銲運行法

氣銲之走銲方法除立銲外，分為「前手銲法」和「後手銲法」兩種技巧，但以採用前手銲法居多。

1. 前手銲法

是由板的接合處右端開始向左邊方向施銲，如圖6-73所示，因前進的火焰具有預熱效果，銲接速度較快，而且能得到良好之滲透，一般薄板的銲接都用此法。

2. 後手銲法

是由板的接合處左端開始向右邊方向施銲，如圖6-74所示，通常用來銲接厚板。

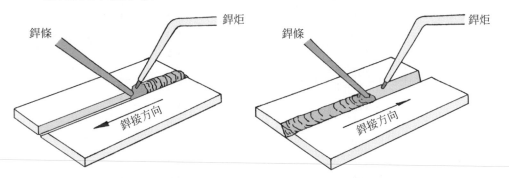

圖6-73　前手銲法(走銲方向由右至左)　　　圖6-74　後手銲法(走銲方向由左至右)

3. 平銲基本走銲法

(1) 右手握銲炬，左手拿銲條，火嘴與母材表面成45度左右，銲條與母材表面成30度左右，如圖6-75所示。

(2) 銲接前母材起銲處先行預熱，預熱時火嘴內焰心尖端離母材約5mm高度。(火焰太低時，有熄火及回火之不良現象，且將發出爆裂巨響)。

(3) 當母材呈白熱熔化形成**熔池**時，始將銲條填進熔池少許，即刻抽回離開熔池約10mm高度；就在火焰將滴落之銲條液體與熔池充分熔

化為一體之際，再將銲條以同一步驟填進和抽離熔池，如此反覆進行銲接，直至該銲道全部完成為止，走銲情形如圖 6-76 所示。

(4) 銲炬火焰在熔池面上可稍微左右或前後織動，織動範圍須視所需之熔池(銲道)寬度而定。

(5) 走銲時應隨時注意熔池，務必充分熔化均勻，銲道兩側不可有**銲蝕**(undercut)或**銲淚**(overlap)等不良缺陷，並注意寬、高度和銲道直線度的一致，銲接速度和銲條填送速度則以達到上述要求為基準。

(6) 銲道將近完成時，因母材溫度昇高，銲速可酌情加快少許。

(7) 銲道完成後，應清潔銲面之氧化物和銲渣。

(8) 檢查銲接成品之優劣，待下次銲接時改進之。銲道外觀缺陷發生之原因，如圖 6-77 所示。

附註：**銲淚**(堆積)(過疊)：銲道表面呈過量之凸隆疊起狀，如圖 6-77 所示。

銲蝕(凹陷)：銲道兩側因電流過大，銲接溫度太高、銲條織動欠佳、銲口不潔或所用銲條不當等因素所造成之熔融陷傷，如圖 6-77 所示。

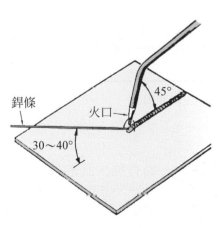

圖 6-75　火口及銲條之角度

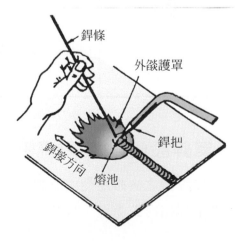

圖 6-76　走銲情形

銲道狀態		圖　　　示
A	良好	
B	速度太快	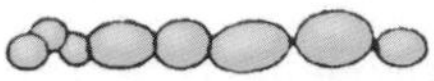
C	速度不均勻	
D	銲道氧化	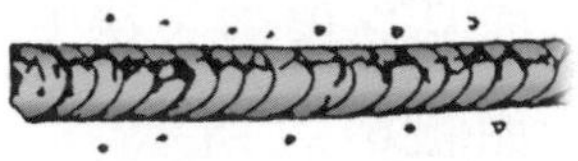
E	熱量控制不適當	
	銲道斷面形狀比較	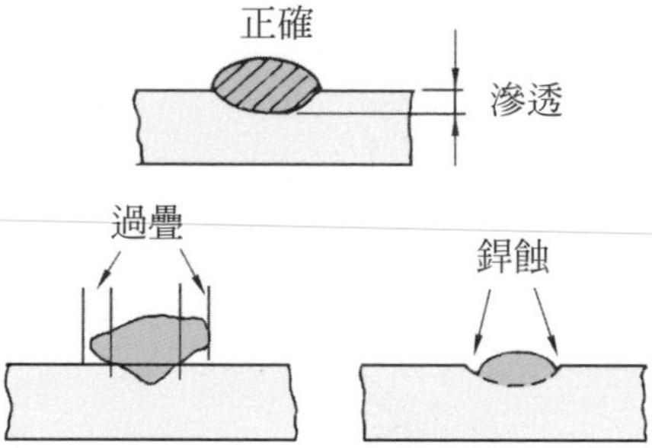 正確　滲透 過疊　銲蝕

圖 6-77　銲道外觀缺陷發生之原因

六、氣銲設備之簡易修護

　　銲接設備之檢修應交由原製造工廠修護，不過有些少許的故障，銲接人員應了解如何去處理，以免影響工作。

1.   銲接火嘴之修護

　　　　火嘴尖端阻塞時，可使用通針清潔；通針與火嘴一定要保持在一條線上，如圖 6-78(a)所示，稍微通二、三下即可，否則會導致通針扭曲或火嘴孔徑磨損不均使火焰偏斜。(使用前，火嘴應先用水冷卻)。

　　　　此外火口尖端因使用過久或溫度過高而稍為變形，如圖 6-79 所示，可用車床或銼刀將喇叭型口徑部份削除，使火嘴尖端圓頭之平面必須與火嘴本身成 90°的直角，如圖 6-78(b)所示。

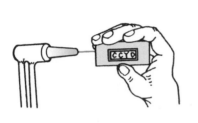

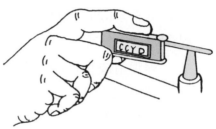

(a) 通針清潔銲炬火口　　　　　　　　　　　(b) 銼磨銲炬火口之垂直面

圖 6-78　氣銲火嘴之修護

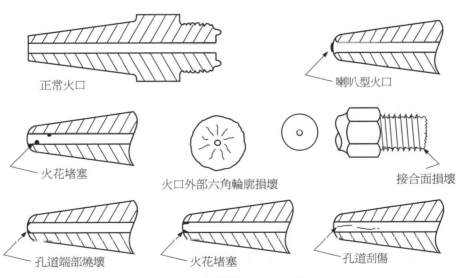

圖 6-79　各種不良火口之剖面

CH **6**

2.　鋼瓶口漏氣之修護

　　　搬運鋼瓶不使用保護罩或橡皮墊圈日久硬化，而導致瓶口漏氣。除更換墊圈外，修護步驟如下：

(1)　用鋼瓶扳手將鋼瓶口關緊。

(2)　用活動扳手將螺帽鎖緊。

(3)　再用鋼瓶扳手旋開鋼瓶開關。

(4)　逐次旋開，至不見有漏氣現象為止。

(5)　若已開到最大程度仍不能阻止漏氣，則重複(1)～(4)之步驟。

(6)　若更換墊圈時，應先關緊鋼瓶口之開關。

3.　銲炬胴身之修護

　　　銲炬造成損壞的主要原因是銲接人員忘記了銅類金屬較軟，另一點要強調的是銅質螺絲接頭在使用時，不可像鋼鐵螺絲旋得那樣緊。一般火嘴與胴身接合處，偶而會有一點漏氣，可用扳手旋緊或用肥皂塗在螺牙上止漏，因為肥皂對於氣體來說是最好的止漏物品。

4.　橡皮管及接頭之修護

　　　腐損或漏氣之皮管及接頭，通常都是換新而不予修理。更換接頭時，應用刀片先切除原來插入部份之皮管，再將換新之接頭插入未被損壞之皮管端部。

5.　氣體壓力錶之修護

　　　壓力錶應隨時保持良好的精確程度。若較小之誤差，只要將艾登彎管端部連接扇形齒輪之連桿稍微移動，使其長度變更即可達到理想之程度。

七、氣銲安全注意事項

　　在銲接的作業中，氣銲是較具危險性的工作，凡從事氣體銲(切)的工作人員，須以個人和工廠安全，視為首要考慮之條件。不論新手或老手，

對安全事項的大意與疏忽，不僅造成本身的傷害，甚至會釀成嚴重傷害他人生命或財產之損失，惟有在工作前後嚴加注意，並採取預防措施，方可減少意外事件發生至最低程度，因此對下列安全事項必須嚴格遵守。

1. 工具設備方面

   (1) 氣體鋼瓶

     ① 氧氣瓶內氣體最高壓力為 $150kg/cm^2$。

     ② 乙炔瓶內氣體最高壓力為 $18kg/cm^2$。

     ③ 氣瓶應避免與油類接觸，不可用油手或帶油手套來旋轉各氣閥。

     ④ 搬運鋼瓶時宜輕輕移動，不要使它受到重擊，或與地面碰撞，以免不慎將氣閥或安全閥損壞而漏氣。

     ⑤ 氣瓶與工作物之間應有適當之距離，不宜太大或過小，以便必要時迅速關閉鋼瓶氣閥，不致發生危險。

     ⑥ 不可將鋼瓶作為移動重物的滾輪和支墊他物使用，以免損壞。

     ⑦ 鋼瓶應存放於通風乾燥之處，並應與燃料如油、油漆等物遠離，以防著火或爆炸。

     ⑧ 鋼瓶內氣體未經調節器降壓之前，切不可直接接於銲炬使用。

     ⑨ 鋼瓶有無漏氣，可用濃肥皂水試驗，切忌用火焰試驗。

     ⑩ 氧氣瓶及乙炔瓶應分列貯存，最好在二氣瓶之間，隔以耐火或抗熱的牆壁。

   (2) 壓力調節器

     ① 安裝調節器之前，應先把調節螺絲放鬆。

     ② 調節器情況不好，則無法調整所需之工作壓力，亦可能造成橡皮管破裂，引起災害。

     ③ 不可擅自修理壓力錶及調節器。

(3)　橡皮管

①　禁止皮管被車輛輪胎或重物輾壓。

②　不可使油類與橡皮管接觸,以免氧化損壞。

③　有磨損或裂縫之橡皮管,應予換新不可勉強使用。

(4)　銲炬

①　換裝火嘴,不能像鋼鐵螺絲接頭旋得那樣緊。

②　銲炬火嘴堵塞,應立即用通針清潔之。

③　銲炬之針形閥,進氣接頭螺絲等漏氣時,應立即修理,否則會將工作者燒傷,並易發生回火現象。

2.　工作前之安全注意事項

(1)　工作場所

①　注意通風是否良好,空氣中的混合氣濃度是否太小。

②　工作場所是否有油類或易燃及易爆性的物質。

③　工作場所應準備消防器材以防萬一。

(2)　工作物件

①　注意被銲物體表面是否有油漬及易燃性之物質。

②　注意被銲物體裏面是否有爆炸性之物質。

(3)　個人防護:個人防護設備如眼鏡、手套、胸圍及腳罩等均須準備齊全。

3.　工作中之安全事項

(1)　工作場所:工作後應將所有火源及火星熄滅,等到銲件冷卻後才能離開現場。

(2)　工作器具

①　關閉所有氣體鋼瓶,謹防漏氣,並且放出橡皮管內所剩餘的氣體,同時使壓力錶歸零。

② 工作完畢後，不可將氧氣或乙炔氣橡皮管懸掛於氣瓶或氣閥上，以免不慎將氣瓶拉倒。

4. 氣銲發生回火原因及防止對策

使用氣銲或氧乙炔切割時，最危險之操作疏忽為發生回火現象，因措施不當，而引發不幸事件屢見不鮮。所謂**回火**(flash back)之現象就是火焰應在火嘴外產生燃燒，可是由於使用不良，促使火焰退回火嘴內，通過混合室以至橡皮管內，並發出急速之嘶裂聲響(輕者像放炮聲)，頗具危險及爆炸性。

這種爆燃現象，在板金氣銲作業中是最討厭之事，因為突然增高之壓力吹出，將使熔化之母材被吹成破洞，而要再加以填補銲接，不但費事，也損美觀。總括，發生回火的原因及防止對策如表6-9所示。

表 6-9　回火原因及防止對策

原　　　　因	對　　　　策
1. 氧和乙炔氣之工作壓力調整不當，兩者壓力相差太大。	1. 按工作條件和設備規格，設定適當的工作壓力。
2. 銲炬連續使用過久，溫度過高，致使混合氣未及流出火嘴，即在內部引燃。	2. 暫停工作，使銲炬空冷或水冷卻。
3. 火嘴被金屬飛濺阻塞，致使高壓氧氣倒流入低壓乙炔氣道而引燃。	3. 迅速先關閉氧氣閥；再關乙炔閥，然後用通針清潔之。
4. 銲炬和橡皮管內留存氣體，未徹底清潔。	4. 點火前，事先啟開氣閥，排除導管內部氣體。
5. 壓力錶或銲炬故障。	5. 更換新壓力錶或銲炬。
6. 銲接時火焰太小會產生輕微的放炮聲。	6. 使火嘴距離母材稍高些，如果火焰可以調大些，則調節火焰。

5. 氣銲工作時安全注意事項圖例

　　(1)　點火時不可用火柴、抽煙打火機或已燃燒之火焰作為點火工具，
　　　　應以摩擦打火器點火，如圖6-80所示。

　　(2)　工作完畢後儘快將橡皮管繞在推車上或適當支架上，否則會造成
　　　　意外絆倒，如圖6-81所示。

圖 6-80　應使用摩擦打火器點火

圖 6-81　被橡皮管絆倒會造成意外

　　(3)　應戴適當的墨鏡來保護眼睛，如圖6-82所示。

　　(4)　不可將銲炬火焰擺動而燃燒到他人，如圖6-83所示。

⑸ 乙炔氣體有明顯的臭味，應當能辨識逸出氣體的氣味，如圖 6-84 所示，迅速的找出漏氣之處加以修護。

⑹ 收工時，應將氣瓶關閉，同時使壓力錶全部歸零，如圖 6-85 所示。

⑺ 不可靠近鋼瓶銲接，儘可能遠離燃燒之地點，如圖 6-86 所示。

⑻ 不可使氣瓶墜落或相互碰撞，應將鋼瓶穩固，如圖 6-87 所示。

廉價的
護目鏡

圖 6-82　應戴適當的墨鏡

圖 6-83　銲炬火焰勿任意擺動

圖 6-84　辨識逸出氣體的氣味

哎!
把我關掉!

圖 6-85　收工時應將氣瓶關閉

不可使氣瓶墜落
或互相碰撞

圖 6-86　勿靠近鋼瓶施工　　　　　　　圖 6-87　應將鋼瓶穩固

6-6　氣銲軟鋼板之工作法

一、前　言

　　由於電弧銲接的發達，故現在氣銲主要用於 3.2mm 以下之軟鋼板，但是在缺乏電源或現場修理，以及鑄鐵的銲接時，常被使用於相當厚的材料。就目前板金工所銲接的銲口和施銲位置，不外乎下列數種，如對接(Butt)、搭接(Lap)、角銲(Fillet)、隅角銲(Edge Fillet)及捲邊銲(Flange)等，如圖 6-88 所示，而銲接的基本位置(銲道位置)，又可分為平銲(Flat)、橫銲(Horizontal)、立銲(Vertical)及仰銲(Overhead)。以上這些銲口型式的銲接，初學者必須在每一種銲口的各種銲接位置，逐步操作反覆實習，待技能十分熟練後，再進一步研究下面幾個銲接單元。

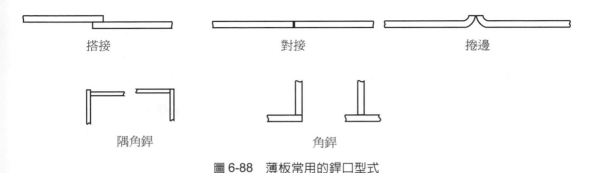

搭接　　　　　　　　　對接　　　　　　　　捲邊

隅角銲　　　　　　　　　角銲

圖 6-88　薄板常用的銲口型式

二、氣銲軟鋼板之工作法

1. 平銲操作要領

　　如圖 6-89 所示為平銲對接施銲之情形；首先將銲炬火焰在母材開頭處預熱而產生熔池；此時是否加進銲條需視銲工的判斷和經驗來決定，如太早加進銲條可能因熔池溫度不夠，而造成無法滲透結合而凸起。反之，太晚加進銲條因熔池溫度過高，熱度範圍擴張造成熔池變大、變深、銲穿，而造成銲道高度無法達到一般標準。所以，熔池的熔化和溫度在最適當時機加入銲條，是施銲首先要注意的要領。

2. 橫銲操作要領

　　如圖 6-90 所示為橫銲對接施銲之情形。橫銲較平銲困難，其主要原因是保持熔池熱度的適當，但不可過多，一旦熱度超過太多時，熔池金屬液體將會受到地心引力的影響而朝下疏散，同時熔池也會因溫度過高而熔穿。為了控制熔池和抵抗地心引力的影響，銲炬自水平稍微下垂 10°織動為宜，這樣較易控制熔池的變化，而銲條滴進熔池的角度也在水平下垂 10°左右；當銲條滴進熔池時特別注意其熔化的速度和動態，熔化太快則將銲條儘快收回，否則熔池內的溶液及銲條溶液將會脫離銲口。

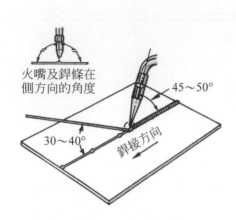

圖 6-89　平銲對接火嘴與銲條角度

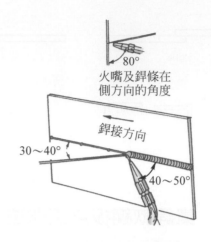

圖 6-90　橫銲對接火嘴與銲條角度

3. 角銲操作要領

　　如圖 6-91(a)(b)所示為平角銲與橫角銲施銲之情形，初學者可先行實習水平角銲，銲炬火焰加熱銲口之處稍作小圓圈擺動，使二母材銲口受熱溫度平均，待產生熔池後才開始加銲條走銲，其他步驟與前述相同。銲接時注意不可有銲蝕之不良現象，保持銲道厚度均勻及滲透良好。水平角銲通過後，可進行橫角銲的技能實習，銲炬角度如圖所示，其他銲接程序如前所述。

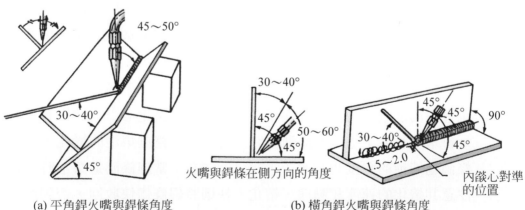

(a) 平角銲火嘴與銲條角度　　　　　(b) 橫角銲火嘴與銲條角度

圖 6-91　角銲

4. 隅角銲操作要領

　　如圖 6-92(a)自左而右所示爲隅角銲的施銲步驟。銲口並非搭疊而是二塊母材邊緣成 90°對併，施銲時銲炬火焰在銲口中央預熱後，配合熔池的熔化情況，適時加進銲條走銲。注意熔池需在銲口內平均，留意熔池不可使之下墜(地心引力)，利用銲炬的織動控制熔池的動態。

　　如圖 6-92(b)自左而右所示爲不用銲條隅角銲的施銲步驟。銲口的加工方法是外側母材銲接處多出少許(一般約爲 0.5～1mm左右即可)，以該多留之母材作爲銲接時之銲條。施銲時先將銲口預熱至熔化程度，使多留之材料熔合於銲口，銲炬火焰僅少許織動即可，隨時注意填料(母材)之熱度及流動情形，否則可能造成銲穿成洞的不良現象。

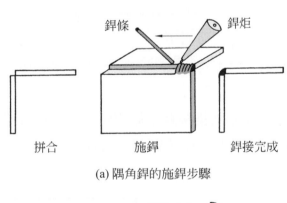

(a) 隅角銲的施銲步驟

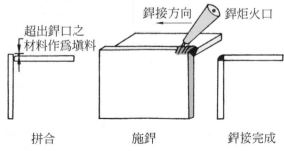

(b) 不用銲條隅角銲的施銲步驟

圖 6-92　隅角銲

5.　捲邊銲操作要領

　　如圖6-93所示為不用銲條的捲邊銲之施銲情形。在接合處二母材邊緣各留出5～10mm長度，彎曲成90°直角，然後併合在一起，再施以銲接，利用併合處不加銲條，使母材自行熔化少許而結合成一體。這種銲法注意的要點是母材併和在一起時的高度要相同，銲炬火焰的織動方法和前述不用銲條隅角銲法相同。

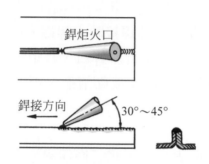

圖 6-93　不用銲條的捲邊式銲口銲法

6.　搭接銲操作要領

　　如圖6-94所示為搭接銲之施銲情形。其銲口型式是二塊母材邊緣相互搭疊而成，其銲接技能和對接銲口完全不同，最主要的有下列三點：

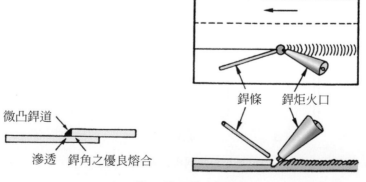

圖 6-94　搭接銲之施銲法

(1) 初學者會發現預熱底塊母材銲口的配合極為困難，往往會發生上塊母材的邊緣已先熔化，而底塊母材表面尚未達到熔化程度，以致無法施銲，如勉強施銲則銲道底部根本無法與母材充分熔化，故品質必差。因此預熱時，**底塊母材先行加熱**，待接近熔化程度時，再進行上塊銲口預熱，然後銲炬上下小弧度互相加熱擺動，待銲口產生標準的熔池時，再滴進銲條走銲。施銲中注意熔液的上下平均，織動要機警敏捷，以免熔液朝下移瀉或銲口上方發生銲蝕，以及下多上少的不良情形。依據施銲經驗，搭銲接頭底塊母材銲口所需的加熱溫度為全部的 2/3，上塊銲口僅 1/3 左右。

(2) 銲道之體積厚度較對接銲口為多，故在施銲時加進熔池的填料較多，初學者稍感困難，但必須瞭解。

(3) 由於上塊銲口邊緣熱量不易散開，故銲接時銲炬不穩或熱度過高常會發生銲蝕的現象，因此，操作銲炬火焰時，內焰心角度稍偏向底塊母材銲口為宜。

三、氣銲暫銲之要點

1. 薄板之暫銲要短，且要有足夠數目以阻止銲件移動，如圖 6-95 所示。

2. 暫銲各點之間隔，板厚 1mm 約為 30mm，板厚 1.5mm 約為 40mm，但角銲之間隔約為其 2 倍。

3. 暫銲之點要小但須充分滲透，如圖 6-96 所示。

4. 薄板暫銲應考慮銲接順序，如圖 6-97 所示。

平行間隔

保持底部有適當的空間

均勻間隔的暫銲

圖 6-95　墊高暫銲才能滲透

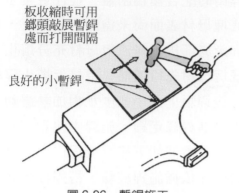

板收縮時可用
鉚頭敲展暫銲
處而打開間隔

良好的小暫銲

圖 6-96　暫銲施工

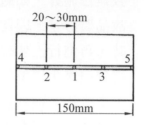

圖 6-97　薄板的暫銲順序

四、氣銲條的添加動作

氣銲條前端在銲接進行中，始終要在火焰的保護下，不可拉出火焰外，以免造成銲條前端熔球的氧化，影響銲接品質，如圖 6-98 所示。

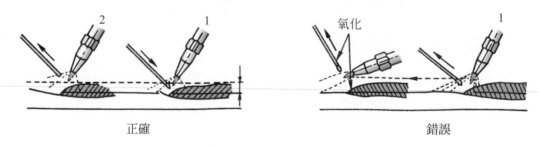

正確

錯誤

圖 6-98　氣銲條的添加動作

五、銲道的收尾與接續

1.　銲道收尾

(1)　銲接接近末端時，火嘴角度應減少，以避免熱量集中，造成銲穿之現象，如圖 6-99 所示。

(2) 慢慢提高火焰，使銲條及熔池在火焰保護下凝固。

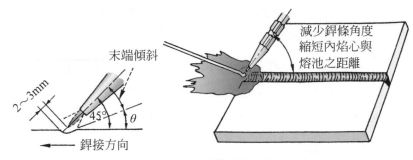

圖 6-99　填高熔池之方法

2. 銲道接續

　　如圖 6-100 所示，銲道要接續時，火嘴先保持約 80°，內焰心對準前銲道的 10mm 處重新加熱，形成熔池後再向前施銲。

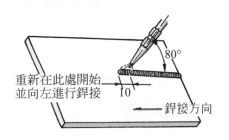

圖 6-100　銲道的接續法

6-7　電銲設備之使用及基本工作法

一、前　言

　　電銲因其設備輕使，施銲操作簡易，大部分金屬材料均可適用，由於銲接具有節省金屬材料，減輕結構重量、密封性良好、能承受高壓，所以在工業界得到廣泛的應用。如圖 6-101(a)所示為銲接之情形。

二、電銲之原理

平常空氣中之原子呈不導電狀態,若使電銲條與母材之間,通過高壓或大電流時,會使空氣中的原子失去平衡呈游離狀態,因而導電產生高熱之電弧;電弧銲即是利用這種熱能使銲件熔化,形成熔融鐵水填至熔池中,而電銲條上之銲藥,也因電弧之熱量而燃燒,產生保護氣罩,以確保銲道品質,如圖 6-101(b)所示。

(a) 電銲銲接之情形　　　　　　　　(b) 電弧產生之現象

圖 6-101　電弧銲接

三、電銲設備之使用及維護

1. 電銲機

電銲機其主要作用在供給維護電弧所需之電源,此電源經電銲機內之變壓器,而形成低電壓、高電流之二次電源,以確保操作人員之安全。一般常用之交流電銲機,如圖 6-102(a)所示,其面板上有電源開關、電流指示錶、電流調整手柄及電極端子等,其使用法如下:先將電銲機之電源開關打開,依銲接鋼板之厚度、電銲條直徑及銲接位置;旋轉電流調整手柄,順時針旋轉,電流增大;逆時針旋轉則減少,圖 6-102(b)(c)所示變頻式直流電銲機。使用電銲機應注意:

(1) 電銲機放置地點應避免受潮、淋雨、震動、腐蝕、塵埃等因素，以免縮短使用壽命。

(2) 開啟電銲機使用前，先檢查電極把手與地線夾位置，兩者絕不可正負接觸，以免瞬間短路，損耗電銲機。

(3) 電銲機之電纜接頭螺絲不可鬆動，以免燒損或接觸不良。

(4) 銲接進行中，不可調整電流量及變換電銲機上之電源開關，以免燒損調整線圈與接點。

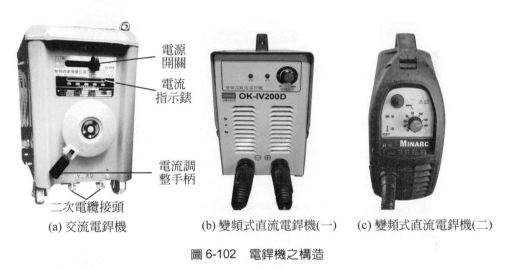

電源開關

電流指示錶

電流調整手柄

二次電纜接頭

(a) 交流電銲機　　(b) 變頻式直流電銲機(一)　(c) 變頻式直流電銲機(二)

圖 6-102　電銲機之構造

2. 電極把手

　　電極把手，係用來夾持電銲條，如圖 6-103 所示，其外殼以絕緣耐高溫之電木製成，其夾頭具有良好之導電性。使用電極把手應注意：

圖 6-103　電極把手

(1)　使用前，先檢查外殼及電纜固定螺絲是否鎖緊。

(2)　電極把手之夾頭及握把外殼不可缺少，以免觸電。

(3)　電極把手不可用來敲打、摔擲或踐踏，以免外殼破裂。

3.　地線夾

　　　地線夾，如圖 6-104 所示，係用於接地與工作物之連接；地線夾應夾持於不易受火花飛濺，而且無銹、無漆的地方。

圖 6-104　地線夾之種類

4.　電銲安全防護用具

(1)　面罩：面罩有手提式與頭戴式兩種，如圖 6-105 所示，其上有一濾光玻璃，用以過濾電弧強光，並防止飛濺物傷及眼睛及臉部。使用面罩應注意：

①　依工作場所之需要，選用適當之面罩；如於高架、施工不易之處，應選用頭戴式；施工簡易者用手提式。

②　面罩上之濾光玻璃前後應裝上清玻璃，以防止飛濺物沾污濾光玻璃。

③　面罩避免接近潮濕處，以免受潮變形。

④　液晶式面罩，可依銲接環境條件之不同，輕易調整所需之暗度。只需 5/10000 秒即可變暗，避免看見起弧強光。但勿自行拆卸濾鏡。

⑤　使用柔軟的布加上微量中性清潔液，經常擦拭液晶板表面。前護板如已模糊不清，會影響銲道的監視，應立即更換。

濾光玻璃

(a) 手提式

(b) 頭戴式

(c) 自動遮光液晶式

圖 6-105　電銲面罩

(2) 皮手套：皮手套係用來保護手不受電弧光、飛濺物及高溫氣體傷害的防護用具，如圖 6-106 所示。

(3) 皮圍裙：皮圍裙係用以保護身體部份不被灼傷，如圖 6-107 所示。

(4) 袖套及腳套：如圖 6-108(a)(b)所示，用以保護手部及腳部不被灼傷。

圖 6-106　皮手套

圖 6-107　皮圍裙

(a) 袖套

(b) 腳套

圖 6-108　個人防護用具

(5)　使用安全防護用具應注意

①　不可當抹布或鋼刷，在熱鋼板上擦拭。

②　不可以用皮手套當作火鉗使用，去拿高熱之鋼板，以免皮手套燒損或變硬。

5.　清渣用具

(1)　敲渣鎚：敲渣鎚用以清除銲道上之銲渣及飛濺物，如圖 6-109 所示，一端為平鑿形，另一端為尖形。使用時手持握柄，以尖端或平鑿端輕敲銲渣或飛濺物，如圖 6-110 所示。

(2)　鋼絲刷：如圖 6-101 所示，係用於銲接前刷除鋼板表面之污物與鐵銹，以及銲接後之銲渣、飛濺物的清除。

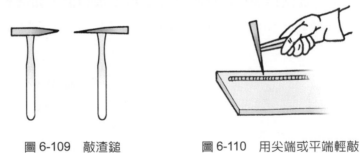

圖 6-109　敲渣鎚　　　　圖 6-110　用尖端或平端輕敲

圖 6-111　鋼絲刷

四、電銲條之選擇及電流調整

1.　電銲條之選擇

為了要適合各種材料、板厚、銲接位置等，在施銲前必須選擇銲條，一般較厚之母材採用粗直徑銲條，需要穿透性之工件則選用

滲透力強之銲條，表面銲接或薄板銲接，則選用滲透力弱之銲條，否則會影響銲接品質及工作效率。

2. 銲接電流之調整

銲接時，最重要的條件是如何獲得適當電流產生熱量，以熔化母材與電銲條本身。一般依母材之材料、厚度及銲接位置，選用適當直徑之銲條後，依據經驗或電銲條包裝袋上之說明來調整電流，如表6-10所示；通常先調整電流至中間值，然後用錯誤嘗試法求得最正確之電流值。亦可用電銲條直徑的 40 倍為參考電流，例如 $\phi 3.2 \times 40 \div 120$ 安培。圖6-112所示為使用4mm電銲條，在不同電流下之銲道外觀。

圖 6-112　不同電流下之銲道外觀

表 6-10　銲條袋上之參考電流

直徑 mm	平銲(安培)	橫銲、立銲及仰銲(安培)
2.6	50～85	40～70
3.2	80～120	60～110
4.0	130～170	110～160

(1) 夾式電錶(clamp meter)之使用：銲接電流常隨電源之電壓而變動，故實際的電流值採用夾式電錶測定。圖6-113(a)所示為夾式電錶之構造；使用前先檢查指針是否歸零及設定欲測之電流範圍；次將電纜置於中間孔內，然後開始引弧銲接；此時指針左右晃動，待稍微穩定後撥下指針固定開關，即可讀取正確之電流值。圖6-113(b)所示為夾式電錶之使用步驟。

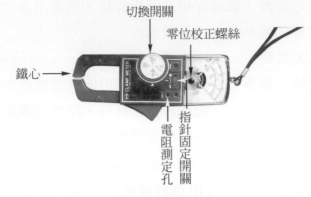

切換開關
零位校正螺絲
鐵心 ←
指針固定開關
電阻測定孔

(a)夾式電錶之構造

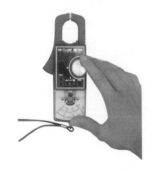

步驟 1：設定電流範圍　　步驟 2：電纜置於中間孔內　　步驟 3：撥下指針固定開關

(b)夾式電錶之使用步驟

圖 6-113　夾式電錶

五、電銲安全規則

1.　選用適當的濾光玻璃，否則強烈弧光，包括紅外線及紫外線均會影響視覺神經。表 6-11 所示為電銲銲接電流與濾光玻璃之關係，一般電銲以選用#11 濾光玻璃為基準。

2.　皮膚不得直接暴露於強烈弧光照射下，否則會引起灼傷，而造成脫皮現象。

3. 在狹窄空間工作時，通風最重要，須使用輕便型之通風機。

4. 銲接前，先檢查周圍是否有油類或木料等易燃品。

5. 電銲機之外殼應接地，以防止漏電。同時留意銲接區域地面不可潮濕有水。

表 6-11　銲接電流與濾光玻璃之關係

電流(A)	10	20	40	80	125	175	225	300	400	500
電銲		8	9	10	11		12		13		14
MIG				10	11		12		13		14
TiG	8	9	10	11	12		13	14			
MAG				9	10	11	12	13		14	15

6-8　電銲－平銲

一、前　言

　　在電弧熔接的領域中，銲接位置主要分為平銲(F)、橫銲(H)、立銲(V)及仰銲(O)等四種；其中平面銲接位置是銲接中最容易的，學習者應與教師共同檢討銲接成品的優劣點，俾可自行改進，加強此項技能，以奠定其他銲接位置之基礎。

二、平銲之操作要領

　　手工電銲欲獲得優良之銲道，關於銲接要領以及影響銲接的各項因素，學習者必須注意，對於以後技術的優劣和工作習慣的培養影響很大。

1. 姿勢

　　　　銲接者無論採用何種姿勢，首先必須保持身體的「**穩定**」，同時放鬆肌肉避免緊張。圖 6-114 所示為平銲訓練時所採用的姿勢。

2. 電極把手握持的方式與電銲條的角度

　　為了能自由操作不受束縛起見，電極把手宜輕輕握住，如圖
6-115 所示；不可握得太緊，否則容易疲勞，甚至於兩手會發抖，
影響銲接品質頗大。電銲條的角度依接頭型式、銲接位置及銲道層
數，會有顯著的不同，圖 6-116(a)(b)所示為平銲位置時，直線及織
動銲道的電銲條角度。電銲條傾斜之目的有二：①使熔池易見②使
銲渣沖回銲道表面上③可避免產生銲蝕。

圖 6-114　平銲的訓練姿勢

圖 6-115　平銲的握持方法

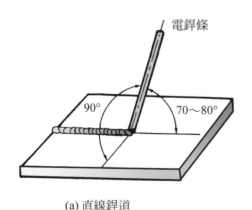

(a) 直線銲道

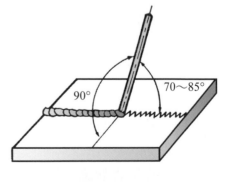

(b) 織動銲道

圖 6-116　平銲電銲條之角度

3. 電弧的長度及起弧點

　　　　電弧長度係指電銲條心線末端到熔池底部的距離而言，如圖
6-117 所示，一般略小於或等於銲條心線直徑。銲接之起弧點，常
容易被人忽視，而成為外觀的缺陷。圖 6-118 所示為平銲產生電弧
之正確位置，約在前端10～20mm處，一方面可作為預熱，另一面
可將起弧點之痕跡覆蓋。

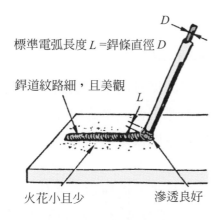

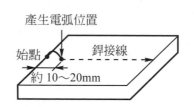

圖 6-117　平銲標準電弧的長度　　　　圖 6-118　平銲銲道正確之起弧點

4. 電銲條的移送方式

　　　　電銲條在母材上的運行方式，依電銲條的種類、母材的厚度、
接頭的型式、銲接位置及銲道層數的不同而定，一般有下列三種移
送方式：

⑴　直線式：如圖6-119所示，係電弧產生後，持電銲條穩定的前進，
　　不作上下或左右的擺動。常用於薄板的單層銲接，這是最簡單、
　　用得最多的移送方式。

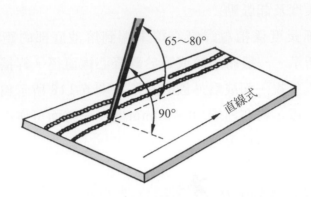

圖 6-119　平銲直線式運行法

(2)　撥動式：如圖 6-120 所示，係沿著銲接方向來回擺動，利用往復
移動的短暫時間，移開電弧，使熱源不會一直集中在固定點，可
避免母材熔穿。撥動式主要用於薄金屬板或開槽銲接第一層打底
之移送方式。

(3)　織動式：如圖 6-121 所示，係沿著施銲方向前進，並作橫向之擺
動，其目的在堆積較寬之銲道，並確保銲道邊緣獲得良好之熔
合。一般織動的寬度，以不超過銲條直徑的 3 倍為原則，應注意
銲道寬度的一致性及細密性。

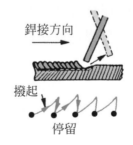

圖 6-120　平銲撥動式運行法

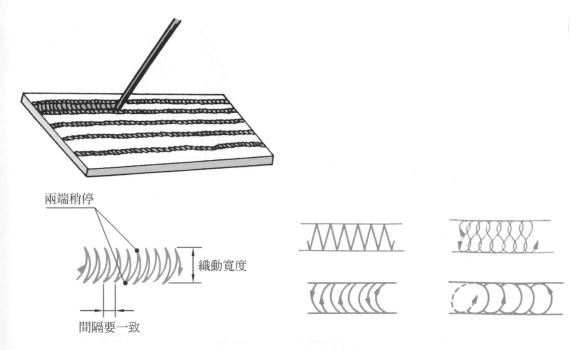

兩端稍停

織動寬度

間隔要一致

圖 6-121　平銲織動式運行法

三、平銲銲道的接續與收尾

　　在銲道接續處及末端收尾處，易發生凹陷(熔池)之現象，會造成不純物之殘留及應力集中，成為銲道腐蝕或破壞的原因。銲道接續的方法，係先將凹陷附近的熔渣清除，然後於凹坑前端10～20mm①處引弧，再將其移回凹坑②處，再以正常的電弧長度向③之方向繼續銲接，如圖 6-122(a)(b)所示。

　　銲至末端收尾時，應縮短電弧長度，稍停後回移約 15mm，同時緩緩提起而切斷電弧，如圖 6-123 所示。如果末端有燒穿或流下的趨勢時，立即熄滅電弧，趁著熔池尚未冷卻，立即斷續的填高，如圖 6-124 所示。

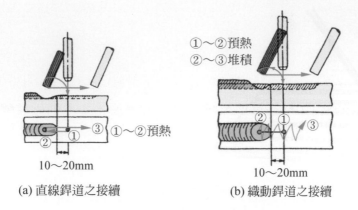

(a) 直線銲道之接續　　　　　　　　(b) 織動銲道之接續

圖 6-122　銲道接續的方法

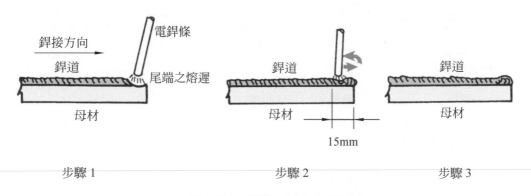

步驟 1　　　　　　　　　步驟 2　　　　　　　　步驟 3

圖 6-123　銲道收尾之步驟圖解

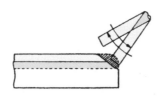

圖 6-124　斷續填高法(一般常用)

四、平銲應注意事項

1. 銲接時，要儘量保持輕鬆愉快的心情，以減少疲勞。

2. 電銲條的角度要正確，否則滲透不均勻，對銲接品質影響頗大。

3. 銲接缺陷發生，銲接電流影響最大；若電流太大，則母材變形增加，易生銲蝕，且機械性能變劣。若電流太小，則起弧困難，易生過疊及銲道狹窄、隆起之現象。

4. 電弧長度必須適當，否則電弧不能集中且不穩定，表面熔渣清除困難，外觀不良。

5. 電銲條之移送速度，包括下壓動作以保持正確的電弧長度，以及銲接方向的等速移動，兩者移送動作必須密切配合。移送太快則銲道薄窄，滲透不良且易生銲蝕；移送太慢則銲道較寬厚，且會導致熔渣湧回，使熔池控制困難。

6. 銲道收尾處之凹坑，對銲道品質和強度深具影響，必須填高。國內中船、中鋼及銲接技術士檢定非常重視此點。

6-9　電銲－對接銲

一、前　言

　　在手工電弧銲接中，6mm以下的板厚使用方形槽接頭居多，6～12mm的板厚則使用V形槽接頭；而V型槽對接的型式，可分為有墊板和無墊板對接，如圖 6-125 所示，前者不需要根部面，後者則需留有根部面。一般而言，無墊板的銲口對接施銲較困難，因其打底銲道必須滲透良好，始能獲得較佳之品質及強度。

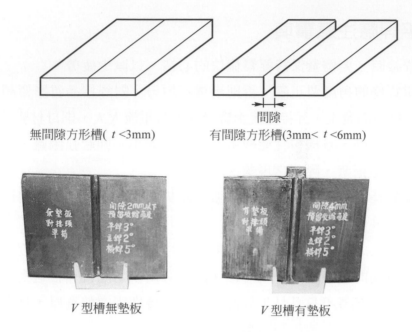

無間隙方形槽(t <3mm)　　　有間隙方形槽(3mm< t <6mm)

V型槽無墊板　　　　　　V型槽有墊板

圖 6-125　對接的型式

二、平銲對接鋼板組合之要領

　　為了獲得較佳的滲透，及充分的強度，銲接母材必須開槽加工，加工方法可用機械加工(剪床、刨床或開槽專用加工機)，氣體切割及手加工等。

1.　母材表面除銹，銼去背面毛邊。

2.　根部面銼成直角，如圖 6-126 所示。

3.　點銲

　⑴　注意二片母材放在同一平面上，不可高低不平，如圖 6-127 所示。

　⑵　間隔要均勻一致，可用氣銲條作間隔器輔助點銲，如圖 6-128 所示。

　⑶　反面點銲先點一端，經調整平齊後，再點銲另一端，長度約 10mm，如圖 6-129 所示。

4. 預留應變角度

⑴ 點銲後，在工作台邊緣輕敲，如圖6-130(a)所示。

⑵ 平銲預留角度約為2～3°，如圖6-130(b)所示。

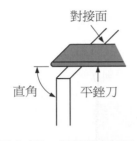

圖6-126　根部面之加工

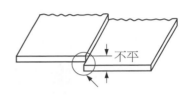

圖6-127　銲口高低不平

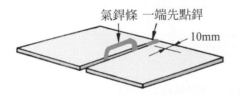

圖6-128　選用適當直徑之氣銲條輔助點銲

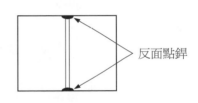

圖6-129　背面點銲

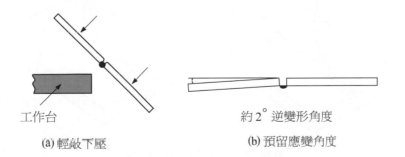

(a) 輕敲下壓　　　　　　　　　(b) 預留應變角度

圖6-130

三、平銲對接工作法

1. 母材必須墊高或置於工作台溝槽上，才能得到滲透，如圖 6-131 所示。
2. 電銲條施銲角度如圖 6-132 所示。
3. 打底銲道採用撥動式移送，使熔池前緣產生銲眼(Key Hole)後，才可移動電弧，同時銲接中銲眼要保持一樣的大小，滲透才能均勻一致。如圖 6-133 所式。(口訣：一邊破一邊補)。

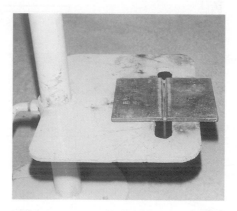

圖 6-131　母材銲口置於工作台溝槽上

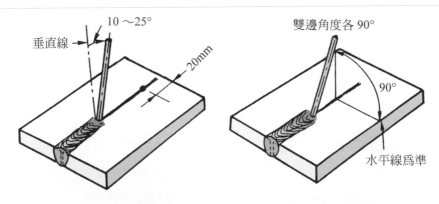

圖 6-132　平銲 I 型對接施銲角度

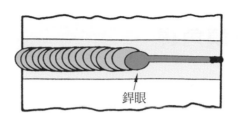

圖 6-133　銲眼之形成

四、平銲對接注意事項

1. 鋼板組合後，檢查正面點銲是否有裂開，間隙是否適當，如有必要須重新校正及點銲。

2. 施銲電流太高或間隙太大會造成燒穿的現象，如圖 6-134 所示。

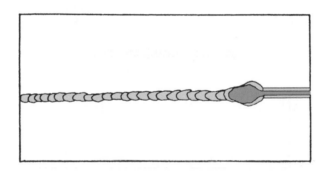

圖 6-134　燒穿

3. 銲條熔融金屬在角銲或對接時，由於電流及間隙太小或銲條角度不一致，極易造成滲透不足之現象。

4. 電銲條選擇要正確，尤其第一層應選用電弧力強、滲透深之高纖維素型(CNS E4311)。

6-10 電銲－填角銲

一、前　言

　　角銲的銲口型式可分為內角銲及外角銲，如圖 6-135 所示。較薄母材銲口不必加工，但厚的母材以加工為單斜槽或雙斜槽為佳，可增加銲道之滲透和強度；如圖 6-136 所示。

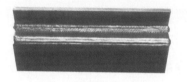
内角銲

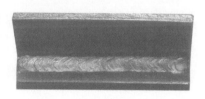
外角銲

圖 6-135　角銲的銲口型式

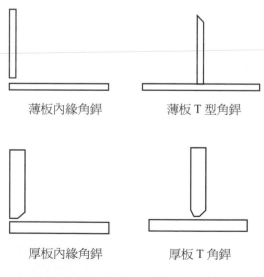

薄板内緣角銲　　　　薄板 T 型角銲

厚板内緣角銲　　　　厚板 T 角銲

圖 6-136　角銲母材銲口加工情形

二、角銲之操作要領

1. 將二片母材各距銲縫兩端邊 20mm 處點銲組合，或者在兩側端面實施點銲，如圖 6-137(a)(b)所示。

2. 一般角銲時，電銲把握持之方式，如圖 6-138 所示。

3. 距離銲接前端 10～20mm 處引弧，如圖 6-139 所示，以覆蓋引弧所產生之痕跡。

4. 各層銲道施銲角度如圖 6-140 所示，電銲條之運行法可用直線法或半月形法。

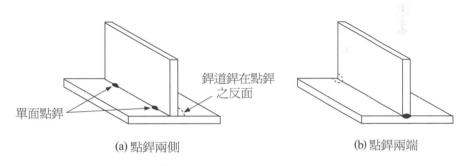

單面點銲
銲道銲在點銲之反面

(a) 點銲兩側　　　　　　　　　　(b) 點銲兩端

圖 6-137　角銲母材之組合

圖 6-138　角銲的握持方式

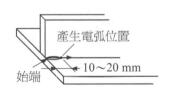

產生電弧位置

始端　　　10～20 mm

一邊預熱一邊移回始端開始作直線式銲道

圖 6-139　產生電弧的位置

CH 6

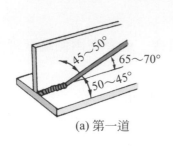 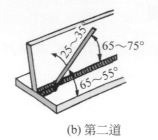 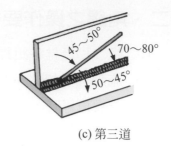

(a) 第一道　　　　　　　　　(b) 第二道　　　　　　　　　(c) 第三道

圖 6-140　角銲銲條的角度

三、角銲應注意事項

1. 角銲時，垂直母材易發生銲蝕，水平母材易生過疊，如圖 6-141 所示，初學者應特別留意。

2. 電弧長度必須適當，太長易生銲蝕，如圖 6-142 所示。

3. 確實作好尾端熔池處理，填高到與銲道相同高度。

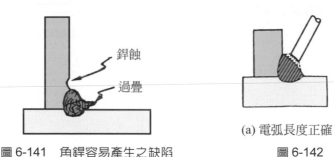 

圖 6-141　角銲容易產生之缺陷　　　　圖 6-142　角銲的電弧長度

6-11 電銲－橫銲

一、前　言

母材置於垂直位置時有兩種銲法，第一種是向上或向下施銲稱為立銲；第二種與地面平行而向右或向左施銲稱為橫銲。由於橫銲銲道係作於垂直的

母材上，因此熔池位置及其金屬熔液會受地心引力的影響，而有下墜滴落之勢，故易生堆積金屬下垂、銲道上緣銲蝕及銲道下緣過疊的現象。如何防止上述缺陷為本單元練習的重點，也是日後 I 形槽、Ｖ形槽對接銲的基礎。

二、橫銲之操作要領

1. 姿勢

　　橫銲操作訓練的姿勢，如圖 6-143 所示，身體必須保持穩定，銲接時保持輕鬆愉快的心情。

2. 電極把手握持之方式與電銲條之角度

　　一般橫銲、立銲時電銲把握持之方式，如圖 6-144 所示，同時可將電纜披於肩上或腿上，使電纜的重量不妨害把手的操作，亦可減少疲勞。橫銲位置的直線及織動銲道的電銲條角度，如圖 6-145 所示。

圖 6-143　橫銲姿勢(訓練用)

圖 6-144　橫銲、立銲的握持方式

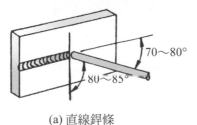

(a) 直線銲條

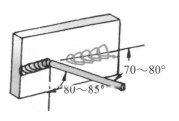

(b) 織動銲道

圖 6-145　橫銲電銲條之角度

3. 儘量採用短電弧，施銲角度務必保持正確，可防止銲道發生懸垂現象。

三、橫銲應注意事項

1. 剛開始練習時，銲道易生歪斜，可預先畫線以中心衝沿線衝眼，以利電銲銲道保持水平。圖 6-146 所示為利用衝眼施銲之情形。

2. 作橫銲銲道時，銲道上緣易生銲蝕，銲道下緣易生過疊，故銲條保持與母材成 70～80°，使堆積金屬藉著電弧之力推上，以防止銲蝕及過疊；如圖 6-147 所示。

3. 作銲道啣接時，如圖 6-148(a)所示，應在A點引弧後，拉長電弧移回到B點，然後縮短電弧繼續施銲。圖 6-148(b)所示為啣接之情形。

4. 銲至末端時，迅速以斷續電弧方式補高熔池如圖 6-149 所示，否則熔池處理不良而導致凹下的部位易裂開。

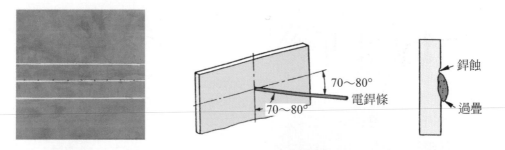

圖 6-146　先衝眼再施銲　　　　　　圖 6-147　控制銲條角度防止銲蝕及過疊

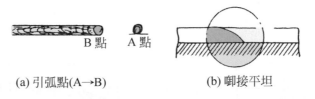

(a) 引弧點(A→B)　　　　　　(b) 啣接平坦

圖 6-148　銲道啣接

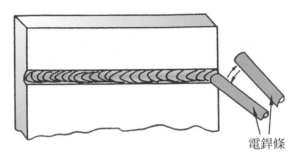

電銲條

圖 6-149　橫銲末端熔池之處理法

四、立銲及仰銲位置的電銲條角度(如圖 6-150(a)(b)及 6-151(a)(b)所示。)

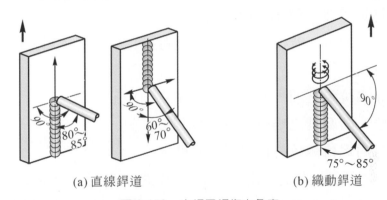

(a) 直線銲道　　　　　　　　　(b) 織動銲道

圖 6-150　立銲電銲條之角度

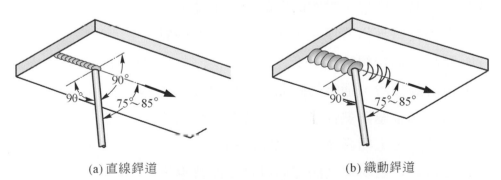

(a) 直線銲道　　　　　　　　　(b) 織動銲道

圖 6-151　仰銲電銲條之角度

習題

一、是非題

(　) 1. 拉釘接合最大的優點為可以單方向操作,及不損傷工作物。

(　) 2. 拉釘接合的速度比鉚釘接合的速度慢。

(　) 3. 拉釘的直徑愈大,可接合的材料愈厚。

(　) 4. 中立釘鎗附有四個鎖嘴,可以交替裝卸使用。

(　) 5. 以拉釘接合時,板孔直徑實際較拉釘直徑大一點。

(　) 6. 拉釘是用在頂鐵無法使用之工件上。

(　) 7. 拉釘除去後,若板孔擴大,欲重新接合時,應選用釘徑大一點之拉釘接合。

(　) 8. 欲除去拉釘之前,必須以中心衝定出中心位置。

(　) 9. 在酸、鹼腐蝕之場所,應選用鋁製拉釘。

(　) 10. 拉釘的規格與拉釘梗之長短有關。

(　) 11. 點銲不銹鋼,電流可比點銲軟鋼時低收,但壓力卻要大上好幾倍。

(　) 12. 電阻點銲原理是利用低電壓高電流而使二塊的板材接合。

(　) 13. 為了減少變形,點銲的間隔愈大愈佳。

(　) 14. 點銲具有下作方便、美觀、高效率的優點。

(　) 15. 點銲不適合銲接電阻低之材料。

(　) 16. 電阻銲接時,通電的時間應與板厚成反比。

(　) 17. 鋁、銅金屬傳熱性佳,點銲時間應加長。

(　) 18. 浮凸銲之電極壽命一般比點銲為長。

(　) 19. 電阻銲之難易程度決定於母材之熱傳導率。

(　) 20. 一般點銲都可使工件成水密性容器。

（　）21. 爲了防止氧氣瓶生銹，須日常保養且塗油以防銹。

（　）22. 乙炔壓力錶與橡皮管之接頭皆爲右螺紋。

（　）23. 氣銲時火嘴角度不對，比較不易銲接並非熔蝕之原因。

（　）24. 最適合銲接薄鐵板之火焰是氣化焰。

（　）25. 火嘴號碼愈小表示孔徑也愈小。

（　）26. 氧氣瓶橡皮管爲綠色或黑色，而乙炔瓶橡皮管爲紅色。

（　）27. 氧乙炔瓶閥開關爲順時鐘方向爲關，逆時鐘方向爲關。

（　）28. 氧乙炔火焰以氧化焰溫度最高。

（　）29. 壓力調節器主要作用爲降壓及維持一定之工作壓力。

（　）30. 氧氣瓶爲鋼板銲接製成，搬運應格外小心。

（　）31. 氧氣爲自燃及助燃物。

（　）32. 乾式安全器之主要用途是防止回火現象，以策安全。

（　）33. 快速接頭除換裝銲(切)炬方便之外，同時允許氣體雙向流通。

（　）34. 最安全的試漏是用肥皂水檢查。

（　）35. 換裝火嘴時，應儘量將螺絲接頭用力鎖緊，以防止漏氣。

（　）36. 爲了防止氧氣瓶生銹，須日常保養塗油以防銹。

（　）37. 氣銲銲條，其含碳成份應低於母材。

（　）38. 鋼瓶扳手應留置於氧氣瓶閥上，以備回火時用。

（　）39. 氧氣調整器上之調整螺桿，反轉時表示關閉。

（　）40. 前手銲法用於薄板接合，而後手銲法用於較厚材料。

（　）41. 氧、乙炔氣體銲接時，需按母材之厚薄來選擇火嘴的大小。

（　）42. 氣、乙炔氣體銲接法施銲時，宜儘量運動以防止大氣侵入。

（　）43. 氣、乙炔氣體銲接法施銲時，內焰心宜與熔池接觸爲住。

（　）44. 捲邊銲及隅角銲係薄板接合常用的銲口型式。

（　）45. 銲道接近尾端時，火嘴角度應減少，以防止銲穿。

( ) 46. 電銲機可一面進行銲接，一面調幣電流。

( ) 47. 電銲之熱量集中，故其變形比氣銲小。

( ) 48. 手工電銲最適合軟鋼之銲接。

( ) 49. 濾光玻璃色度#11，適用於 80～175 安培的電銲工作。

( ) 50. 手工電銲之特性為低電壓高電流。

( ) 51. 電銲銲接電流之高低，與母材之厚度成反比。

( ) 52. 電銲銲接位置在平銲時，所需之電流最小。

( ) 53. 電銲銲接電流，以銲條直徑 20 倍為參考電流值，施銲後再加以調整。

( ) 54. 電銲機之外殼應接地，以防止漏電。

( ) 55. 電銲後之鋼板，應用皮手套拿起，以免手受燙傷。

( ) 56. 手工電銲機電源具有低電壓高電流的特性。

( ) 57. 電弧電壓會受到電弧長度及電弧電流的影響。

( ) 58. 在所有的銲接位置中以平銲最容易，亦是其他銲接位置之基礎。

( ) 59. 使用夾式電錶測量電流時，電纜線應置於中間孔內，才能獲得正確之電流值。

( ) 60. 一般平銲時之參考電流，約為銲條直徑的 30 倍。

( ) 61. 開槽加工係為了獲得完全滲透以得到充分的強度。

( ) 62. 開槽角度太大時，會使銲接變形及內部應力減少且不易燒穿。

( ) 63. 不良暫銲(點銲)對銲接品質影響不大，不須鏨除。

( ) 64. 有墊板的接頭如果銲接部份是承受疲勞或震動負載時，此墊板宜保留為佳。

( ) 65. 無墊板的銲口對接較有墊板容易。

( ) 66. 角銲時，水平母材較容易產生銲蝕的現象。

( ) 67. 角銲時，電弧長度應拉長以利施銲。

( )68. 角銲實施第三道銲接時，因母材銲口已有高熱，故須將電流降低
　　　10安培左右施銲較佳。

( )69. ⌐ 兩箭頭所指示爲角銲之腰長。

( )70. 角銲時，若母材點銲不當，則很容易產生角度變形。

二、選擇題

( )1. 點銲較厚之軟鋼板時，電極須以　(A)銅　(B)銅銀　(C)銅鉻合金
　　　製作爲佳。

( )2. 厚薄不同之材料欲點銲時，應把電極頭磨成不同大小，同時把
　　　(A)薄的向大電極頭　(B)厚的向大的電極頭　(C)隨便方向點銲。

( )3. 點銲機之接觸器裝設錯誤，若在銲接電流未關閉以前，兩電極已
　　　將工作件放鬆，會使工作件　(A)穿孔　(B)燃燒　(C)熔融不足。

( )4. 點銲不適合銲接　(A)電阻較高　(B)高熔點　(C)熱傳導率高　之
　　　材料。

( )5. 下列哪一種不屬於熔融接合？　(A)電弧銲　(B)氧乙炔氣銲
　　　(C)點銲。

( )6. 下列金屬板哪兩種最不易銲在一起？　(A)鋅板與黑鐵皮　(B)不
　　　銹鋼與黃銅　(C)鋁板與鎂合金。

( )7. 點銲機之電極頭是　(A)鉛合金　(B)銅合金　(C)鎢合金。

( )8. 電阻點銲最常用之接頭是　(A)搭接　(B)對接　(C)T型接。

( )9. 點銲間距太靠近時最易造成　(A)燒穿　(B)爆飛　(C)電流分流
　　　之現象。

( )10. 點銲燒穿之原因爲　(A)各銲點距離太近　(B)母材接觸不良
　　　(C)電流太高。

(　)11. 氧氣瓶一般外表均塗　(A)黑色　(B)紅色　(C)黃色　，以作爲辨別顏色。

(　)12. 乙炔氣的分子式爲　(A)C_2C_2　(B)C_2H_2　(C)$CaCO_3$。

(　)13. 氣銲 1mm 厚之軟鋼板對接，最適宜之火嘴　(A)#200　(B)#100　(C)#50。

(　)14. 指示鋼瓶內壓力之錶爲　(A)高壓錶　(B)低壓錶　(C)高低壓均有。

(　)15. 壓力調節器，在開啓瓶口前　(A)應全部加壓　(B)應全部放鬆　(C)隨便。

(　)16. 母材爲軟鋼板，用氣銲條銲接時，其母材　(A)必須達到熔點溫度　(B)加熱至粉紅狀態　(C)必須產生熔池。

(　)17. 氣銲點火時應先打開　(A)氧氣　(B)乙炔氣　(C)不一定。

(　)18. 氣銲熄火時應先關閉　(A)氧氣　(B)乙炔氣　(C)不一定。

(　)19. 銲炬之氣體混合比若乙炔比氧氣多則呈現　(A)中性焰　(B)氧化焰　(C)還原焰。

(　)20. 下列何者是形成回火之原因？　(A)火嘴過熱　(B)使用銲條不當　(C)使用過大火嘴銲接。

(　)21. 銲接 1mm 厚鋼板，其氧氣及乙炔氣之工作壓力爲　(A)1.5 和 2.2　(B)3.0 和 0.4　(C)2.5 和 0.5　kg/cm^2。

(　)22. 氧氣瓶在運輸途中瓶身應經常保持　(A)60℃　(B)40℃　(C)20℃以下之溫度。

(　)23. 氧氣比重比空氣　(A)輕　(B)重　(C)相同。

(　)24. 乙炔瓶之安全塞，其熔點約爲　(A)88℃　(B)108℃　(C)98℃。

(　)25. 乙炔瓶內灌入丙酮之目的　(A)吸收乙炔氣使其安定　(B)清潔乙炔氣使其無臭味　(C)能獲得完全之燃燒。

( ) 26. 容易產生變形及殘留應力的是 (A)鉚接法 (B)銲接法 (C)鍛造法。

( ) 27. 用於板金上作之氣銲條，通常直徑為 (A)0.5～1mm (B)1.1～1.5mm (C)1.6～2.0mm。

( ) 28. 氣銲所使用之氧氣鋼瓶裝滿時，通常壓力大約在 (A)125kg/cm^2 (B)150kg/cm^2 (C)200k/cm^2。

( ) 29. 氣銲火嘴#15，表示乙炔 (A)使用壓力 150 磅／吋^2 (B)每分鐘流量 150 公升 (C)每小時流量 150 公升。

( ) 30. 氣銲所用之墨鏡最主要的目的是 (A)隔熱 (B)擋渣 (C)吸收有害光線。

( ) 31. 氣銲工作中，氧氣壓力較乙炔壓力 (A)低 (B)高 (C)不一定。

( ) 32. 用氣銲做角銲時，熱量的分配為 (A)60％在水平板 (B)60％在垂直板 (C)40％在水平板。

( ) 33. ⊾表示 (A)三角銲接 (B)角銲接 (C)對接。

( ) 34. ‖表示 (A)三角銲接 (B)角銲接 (C)對接。

( ) 35. 氣銲 1.2mm 之軟鋼板，常用之火口為 (A)#200 (B)#100 (C)#75。

( ) 36. 通常我們施銲用 ϕ4mm 銲條，其電弧長度宜保持 (A)1 (B)4 (C)6 (D)8 mm。

( ) 37. 電銲後之鋼板，應用皮手套拿起，以免手受燙傷。一般而言銲接在施工上較鉚接 (A)省時省料 (B)費時費料 (C)省時費料 (D)省料費時。

( ) 38. 減輕觸電之危險應 (A)銲機機殼接地 (B)銲接手把接地 (C)降低銲接電流 (D)昇高銲接電流。

( ) 39. 在狹窄場所使用交流銲機銲接時，為安全起見宜裝 (A)電容器 (B)電流遙控器 (C)電擊防止器 (D)安培計。

( )40. 電流太大容易造成 (A)外觀不良 (B)滲透不良 (C)熔融不足 (D)銲淚。

( )41. 交流銲機銲接厚板時，手把線應接 (A)正極 (B)負極 (C)接地線 (D)隨便皆可。

( )42. 爲操作方便電銲手把線宜選用 (A)較粗的 (B)較硬的 (C)較柔軟的 (D)便宜的。

( )43. 電銲機之銲接電纜線如接得太長時，造成的現象是 (A)電流加大 (B)電弧不穩 (C)電流下降 (D)對電流無影響。

( )44. 在相同電流情形，而改用較細銲條，則 (A)銲條熔化慢 (B)銲條電阻降低 (C)熱量降低 (D)銲條熔化增快。

( )45. 電銲時浮於熔融金屬上面，冷卻後形成保護硬殼的物質稱爲 (A)熔池 (B)銲渣 (C)銲濺物 (D)銲道。

( )46. 平銲織動式運行，一般織動寬度約爲 (A)銲條直徑的 3 倍 (B)銲條直徑的 5 倍 (C)開槽的寬度。

( )47. 無墊板開槽銲接第一層打底之銲條移送方式，一般用 (A)直線式 (B)撥動式 (C)織動式 最佳。

( )48. 手工電銲時，銲條傾斜之目的 (A)使熔池易見 (B)使銲渣沖回銲道表面 (C)可避免產生銲蝕 (D)以上皆是。

( )49. 平銲對接 9mm 軟鋼板，最適宜之電流值爲 (A)100A (B)150A (C)200A。

( )50. 從事 150～200A 的電銲工作，宜使用的濾光玻璃色度爲 (A)5 號 (B)8 號 (C)1 號。

( )51. 在電銲中若電流太低，則銲道的形狀呈 (A)凹陷狀 (B)凸起狀 (C)凹陷狀。

(　)52. 手工電弧銲時，若鋼板厚度為 9mm 對接，宜開　(A)I 形槽　(B)V 形槽　(C)K 形槽。

(　)53. 接頭間隙過大時，由於堆積量的增加，會使　(A)銲接電流　(B)銲接電壓　(C)銲接變形變大。

(　)54. 方形槽又稱為　(A)V 形槽　(B)X 形槽　(C)I 形槽。

(　)55. 一般無墊板開槽對接打底層銲道宜選用　(A)E4301　(B)E4303　(C)E4311　之銲條，以利滲透。

(　)56. 施銲電流太高或間隙太大，容易發生　(A)燒穿　(B)銲淚　(C)滲透不足之現象。

(　)57. 打底層銲道(無墊板對接)時，銲條之運行法宜使　(A)直線式　(B)撥動式　(C)織動式。

(　)58. 平銲對接時(材料 9mm)，預留應變之角度約為　(A)5°　(B)10°　(C)3°。

(　)59. 開槽角度太小時易生　(A)滲透不良、夾渣　(B)外觀不良、氣孔　(C)易生裂開、過疊。

(　)60. 在暫銲(點銲)時所使用之電流，較正式銲接時　(A)稍低　(B)稍高　(C)相同。

(　)61. 製作敲渣鎚之材料宜用　(A)軟鋼　(B)工具鋼　(C)紫銅。

(　)62. 銲接時，所使用的電流超過銲條之規定範圍時，其銲道品質　(A)增高　(B)降低　(C)相等。

(　)63. 有關橫銲之操作要領，下列敘述何者為正確　(A)電流較平銲時大　(B)儘量拉長電弧施銲　(C)儘量用短電弧銲接。

(　)64. 電銲作業中首先要考慮　(A)工作安全　(B)工作品質　(C)工作數量。

(　) 65. 最困難的施銲位置是　(A)平銲　(B)橫銲　(C)仰銲。

三、問答題

1. 試說明萬能鉗之構造及使用方法。
2. 試說明萬能鉗鬆開及夾緊之正確操作法。
3. 試述電阻點銲的原理。
4. 試述點銲優缺點。
5. 試述點銲破壞檢查方法。
6. 試述點銲錯誤之處理方法。
7. 試述影響電阻銲的因素有那些？
8. 電阻銲的銲接週期包括那收時段？
9. 何謂回火？發生原因有那些？
10. 試述氣銲火焰的種類及特性。
11. 試述乙炔瓶上安全寒之作用。
12. 列舉氣銲設備之名稱及用途。
13. 試述橫銲銲道啣接之要領。
14. 橫銲至末端熔池時，應如何處理？

7

特殊銲接

7-1　TIG 銲接

7-2　MIG 銲接

7-1 TIG 銲接

一、前　言

　　最近幾年以來，惰性氣體電弧銲接的發展大有一日千里之勢，應用頗為普遍；因為電弧在氬氣中發生完全與外界隔離，所以銲接物不會氧化，幾乎所有工業用金屬，均可用氬銲來銲接，外觀非常優異。一般應用於4.5mm 以下的軟鋼、鋁及不銹鋼為主。

二、TIG 銲接之原理

　　TIG(Tungsten Inert Gas Arc Welding)銲接法之原理，如圖 7-1 所示，係利用非消耗性鎢電極與母材間產生電弧，然後在熔池周圍罩以惰性保護氣體，依接合的需要使用或不使用銲條的銲接法。此種銲接法，依據美國銲接協會正式名稱為**氣體鎢極電弧銲接**；又由於使用的惰性保護氣體以氬氣居多，因此國人常稱為「氬銲」；圖 7-2 所示為氬銲銲接鋼管之情形。

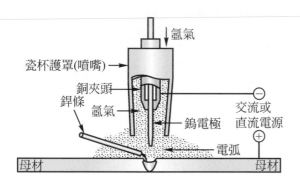

圖 7-1　TIG 銲接之原理

圖 7-2　氬銲組立銲接鋼管

三、TIG 銲接之設備及使用法

　　TIG 的銲接設備如圖 7-3 所示，包括 TIG 電源機、冷卻系統、惰性氣體、氣體流量調節器、銲鎗及鎢極棒等六大部份，茲分述如下：

1. 電源機

　　TIG 電源機，通常爲定電流之交直流兩用型銲機，依電源輸出方式，可分爲 SCR 控制及變頻式 Cinverter Controlled 控制二種，如圖 7-4(a)(b)所示，其中 TIG 變頻式銲機，最大特點爲小型輕量化，其體積及重量僅傳統控制之 1/4，而且起弧性及安定性亦改善很多。現階段的 TIG 銲接電源機幾乎具備以下之功能：

(1) 銲接方法：交直流手工電弧銲接、交直流 TIG 銲接、直流 TIG 電弧點銲。

(2) 電弧控制脈波機能：無脈波、低週脈波及中週脈波三種。

(3) 電源入力與控制：單相／三相共用，起弧電流、收尾電流、電流緩昇及電流緩降之控制機能完全具備。

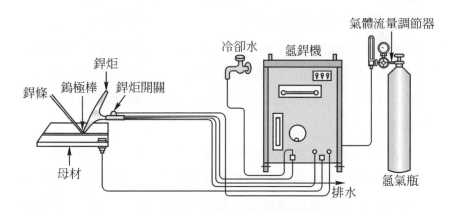

圖 7-3　全套 TIG 銲接設備

(a) TIG SCR 控制式銲機　　　　　　(b) TIG 變頻式銲機(小機身、大功率)

圖 7-4　TIG 之電源機

2. 高週波發生器

　　TIG 電銲機必須裝置「高週波發生器」，主要功用是輔助起弧及維持電弧不致中斷熄滅。因為高頻率的週波具有跳躍(Jumping)的特性，故可輔助 TIG 銲接時，鎢棒尖端不須碰觸母材而起弧。在電源機正面控制盤上有高週波三用選擇鈕，茲說明如下：

(1) 連續(Continuous)：用於**交流電**的全部銲接過程中，包括起弧及高週波的連續不斷。(適用於銲接鋁、鎂等金屬)

(2) 開始(Starting)：用於**直流**電輔助起弧，當起弧成功後立刻中斷。(適用於銲接碳鋼、不銹鋼等金屬)

(3) 停止(Off)：用於普通電銲而不需高週波輔助起弧。

3. 冷卻系統

　　使用大電流或連續銲接時，必須採用水冷式使銲鎗冷卻，同時也冷卻銲鎗的電力導線，以免過熱燒燬。一般係將自來水管接入銲機，由銲機中的電磁閥控制水流及停流，施銲時冷水流經銲炬冷卻後自然放流。

4. 惰性氣體

　　TIG 主要的屏蔽氣體有氬氣及氦氣，兩者都以鋼瓶盛裝，配合流量錶調整所需要氣體的流量。當電流接通時，電磁閥開啓使氣體流出；電流切斷時電磁閥自動關閉氣流。其主要作用是保護銲弧、紅熱的鎢電極棒以及熔池，使其不與外界的空氣接觸而氧化；同時，屏蔽氣體於銲接電離化後有穩定銲弧的作用。

5. 氣體流量調節器

　　氣體流量調節器主要在調整足夠保護鎢極與熔池的惰性氣體，通常與鋼瓶氣體壓力錶相連成一體，如圖 7-5-③所示。流量錶本身爲一玻璃管，管上劃有刻度，其中有一鋼珠，當流量打開時鋼珠即往上跳，指示輸出氣體流量的高低(單位 ℓ/min 或 ft³/hr，須注視刻度管內小圓球頂端邊緣的刻度爲準)。調節流量利用左方的旋轉鈕操縱之。

①銲鎗及線　②TIG 銲條　③氣體流量調節器　④鎢棒　　　⑤端子
⑥管束　　　⑦管接頭　　⑧瓷杯護罩(噴嘴)　⑨夾頭　　　⑩銅夾
⑪銲鎗主體　⑫長帽　　　⑬短帽　　　⑭握把　⑮手按開關線　⑯鋼瓶閥轉換頭

圖 7-5　TIG 銲機之附屬裝置名稱

6. 銲鎗

　　銲鎗主要在夾持鎢棒輸送電流與氣體至施銲處的裝置，依其冷卻方式可分爲水冷式及空冷式二種，圖7-5-⑧～⑮所示爲水冷式銲鎗零件分解圖及附屬裝置。

7. 鎢電極棒

　　T(Tungsten)鎢電極棒，如圖 7-5-④係非消耗性之電極，熔融溫度是3410℃，沸點高達5925℃，高溫銲弧中鎢電極不但不熔化，且能保持其強度，鎢電極棒有純鎢電極棒及合金鎢電極棒兩類，茲分敘如下：

(1) 純鎢電極棒：是用於銲接鋁、鎂金屬，因爲純鎢棒在**交流**銲接時，尖端很容易形成所期望的半球體，電弧穩定性良好。商用純鎢棒尾端著上綠色，以資區別。

(2) 氧化釷合金鎢棒：氧化釷含量有1％(著上黃色)及2％(著上紅色)二種。僅適於**直流**銲接，銲接後仍保持尖銳的末端，此點與純鎢棒變成半球形的特性迥然不同。

(3) 氧化鋯合金鎢棒：適用於**交流**銲接，以褐色標示辨別。它也能形成半球形的末端，起弧特性優良，常用於高品質的銲接。

四、鎢棒使用須知

1. 選用鎢電極時，需視電流極性、母材的種類及板厚而定；如表 7-1所示爲鎢電極製造廠所建議選用之條件。

2. 鎢棒須配合銲接電流(AC 或 DC)的不同，尖端的加工形狀如圖 7-6所示。磨削鎢棒應順縱長方向研磨，不可沿圓周方向研磨，易造成同心研磨痕跡，易污染銲道。

3. 應配合鎢棒直徑大小，選用適當的夾頭及噴嘴，約爲鎢棒直徑的三倍內，否則影響操作。

4.　交流銲接使鎢棒末端變成半球體，半球體的直徑不可超過鎢棒直徑
　　的 1～1½ 倍，否則有斷落的危險，半球體應保持平滑光亮，如果不
　　亮則表示使用電流過大；如果是藍色到淺紅色甚至變黑，則表示氣
　　體後流時間不夠，原則上每 10 安培的電流，後流時間要 1 秒鐘，如
　　此才能保護鎢棒在降低到氧化溫度以前不被空氣氧化。

5.　鎢棒受到熔池或銲條的污染，若情況不嚴重的話，可在另一塊廢板
　　起弧，令銲弧維持一段時間使沾染之金屬蒸發，如果此法不通，則
　　需截斷污染部位，重新磨尖。

表 7-1　鎢棒使用條件

鋁板銲接條件						
板厚 (mm)	鎢極棒直徑 (mm)	銲條直徑 (mm)	銲接電流 (A)	氬氣流量 (ℓ/min)	銲接層數	銲接速度 (mm/min)
1.0	1.0～1.6	0～1.6	50～60	6	1	300～400
1.6	1.6～2.3	0～1.6	60～90	6	1	250～300
2.3	1.6～2.3	1.6～2.3	80～110	6～7	1	250～300
3.2	2.3～3.2	2.3～3.2	100～140	7	1	250～300
4.0	3.2～4.0	2.6～4.0	140～180	7～8	1	230～280
5.0	3.2～4.0	3.2～4.7	170～220	7～8	1	230～280
6.0	4.0～4.7	4.0～5.5	200～270	8	1～2	200～250
8.0	4.7～5.5	4.0～5.5	240～320	8	2	150～200
不銹鋼銲接條件						
板厚 (mm)	鎢極棒直徑 (mm)	銲條直徑 (mm)	銲接電流 (A)	氬氣流量 (ℓ/min)	銲接層數	銲接速度 (mm/min)
0.6	1.0～1.6	0～1.6	20～40	4	1	450～500
1.0	1.0～1.6	0～1.6	30～60	4	1	400～450
1.6	1.6～2.3	0～1.6	60～90	4	1	350～400
2.3	1.6～2.6	1.6～2.6	80～120	4	1	300～350
3.2	2.3～3.2	2.3～3.2	110～150	5	1	300～350
4.0	2.3～3.2	2.6～4.0	130～180	5	1	250
5.0	2.6～4.0	3.2～5.0	150～220	5	1	
6.0	3.3～4.7	3.2～5.5	180～250	5	1～2	
8.0	4.0～6.3	4.0～6.3	200～300	5	2～3	
12.0	4.0～6.3	5.0～6.3	300～400	6	2～4	

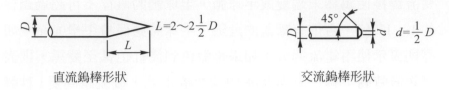

直流鎢棒形狀   交流鎢棒形狀

圖 7-6   鎢棒加工形式

6. 鎢棒受污染的原因

(1) 鎢棒與熔池或填充金屬材料接觸。

(2) 屏蔽氣體流量不足或氣體管接頭鬆脫。

(3) 氣體流量過大或磁杯噴嘴破裂、污染造成亂流,把外界空氣吸入銲弧中。

(4) 表 7-2 所示為鎢電極使用不當而產生的缺陷形狀及發生之原因。

表 7-2   鎢電極使用不當產生之缺陷形狀及發生原因

鎢電極形狀	發生原因
	係用交流電銲接鋁材後的純鎢棒外觀,末端形狀均勻,有光亮的表面。
	係含 2％氧化釷鎢合金棒,磨尖後以直流正極施銲後的標準外觀。
	係含 2％氧化釷鎢合金棒,以交流電銲鋁後末端形成數個小圓頭形的突點,而使銲弧不穩定。
	係純鎢棒以過量交流電在鋁板上施銲,末端傾向一邊,如繼續使用會熔化而掉入熔池中。
	係一支純鎢棒磨尖後,以直流正極銲接。末端呈現純鎢棒特有的球狀化現象。通常純鎢棒不宜磨尖,否則一經施銲,尖端會立即熔化,大部份情況下會掉入熔池中。
	被銲條碰觸而附著於鎢棒,應截斷重磨。
	氣體後流時間不足,產生氧化膜,若不去除,在下次起弧後,可能脫落掉入熔池中,污染銲道。

五、TIG 基本操作法

1. 準備工作

    (1) 檢查銲接設備所有之接頭是否牢固。

    (2) 依母材選用適當電源(鋁:交流,不銹鋼:直流正極,碳鋼、鑄鐵:直流正極)。

    (3) 選擇適當之電極直徑和尖端形狀,且匹配適宜的噴嘴(nozzle)。

    (4) 調整鎢電極伸出的長度,如圖 7-7 所示。

    (5) 檢查冷卻系統及調整適當氣體流量及後流時間。

    (6) 調整適當銲接電流。

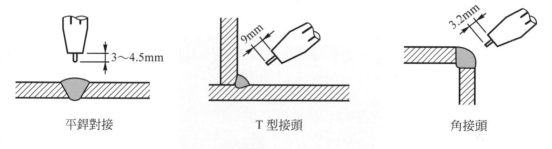

| 平銲對接 | T 型接頭 | 角接頭 |

圖 7-7　鎢棒依接頭型式不同伸出之長度

2. 引弧

    (1) 將噴嘴前端輕靠母材表面使銲鎗穩定,鎢棒尖端距母材表面約 2mm,如圖 7-8(a)所示。

    (2) 按下銲鎗開關,在母材的銲接始點附近產生電弧(**注意鎢棒尖端不可觸及母材起弧,初學者尤應注意**),然後稍微提起銲鎗,如圖 7-8(b)所示。

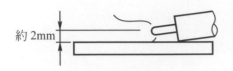

(a) 將噴嘴輕靠母材表面

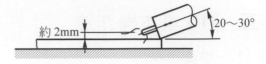

(b) 按下開關引弧後,改變銲鎗角度

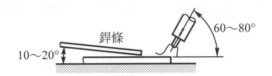

(c) 移回始點準備形成熔池

圖 7-8　TIG 引弧之步驟

(3)　保持適當電弧長度,調整銲鎗角度約60°～80°並至銲接始點準備形成熔池,如圖7-8(c)所示。圖7-9所示爲標準TIG銲弧約120°。

圖 7-9　標準 TIG 銲弧

3.　銲條與銲鎗之角度及操作

(1)　引弧成功後,因母材溫度仍低,須作短暫停留直到熔池形成爲止,如圖7-10所示。

(2)　平銲時,銲鎗與銲條之角度,如圖7-11所示,銲條保持在氣罩範圍內,以防止氧化。

(3)　TIG 基本走銲時，銲鎗與銲條之配合操作法，如圖 7-12(a)(b)(c)(d)(e)所示。圖 7-13 所示為 TIG 平銲之情形。

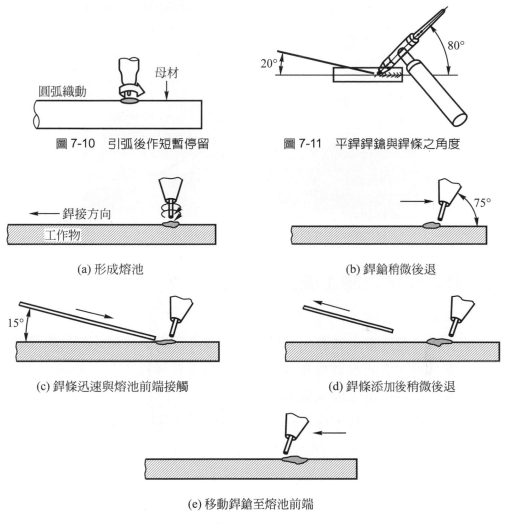

圖 7-10　引弧後作短暫停留

圖 7-11　平銲銲鎗與銲條之角度

(a) 形成熔池

(b) 銲鎗稍微後退

(c) 銲條迅速與熔池前端接觸

(d) 銲條添加後稍微後退

(e) 移動銲鎗至熔池前端

圖 7-12　銲鎗與銲條之操作法

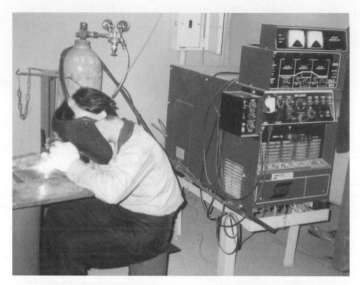

圖 7-13　TIG 施銲的情形(中區職業訓練中心選手)

六、TIG 銲接之施工要點

1. 保護氣體之流量

　　氣體流量之調整，通常以銲接電流及鋼板接頭之形狀來調整，流量過大造成浪費增加成本，不足將導致銲接不良之缺陷。表 7-3 所示為銲接電流與氬氣流量之關係。

　　銲接結束時，為了保護熔池及鎢電極棒防止氧化，通常有氬氣後流(Post Flow)時間，依銲接電流之大小作調整，如表 7-4 所示。圖 7-14(a)(b)所示為後流時間與銲道表面之關係。

表 7-3　銲接電流與氬氣流量之關係

AC (A)	DCSP (A)	氣體流量 (ℓ/min)	圖示
5～15	4～15	3～7	
10～55	10～60	4～8	
45～95	50～110	6～9	
70～115	80～150	6～10	
90～150	120～200	7～12	
140～210	180～300	7～13	
180～280	280～380	8～15	
230～330	360～600	8～18	
300～450	580～750	10～20	

表 7-4　後流時間參考值

後流時間	
100A 以下	3～8 秒
200A 以下	5～10 秒
300A 以下	8～15 秒

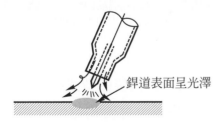

(a) 後流時間正確
(注意氬氣後流結束前，銲鎗不可上提)

銲道表面呈光澤

銲道表面受氧化呈黑色

(b) 後流時間不足

圖 7-14　後流時間與銲道表面之關係

2. 鎢電極棒與銲接之關係

TIG 銲接使用之鎢電極棒,其尖端之形狀係配合銲接極性來使用,如圖 7-15(a)(b)(c)所示。同時在施銲過程中,稍為不慎使鎢電極棒尖端受污染,將會產生許多不良之缺陷,應立刻施以正確研磨後再銲接,以確保銲接品質,如圖 7-16(a)(b)(c)所示為尖端形狀不良之影響。

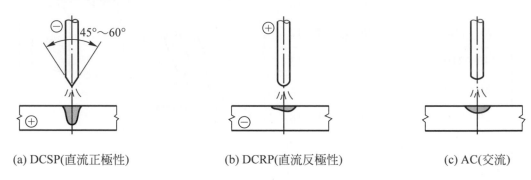

(a) DCSP(直流正極性)　　　(b) DCRP(直流反極性)　　　(c) AC(交流)

圖 7-15　鎢電極棒尖端形狀與銲接極性及滲透深淺之影響

(a) 母材與鎢棒污染產生電弧時呈　　(b) 電流使用過大,易附著　　(c) 先端缺口情形,影響電弧
　　青色光,且銲道兩側呈現黑色　　　　不純物,且鎢棒易熔融　　　　不集中,導致銲接不良

圖 7-16　鎢電極尖端形狀不良之影響

鎢電極棒伸出的長度,如圖 7-17(a)所示,依接頭型式約鎢棒的 1.5～2 倍,伸出太長,則氣體保護之效果差,會使鎢電極受到氧化,如圖 7-17(b)所示;伸出太短,則施銲時視線不良如圖 7-17(c)所示。鎢棒與鋼板表面應保持適當之距離,如圖 7-18 所示,然而電弧之長度應依鋼板熔化之情而有所改變。

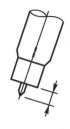

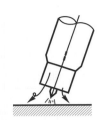

(a) 標準長度=鎢棒徑 之 1.5～2 倍

(b) 太長時，氣體保護效果不良， 易受氧化，發生銲接缺陷

(c) 太短時，視線不良，如太靠近 母材，磁銲嘴易有熔落之現象

圖 7-17　鎢棒伸出長度之影響

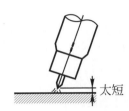

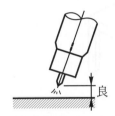

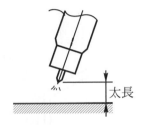

(a) 電弧高熱，銲嘴易受熔 解，銲接部位不易看清 ，鎢棒與母材易碰觸

(b) 約 2～4 mm，但銲接 電流或鎢棒直徑變動 時，距離亦改變

(c) 銲接部位未受到氣體保護 ，容易發生銲接之缺陷

圖 7-18　鎢棒與鋼板表面之距離

3.　銲鎗角度與銲接效果

　　　　銲鎗要保持正確的角度，才能得到高品質之銲道，通常所持角度依銲接姿勢及接頭型式來決定，大部份以逆方向傾斜，如圖 7-19 所示。

4.　銲接鋼板與清潔

　　　　鋼板之表面在施銲前必須處理乾淨，包括水份、油垢、漆類等，尤其鋁、銅、不銹鋼板，應事先將氧化膜清除，以利銲接。工作檯、手套亦要保持乾淨，氬銲條切忌置於地面上，如圖 7-20 所示。

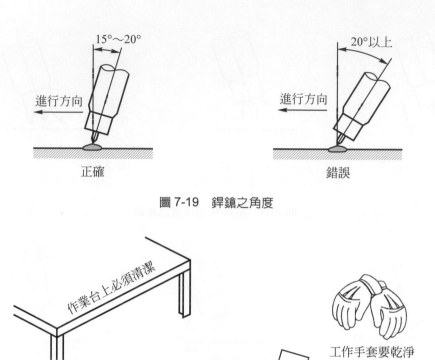

圖 7-19　銲鎗之角度

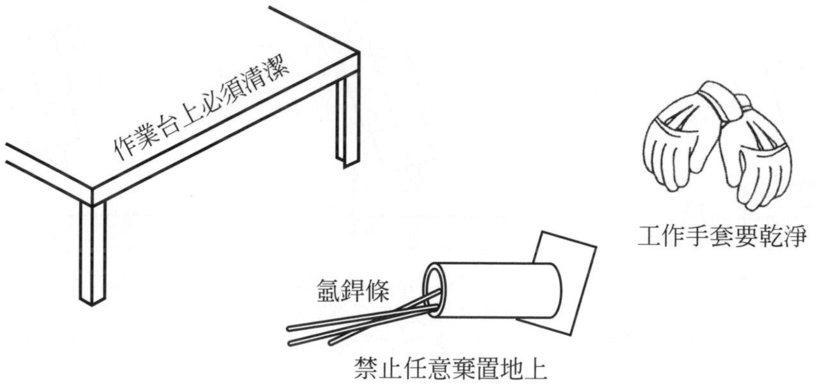

圖 7-20　工作場地之清潔

5.　正確的銲接電流

　　銲接電流通常以板厚、材質、接頭形狀，以及作業者之技術來
決定，如圖 7-21(a)(b)所示為正確銲接電流之選定方法，簡單又實用。

6.　起弧及組合暫銲之要

　　TIG 起弧時，如圖 7-22(a)所示，首先傾斜銲鎗保持瓷銲嘴抵觸
母材(注意鎢棒尖端不可觸及母材起弧)，然後按下銲鎗開關，電弧
即可產生。由於暫銲點之電流較小，因此儘可能以短電弧作業。兩
板組合之間隙，依母材厚度、形狀、材質等決定，而組合暫銲之電

流取實際作業之 80 ％即可，若間隙較大可加銲條施工，如圖 7-22
(b)所示。薄板組合暫銲點之間距約 10～20mm 一點為佳，如圖 7-22
(c)所示為薄板之組合要領。

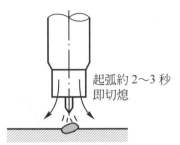

・熔池面積較小時 → 電流小
・φ 3～5mm 熔池 → OK
・熔池面積較大時 → 電流大

(a)

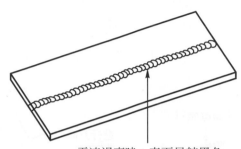

電流過高時：表面呈較黑色
電流過低時：表面呈金黃色

(b)

圖 7-21　選擇正確銲接電流之方式

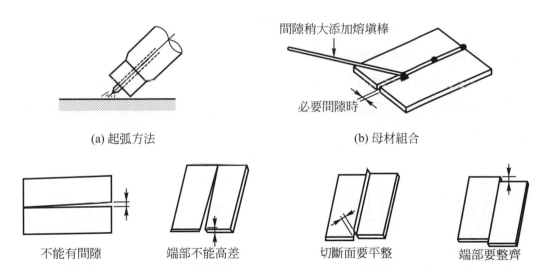

(a) 起弧方法　　　　　　　　　(b) 母材組合

不能有間隙　　端部不能高差　　切斷面要平整　　端部要整齊

(c) 薄板之組合要領

圖 7-22　起弧及暫銲

7.　銲條與銲鎗之操作法

　　TIG 銲接時，銲條之選用以母材相同之材質即可。而銲條與銲鎗之角度如圖 7-23(a)所示，所添加之銲條位於熔池前 1/3 處，注意銲條尖端勿離開母材太高，必須在氣體保護範圍內進行，以避免銲條在大氣中氧化。同時勿將銲條碰觸鎢電極，會造成電弧不穩定、不集中。導致銲接不良，如圖 7-23(b)所示。

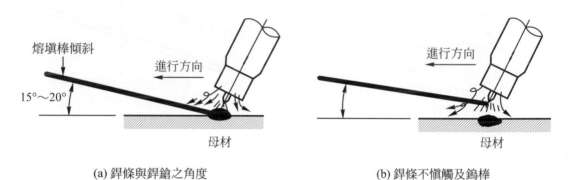

(a) 銲條與銲鎗之角度　　　　　　　　　　　　　(b) 銲條不慎觸及鎢棒

圖 7-23　銲條之添加方法

8.　接頭形狀與瓷銲嘴之關係

　　TIG 銲接所消耗之氬氣流量，成本相當可觀，因此依接頭形狀選用瓷噴嘴之號數是必要的，圖 7-24 所示為各種接頭型式之應用情形。

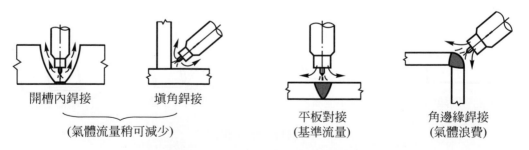

開槽內銲接　　　填角銲接　　　　　　　平板對接　　　　角邊緣銲接
　　　(氣體流量稍可減少)　　　　　　　(基準流量)　　　(氣體浪費)

圖 7-24　接頭形狀與瓷噴嘴之配合

9. 起弧與收尾之要領

　　銲道起弧與收尾處容易發生熔融下陷之現象，所以在板端部位起弧時，當接頭部位開始熔化即時添加銲條，待銲道熔池補足後，再以前進方向開始銲接(氬銲機設有起動電流調整，應多加利用)。當銲接至尾端時，將銲鎗稍微往上提，同時押下切閉開關，使銲接電流(收尾電流)緩降，並持銲條添加於熔池上至補足為止，然後再將銲鎗開關放開即完成。

七、TIG 銲接安全注意事項

1. 施銲不銹鋼、鋁板前，必須用不銹鋼絲刷清潔銲口，以免普通鐵屑附著於表面；且銲條必須清潔、乾燥。
2. 銲鎗不用時，應懸掛於吊架，以防瓷銲嘴摔破。
3. 氬銲操作的場所，切忌大風吹動，以免「氣罩」被吹散而影響銲接品質。
4. 使用電流、氣體及冷卻系統等的接頭須牢固，以防漏電、漏氣及漏水，而發生電擊及機件損壞。
5. 應選用專用之 TIG 銲條，勿用氣銲條代替，否則會產生飛濺火花而污染鎢電極棒。
6. 氬氣瓶、壓力錶、流量計及氬銲機，禁止沾上機油，以防止燃燒而引起爆炸。
7. 所有接線之接頭要確實，螺絲部位要鎖緊，銲接時導電才會良好。同時為防止感應漏電而發生危險，必須安裝接地線。
8. 定期性打開電源機之外殼，把灰塵清除乾淨，利用乾燥之壓縮空氣吹拭，比較簡單方便。
9. 夏天作業時，使用電風扇者，應特別注意將風力管制在 1m/sec 之下風速環境內施銲為佳。

7-2　MIG 銲接

一、前　言

　　目前工業界所用的氣體金屬電弧銲接法(GMAW)，在施銲鋁、鎂及不銹鋼時以MIG施銲，但在施銲碳鋼時則以CO_2銲接為主；後者為目前工業界最主要的銲接方法，已經逐漸取代傳統手工銲接。

二、MIG 銲接之原理

　　MIG(Metal Inert Gas Arc Welding)銲接之原理，如圖 7-25(a)所示，係利用一種連續送出消耗性的實心裸銲條(電極)，與母材產生電弧，而使銲道呈熔融狀，然後在電弧與銲道熔池周圍罩以保護氣體的銲接方法。若利用惰性氣體(氬氣或混合氣)為保護氣體，則稱為MIG銲接；若僅用二氧化碳作為保護氣體之金屬線電弧銲接方法，則簡稱為CO_2銲接，是目前工業界在施銲碳鋼時最主要之銲接法，其原理如圖 7-25(b)所示。其設備和MIG類似，而CO_2在加壓液化後，裝入無縫鋼瓶內，故在使用前須先經氣化過程後才能使用，而此氣化的功能，則有賴CO_2專用壓力錶去完成。圖7-26為CO_2銲接鋼管之情形。

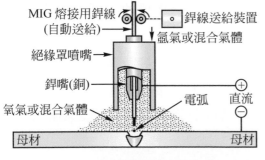

(a) MIG 銲接之原理

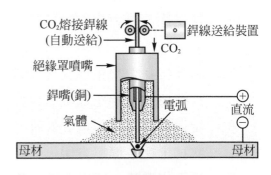

(b) CO_2銲接之原理

圖 7-25　金屬極電弧銲接法

圖 7-26　CO_2組立銲接鋼管

三、MIG 銲接之設備及使用法

　　全套的 MIG 銲接設備如圖 7-27(a)(b)所示，包括電源機、送線機、銲鎗及附屬裝置(如氣瓶、流量計、遙控開關等)。茲分敘如下：

流量計

電源機

氣瓶

地線夾

銲鎗

(a) MIG 銲機

送線機

(b) CO_2銲機

圖 7-27　全套 MIG 銲接設備

1. 電源機

MIG電源機通常為直流定電壓式電銲機，此種電源機自動修正弧長的範圍較廣(有自控作用)，與其搭配的送線裝置有電子自動線速調整器。電弧電壓(即負載電壓)可在電源主機上調整，至於電流大小主要根據送線速度(Wire-Speed)的變化來調整，送線速度慢則電流較小，反之，送線速度快則電流輸出較大。上述銲接電流和電弧電壓不是一個單獨可調的參數，必須兩者在某一個適當的銲線速度之上，求得一個最佳的短路頻率。目前為了保護電弧燃燒的穩定性，普遍都採用直流反極，即**銲件接負極，銲鎗接正極**，使銲接過程非常穩定，銲縫的熔透深度比正極要大，飛濺也極少。

2. 送線機

MIG銲鎗的消耗性電極(即銲線)係自動輸送，銲線皆以捲捆狀，一般常用之線徑為 0.8、0.9、1.0、1.2、1.6mm，如圖 7-28 所示。固定於銲線速度輸送裝置箱上，以馬達曳引自動將赤裸銲線輸出銲鎗外使用。圖 7-29(a)所示為送線機內部之送線滾輪及送線壓力調整之構造。如何檢查送線壓力設定是否正確？

銲線

圖 7-28　送線機及銲線

(1) 當銲鎗與木墊保持約 5mm，如圖 7-29(b)所示，此時送線滾輪會滑動。

⑵　假如銲鎗與木墊保持約 50mm，如圖 7-29(c)所示，此時銲線會變曲。

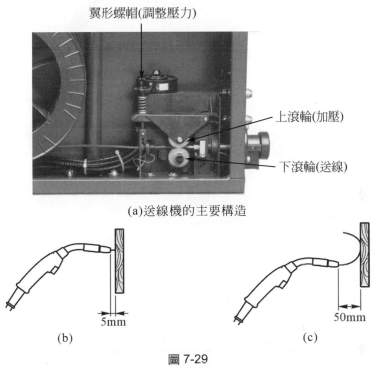

翼形螺帽(調整壓力)

上滾輪(加壓)

下滾輪(送線)

(a)送線機的主要構造

5mm

(b)

50mm

(c)

圖 7-29

3.　銲鎗

　　MIG 銲鎗之外形，如圖 7-30 所示，若依冷卻方式則分為水冷式與氣冷式兩種；其構造如圖 7-31(a)(b)所示，銲鎗上有一手控開關，前端的氣體噴嘴(Nozzle)必須保持清潔乾淨；銲線的銲嘴(Tip)和噴嘴直徑大小需配合銲線的粗細。銲嘴可以採用紫銅、鉻青銅或鍋青銅製造。由於MIG銲接時，飛濺灼熱的火花頗為可觀，為了保護銲鎗噴嘴內部的清潔，在施銲前沾、噴一種抗渣劑以資保護，如圖 7-32 所示，否則銲渣容易附著在噴嘴，影響銲線的輸送速度，以及阻礙氣體的正常平衡輸出。圖 7-33(a)(b)所示為噴嘴使用抗渣劑與未使用的比較情形。

圖 7-30　MIG 銲鎗

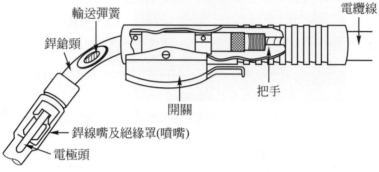

輸送彈簧

銲鎗頸

電纜線

把手

開關

銲線嘴及絕緣罩(噴嘴)

電極頭

(a) 銲鎗之剖面

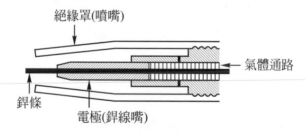

絕緣罩(噴嘴)

氣體通路

銲條

電極(銲線嘴)

(b) 銲嘴之剖面

圖 7-31　MIG 銲鎗之構造

圖 7-32　抗渣劑

使用　　　　　　　　未使用

(a) 沾上抗渣膏保護　　　　　　　(b) 使用與未使用抗渣膏之外觀比較

圖 7-33　抗渣劑之使用

四、.MIG 銲接金屬傳送法

MIG半自動銲接法，主要有短路電弧金屬傳送法及噴弧式金屬傳送法二種，茲分別說明如下：

1. 短路電弧金屬傳送法

　　使用較低的電壓及電流，銲線以平均每秒約90次的頻率與母材短路，使電弧時停時續(就像鎢絲燈泡一樣)；銲線每一次短路時傳送一點金屬到母材，圖 7-34 即說明此種傳送的方式，因輸入母材的熱量少、銲道細窄且易凝固，通常應用在薄板金屬行全姿態銲接時採用。一般使用之銲線，線徑約在 0.6～1.2mm 之間。

2. 噴弧式金屬傳送法

　　使用較高的電壓及電流，銲接時電弧持續不斷，電流密度也比較大，因而促使金屬像霧狀般地噴射傳送到母材，圖 7-25 即說明此種傳送的方式。由於輸入母材熱量多，堆積速率高，本法常用於厚

板金屬行向下姿態銲接。一般使用較大的銲線，其線徑約在 1.2～3.2mm 之間。

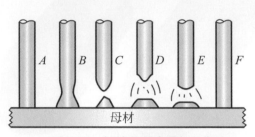

圖 7-34　短路電弧金屬傳送順序

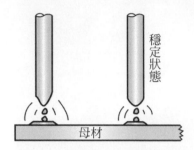

圖 7-35　噴弧式金屬傳送順序

五、MIG(CO_2)銲接之特點

1. 熔接速度較快，且不必去除銲渣，故工作時間僅為電銲的三分之一。
2. 銲接成本僅為電銲的二分之一。
3. 因設備容量小，配電、開關等費用較低，而且用電量極少，因此電力費用大幅減低。
4. 銲接的範圍較廣，如表 7-5 所示。MIG 銲接與手工電銲之綜合費用比較，如表 7-6 所示。
5. 銲接品質良，機械性質佳。

表 7-5　CO_2與手工電銲之熔接範圍比較表

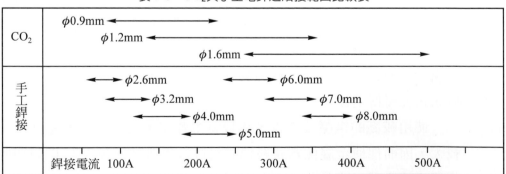

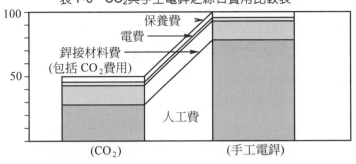

表 7-6　CO_2與手工電銲之綜合費用比較表

六、MIG 銲接電流的設定

　　初步選擇銲接電流的方式，是根據母材的厚度及銲縫的接合型式而定。而銲接電流主要根據送線速度的變化來調整，隨著銲線速度增加(或減小)，則銲接電流也相應地增大(或減小)；當速度太快時，電弧短路頻率增加，電弧燃燒時間縮短，電弧電壓下降，銲線來不及熔化而燒紅、折斷、銲縫無法形成。反之，銲線速度太慢時，電弧短路頻率減小，電弧燃燒時間延長，銲線成大顆粒的熔融過度，因熔化速度大於銲線送給速度，銲線容易反燒而粘在銲嘴上。所以當空載電壓一定時，在某一個適當的銲線速度上，就有一個最佳的短路頻率。

七、MIG 銲接電壓的設定

　　送線速度確定後，即可尋找適當的**銲接電壓**(電弧電壓)(銲接時銲條與母材之間的電壓)。先選任意的銲接電壓起弧，起弧後調整主機電壓調整旋鈕，將電壓逐漸降低，此時銲弧會逐漸縮短，當縮短至銲線幾乎觸及熔池且無法維持時，記下電壓錶上讀數；再以電壓調整旋鈕將電壓逐漸提高，此時銲弧長而變大，直到幾乎斷弧時，記下此時主機上所設定的電壓。取上述兩種電壓的平均值，即得理想的銲接設定電壓。設定中間的電壓，可以使操作者比較有彈性地擁有銲接間之距離，當銲鎗、火嘴及母材間的距離稍有變換，也不致於使銲道發生瑕疵。

八、MIG 基本銲接法

1. 銲鎗的角度與進行方向

銲鎗角度與進行的方向分為前進法與後退法兩種，如圖7-36(a)(b)所示。使用前進法時，熔融金屬被推向前方，因此電弧力不易直接到達母材，故滲透較淺、銲道面寬(平坦)，噴渣粒大且量多，較適合實心銲線的CO_2及MIG之銲接採用；而後退法時，熔融金屬被推向後方，因此電弧力直接作用於母材，故滲透深、銲道面高，以及飛濺物減少，較適合中厚板使用包藥銲線銲法。

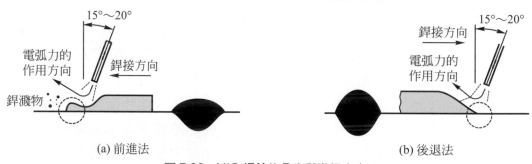

(a) 前進法　　　　　　　　　　　　　(b) 後退法

圖 7-36　MIG 銲鎗的角度與進行方向

2. 氣體流量與噴嘴的高度

氣體的流量及噴嘴的高度，對銲接品質有重大的影響，必須按照銲接條件而加以選擇，一般銲線伸出噴嘴長度約為線徑10～15倍之間，如圖7-37所示，不可過長，以免氣體吹出時保護熔池不足；但也不可過短，以防熔池高熱損傷噴嘴和銲線熔渣附著於銲嘴上。(一般只在短時間的定位銲和引弧時才採用較短的銲線伸出長度)

3. MIG 的起弧及收尾

初學者練習起弧時，先將銲鎗對準母材起弧之點，銲線**微微接觸母材**，然後戴上面罩按下電流開關，即可成功地起弧走銲。收尾之步驟如圖7-38所示，先在 A 處熄滅電弧，待熔融金屬稍微凝固後，再於 B、C 處斷續引弧填補，直到填滿為止。

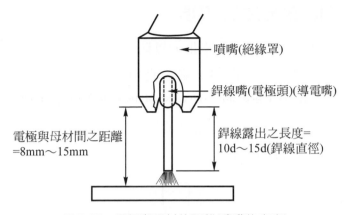

圖 7-37 電極與母材的距離(噴嘴的高度)

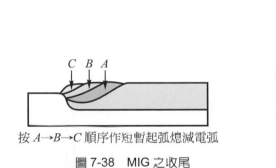

按 A→B→C 順序作短暫起弧熄滅電弧

圖 7-38 MIG 之收尾

圖 7-39 MIG 平銲(後退法)

4. MIG 平銲之方法

(1) 銲鎗織動方式與手工電銲大同小異,計有直線法、半月形法及斜線形法等。

(2) 引弧後,走銲之速度視熔池情形自行控制調節,銲道寬度、高度以及紋路要均勻一致,並保持一直線。圖 7-39 所示為後退法銲接之情形。當銲接速度太快時,則使氣體保護作用受到破壞,銲縫的冷卻加快,降低了銲縫的塑性,並使成形不良;反之銲接速度太慢時,銲縫寬度顯著增加,熔池熱量集中,容易產生銲穿等缺陷。

CH 7

九、MIG 銲接安全注意事項

1. 銲鎗的電纜線不可過度彎曲,以防止內面之銲線受扭折而無法輸送,或輸送時發生「跳抖」之不良現象。

2. MIG銲線的選用,必須配合母材材料之性質,然後再選擇適宜之銲線。

3. 工作場所的風力會吹散電弧保護氣體,如圖 7-40 所示,銲道容易氧化,操作者應特別留意。

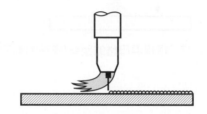

圖 7-40　銲道受風力吹動影響保護氣體

4. 電弧電壓是決定銲道外觀形狀的最主要原因,圖 7-41 所示為弧電壓與銲道表面形狀及滲透的關係。

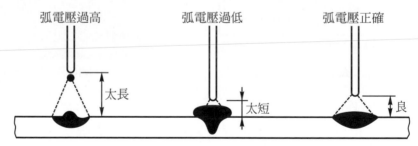

圖 7-41　弧電壓與銲道表面形狀及滲透之關係

5. CO_2銲接時,容易產生有毒性的一氧化碳(CO),因此通風要良好,操作者的頭部不可太靠近熔池,以免妨害健康。

6. CO_2銲接會濺出較多的銲渣及火花,因此施銲時電弧長度儘量縮短,並且選用定電壓式之電源機為宜。

7. MIG 銲鎗內之銲嘴(Tip)刻有尺寸標記，銲嘴是傳送銲接電流的橋樑，應配合銲線直徑的大小使用。由於銲嘴之內徑容易磨損擴大，會引起銲線與銲嘴之間接觸不良，並使銲線導向失掉控制，而影響銲接過程之穩定性。(一般銲嘴之孔徑大於銲線直徑約在0.1～0.25mm之間)

8. 影響 MIG 銲接之變數，如圖 7-42 所示，掌握好這些變數，是提高生產率及保證銲接品質的重要因素。

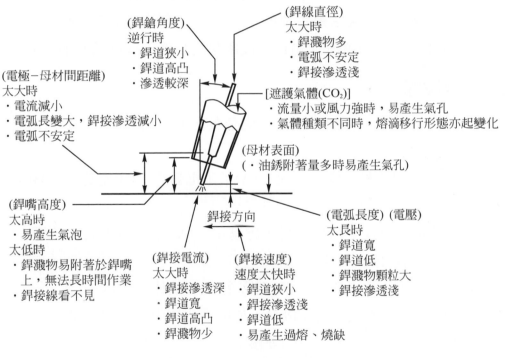

圖 7-42 影響 MIG 銲接之變數

習題

一、是非題

( ) 1. MIG 和 TIG 銲接的場所,為了防止中毒,風量愈大愈佳。

( ) 2. TIG 和 MIG 引弧時,均須與母材接觸後才能產生電弧。

( ) 3. MIG 銲接的速度快,約為一般手工電銲的 3 倍。

( ) 4. MIG 與 CO_2 銲接法最主要的不同點是所使用的保護氣體不相同。

( ) 5. 電弧電壓就是電流通過銲弧後所生的壓降,或稱為負載電壓。

二、選擇題

( ) 1. TIG 銲接所用保護氣體除了氬氣外,亦可用　(A)氫氣　(B)氦氣　(C)氮氣。

( ) 2. 薄鋁板銲接最佳的方法是　(A)手工電弧銲　(B)氬銲　(C)MIG銲接。

( ) 3. TIG 用於銲接不銹鋼材料,應選用　(A)交流　(B)直流負極　(C)直流正極　最佳。

( ) 4. TIG 使用的電極棒為　(A)銅合金　(B)鎢棒　(C)鉻合金。

( ) 5. TIG引弧時,不必觸及母材,是因為銲機內部裝置　(A)高週波發生器　(B)雷射裝置　(C)變壓器。

( ) 6. TIG 係利用　(A)消耗性　(B)非消耗性　(C)碳棒　電極與母材間產生電弧銲接。

( ) 7. TIG 使用交流電施銲時,高週波撥動鈕應設在　(A)停止　(B)連續　(C)開始之位置。

(　) 8. 氧化釷合金鎢棒，僅適於　(A)交流　(B)直流　(C)交、直流　銲接。

(　) 9. 鎢棒露出護罩的長度，一般為直徑的　(A)1 倍　(B)2 倍　(C)3 倍最適當。

(　) 10. 鎢電極伸出之長度，以實施　(A)T 型角銲　(B)平銲對接　(C)外角接頭時最長。

(　) 11. 銲接薄鋁板最佳的方法是　(A)氣銲　(B)氬銲　(C)CO_2 銲。

(　) 12. CO_2 半自動銲接，主要用於銲接　(A)鋁及鋁合金　(B)銅及銅合金　(C)軟鋼。

(　) 13. MIG 銲接時，銲線伸出噴嘴長度約為線徑的　(A)20 倍　(B)10 倍　(C)5 倍。

(　) 14. MIG 銲接時，弧電壓愈大則滲透愈　(A)深　(B)淺　(C)適中。

(　) 15. MIG 使用前進法銲接，滲透較　(A)深　(B)淺　(C)適中。

(　) 16. 短路金屬傳送銲接法，使用的銲線直徑約在　(A)0.8～1.2mm　(B)1.2～2.4mm　(C)2.4mm　以上。

(　) 17. CO_2 銲接時，容易產生　(A)H_2　(B)O_2　(C)CO　故須有適當的通風。

(　) 18. 影響 MIG 銲道外觀形狀的最主要原因　(A)電流的大小　(B)送線速度的快慢　(C)電弧電壓的高低。

(　) 19. MIG 送線機內之滾輪，若傳送鋁質銲線時，應使用　(A)V 型槽　(B)U 型槽　(C)以上皆可。

(　) 20. MIG 銲鎗內之銲嘴(Tip)，使用日久會導致孔徑變大，易造成　(A)電弧不穩定　(B)輸送時有跳抖現象　(C)很難起弧。

三、問答題

1. TIG銲接時，為什麼有「後流時間」控制裝置？

2. 試述氣體鎢極電弧銲法的原理。

3. 用TIG銲接鋁、不銹鋼及碳鋼板時，應使用何種電極棒較佳？及選用何種電源？

8

機械板金與銲接實習

實習一	單片箱製作		實習十六	氧乙炔直線切割(加導規)
實習二	盤盒折摺機之彎折		實習十七	電銲平銲起弧及基本走銲
實習三	護框(一)		實習十八	電銲平銲織動式銲道
實習四	護框(二)		實習十九	電銲橫角銲(T 型接頭)
實習五	方形框之製作(一)		實習二十	電銲平銲 I 形槽對接
實習六	方形框之製作(二)		實習二十一	電銲平銲 V 型槽對接(手工電銲技能檢定代號 A1F)
實習七	濾油盤(一)		實習二十二	電銲平銲 V 型槽無墊板(手工電銲技能檢定代號 A2F)
實習八	濾油盤(二)			
實習九	電氣箱製作		實習二十三	氬銲平銲銲道(不加銲條)
實習十	銲切綜合練習(結構物)		實習二十四	氬銲平銲對接銲道(不加銲條)
實習十一	氣銲平銲銲道運行(不加銲條)		實習二十五	氬銲平銲銲道(加銲條)
實習十二	氣銲平銲銲道運行(加銲條)		實習二十六	CO_2平銲銲道
實習十三	氣銲平銲對接(不加銲條)		實習二十七	CO_2 I 型槽水平對接
實習十四	氣銲平銲對接(加銲條)		實習二十八	CO_2水平角銲
實習十五	氧乙炔手動氣體切割			

實習一 單片箱製作

一、名稱：單片箱

二、材料：#30 白鐵皮 200mm×160mm×1 張

三、手工具：

(1) 劃針　　(2) 鋼角尺　　(3) 直尺　　(4) 角度規

(5) 直型鋼剪　(6) 鋼砧　　(7) 木槌　　(8) 平口鉗

四、工具機：

(1) 方剪機

(2) 盤盒折摺機

五、工作圖：

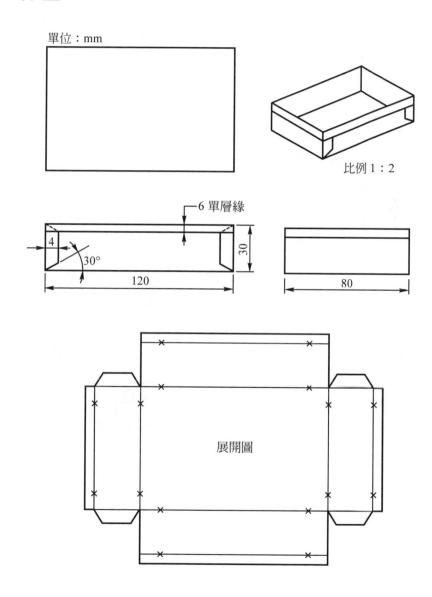

單位：mm

比例 1：2

6 單層緣

4

30°

120

30

80

展開圖

六、工作程序：

(1) 繪展開圖於鐵皮上。

(2) 展開圖上加裕度。

(3) 剪鐵皮。

(4) 折摺單層緣成圖(a)的形狀。

(5) 折摺長側邊成圖(b)的形狀。

(6) 將圖(b)之 *a* 處單層緣撬開。

(7) 折摺短側邊使搭縫處如圖(c)。

(8) 夾緊 *a* 處單層緣。

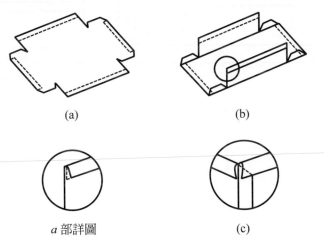

(a)   (b)

a 部詳圖   (c)

實習二　盤盒折摺機之彎折

一、單元名稱：盤盒折摺機之彎折

二、學習目標：能使用盤盒折摺機彎折鐵板

三、工作圖：

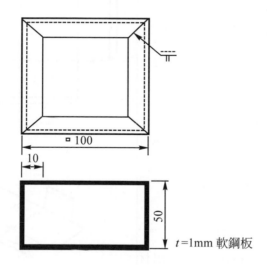

□ 100

10

50

t=1mm 軟鋼板

四、機具與設備：

(1)　鋼尺　　　　(2)　劃針　　　(3)　角尺　　　(4)　圓規

(5)　游標卡尺　　(6)　盤盒機　　(7)　氣銲設備　(8)　鐵鎚

五、材料或消耗品：

(1)　軟鋼板t1.0×214×214(每人一片)

(2)　氣銲條ϕ1.6×1000(每人一支)

六、工作程序：

工作程序	說　明	圖　解
1.準備	(1)直接繪展開圖於鐵皮上，(如圖 8-1 所示)。 (2)考慮板的厚度，在板上折曲處劃線，(參考折曲展開尺寸計算一覽表)。 (3)調整間隙及檢查折摺塊。	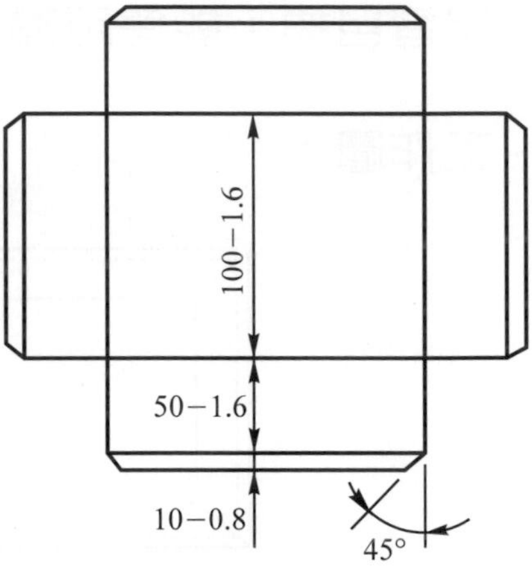
2.剪切	用直刃鋼剪剪 45°缺口。	
3.折曲	(1)按圖 8-2 所示，順序折摺。 (2)將材料伸入，使折摺之邊緣與折曲線對齊。 (3)壓緊材料同時抬起操作桿至適當角度。	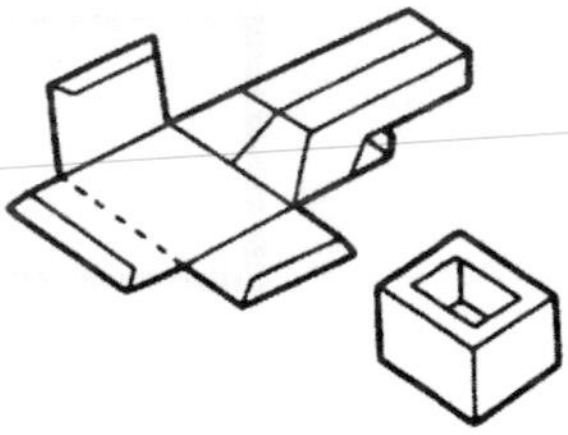 圖 8-1
4.取出	將夾持片手柄往上推，取出材料，同時檢查角度。(如圖 8-3)	
5.反覆操作	按折彎順序、要領。	圖 8-2
6.檢查	(1)用游標卡尺測尺寸。 (2)做尺寸、角度的修正。	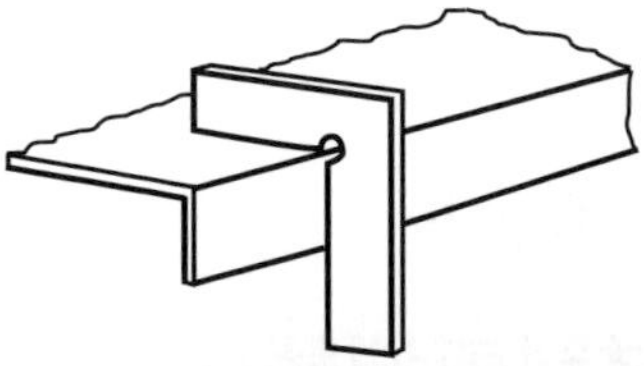
7.鉚接	先點鉚、修正，再全部鉚接。	圖 8-3

實習三　護框(一)

一、工作名稱：護框

二、工作圖：

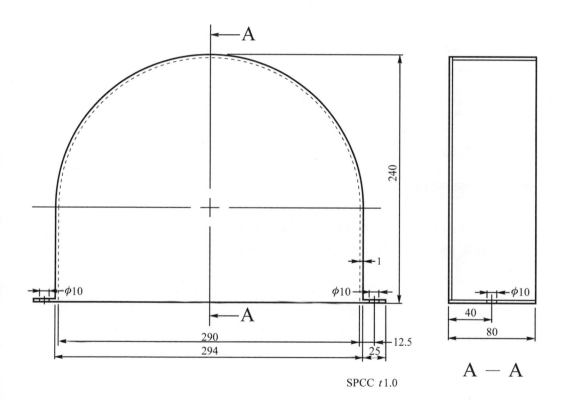

SPCC *t*1.0

三、機具與設備：

(1) 鋼尺　(2) 劃針　(3) 鋼剪　(4) 鐵鎚　(5) 木槌

(6) 鋼砧　(7) 滾圓機　(8) 折摺機　(9) 氣銲設備　⑽ 鑽床

四、材料或消耗品：

(1)　軟鋼板 $t1.0$

(2)　氣銲條$\phi 1.6$

五、工作程序：

(1)　繪展開圖於鐵板上。

(2)　剪切鐵板。

(3)　折摺成形。

(4)　將直線及圓弧部位全部暫銲(圓弧處應銲多點)。

(5)　整形後，所有接縫用氣銲完成。

(6)　鑽孔($\phi 10$)。

六、注意事項：

(1)　此成品常用於馬達護蓋，或機械外框。

(2)　薄板鑽孔應特別注意安全，並防止毛邊產生。

實習四　護框(二)

一、工作名稱：護框

二、工作圖：

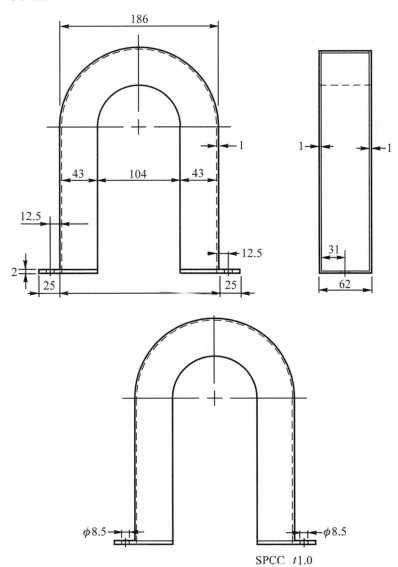

SPCC　t1.0

三、機具與設備：

(1)　鋼尺　(2)　劃針　(3)　鋼剪　(4)　鐵鎚　(5)　木槌

(6)　鋼砧　(7)　滾圓機　(8)　折摺機　(9)　氣銲設備　⑽　鑽床

四、材料或消耗品：

(1)　軟鋼板 $t1.0$ 及 $t2.0$

(2)　氣銲條 $\phi 1.6$

五、工作程序：

(1)　繪展開圖於鐵板上。

(2)　剪切鐵板。

(3)　折摺成形。

(4)　將直線及圓弧部位全部暫銲(圓弧處應銲多點)。

(5)　整形後，所有接縫用氣銲完成。

(6)　鑽孔($\phi 8.5$)。

六、注意事項：

(1)　薄板鑽孔時，不可戴手套，以策安全。

(2)　整修工作務必在氣銲工作未完成之前實施。

實習五 方形框之製作(一)

一、工作名稱：方形框之製作(一)

二、學習目標：能正確的使用標準折摺機完成製框工作

三、工作圖：

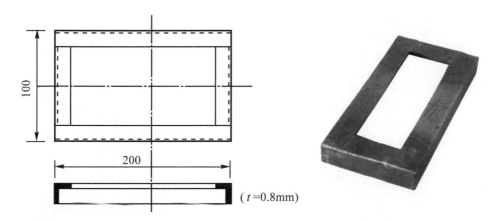

(t =0.8mm)

四、機具與設備：

(1)　鋼尺　　　(2)　劃針　　(3)　鐵鎚　　(4)　捲尺　　(5)　手工鋸

(6)　氣銲設備　(7)　虎鉗　　(8)　標準折摺機

五、材料與消耗品：

(1)　鐵片

　　①　t0.8×50×200(每人二片)

　　②　t0.8×50×98(每人二片)

(2)　氣銲條ϕ1.6(每人一支)

六、工作程序：

步　驟	說　明	圖　解
1.準備	(1)在板上折曲處劃線，如圖 8-4，圖 8-5。 (2)用剪角機或鋼剪剪切缺口(斜線部份)。	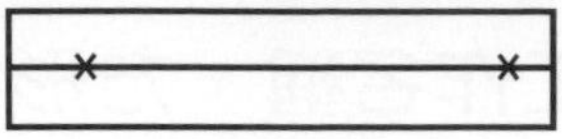 圖 8-4 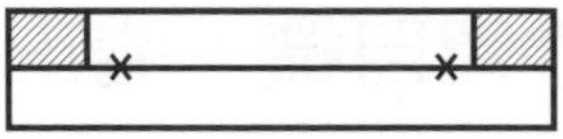 圖 8-5
2.折曲	(1)將材料伸入，使頂葉板的邊緣與折曲線對齊，如圖8-6。 (2)兩手扶著折曲把手，自上提起到適當的角度，半成品如圖 8-7。	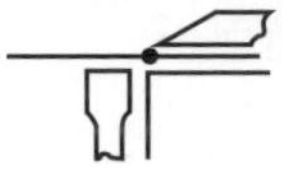 圖 8-6  圖 8-7
3.取出檢查	(1)將把手往上推，取出材料，同時用角尺檢查角度，如圖 8-8。 (2)做尺寸及角度的修正。	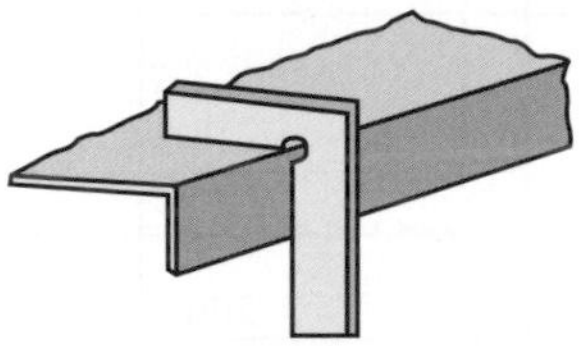 圖 8-8
4.組合	(1)將四支角鐵組合成如圖 8-9 之形狀。 (2)在四角處先點銲暫時固定。 (3)用捲尺量測兩對角線是否相等(相等表示為方形)，如圖 8-10。 (4)再點銲各角隅(每一接頭三點)，如圖 8-11。	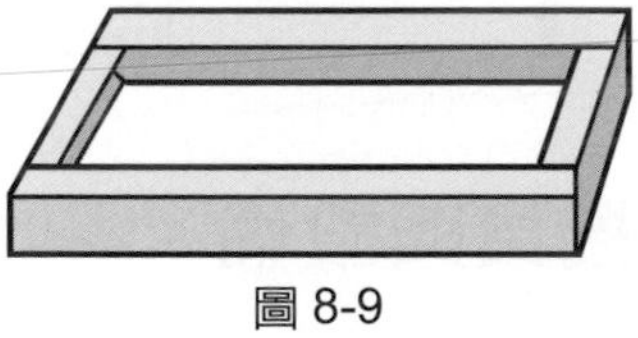 圖 8-9 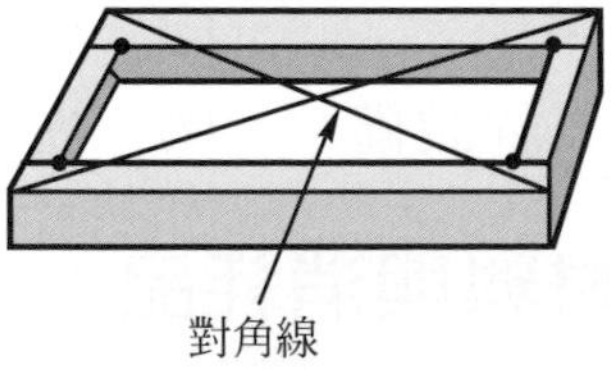 對角線 圖 8-10
5.氣銲	(1)調整適當之中性焰。 (2)先銲A、C兩角，再銲B、D兩角，防止變形。 (3)銲接另一面之四個接頭。	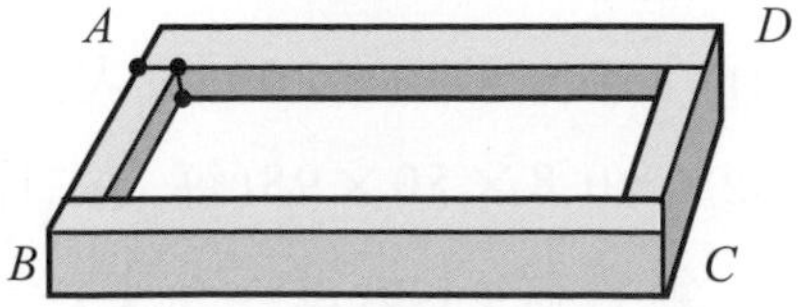 圖 8-11

七、注意事項

(1)　方形框，可由一支所組成，如圖 8-12(a)(b)所示，因接合處只有一
　　　處，所以銲接時變形較少。

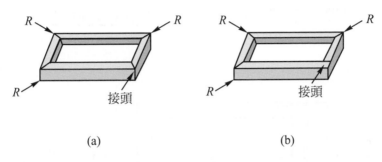

(a)　　　　　　　　　　　　　(b)

圖 8-12　由一支角鐵組成之框

(2)　框之尺寸較大時，採用二支之組法，如圖 8-13(a)(b)所示，可確保
　　　尺寸精度，變形之矯正也容易，所以用途最廣。

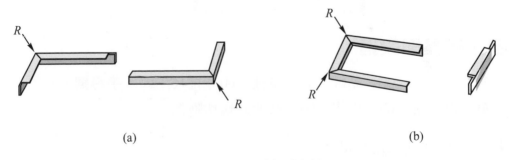

(a)　　　　　　　　　　　　　(b)

圖 8-13　用兩支組成之框

實習六　方形框之製作(二)

一、單元名稱：方形框之製作(二)

二、學習目標：能正確的用角鋼完成製框工作

三、工作圖：

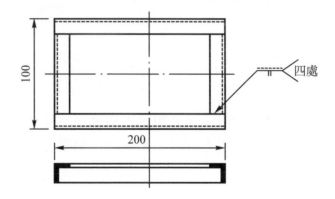

四、機具與設備：

(1)　鋼尺　　(2)　劃針　(3)　鐵鎚　(4)　捲尺　(5)　手弓鋸

(6)　電銲機　(7)　虎鉗　(8)　高速砂輪切斷機

五、材料或消耗品：

(1)　角鋼

　　①　 *t* 3.0×25×25×200(每人二支)

　　②　 *t* 3.0×25×25×92(每人二支)

(2)　電銲條 ϕ2.6(每人二支)

六、工作程序：

步　驟	說　　　　　明	圖　　　　解
1. 劃線	(1)檢查角鋼是否平直。 (2)在角鋼上劃缺口之剪切線(注意左右對稱)。	圖 8-14
2. 剪切	(1)將角鋼用虎鉗固定。 (2)用手弓鋸鋸開切口部份，如圖8-14。	圖 8-15
3. 組合	(1)將四支角鋼組合成如圖8-15之形狀。 (2)在四角處先點銲暫時固定。 (3)用捲尺量測兩對角線是否相等(相等表示為方形)，如圖8-16。 (4)再點銲各角隅(每一接頭三點)，如圖8-17。	對角線 圖 8-16
4. 銲接	(1)調整適當之電流約80安培。 (2)先銲*A*、*C*兩角，再銲*B*、*D*兩角，防止變形。 (3)銲接另一面之四個接頭。	*A*　　　　*D* *B*　　　　*C* 圖 8-17

七、注意事項：

(1) 方形角鋼框，可由一支角鋼所組成，如圖 8-18(a)(b)所示，因接合處只有一處，所以銲接時變形較少。

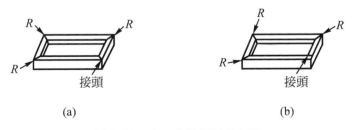

(a)　　　　　　　　　　(b)

圖 8-18　由一支角鋼組成之框

(2)　框之尺寸較大時，採用二支角鋼之組法，如圖 8-19(a)(b)所示，可確保尺寸精度，變形之矯正也容易，所以用途最廣。

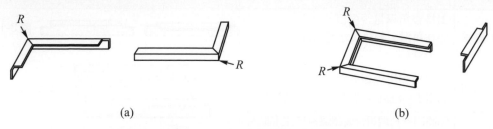

(a)　　　　　　　　　　　　　　　　　(b)

圖 8-19　由二支角鋼組成之框

實習七　濾油盤(一)

一、工作名稱：濾油盤

二、工作圖

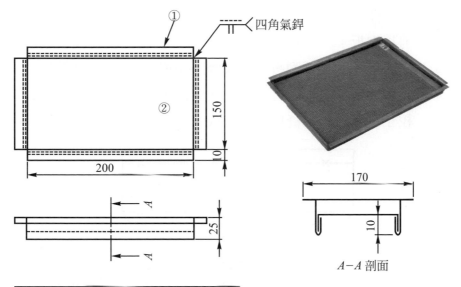

2	網板 $t0.6$	SS	1	
1	框架 $t1.0$	SS	4	
件號	名稱	材質	數量	備考

說明：網板除現購外，亦可用鋼板製作

三、機具與設備：

(1)　鋼尺　　(2)　劃針　(3)　鋼剪　(4)　鐵鎚　(5)　木槌　(6)　鋼砧

(7)　剪角機　(8)　剪床　(9)　桿型折摺機　　(10)　氣銲設備

四、材料或消耗品：

(1)　軟鋼板 $t1.0×$(自己算)

(2) 網板 $t0.6×$(自己算)

(3) 氣銲條 $\phi1.6$

五、工作程序：

(1) 框架

① 繪展開圖於鐵皮上，如圖 8-20(a)所示。

② 剪切鋼板。

③ 折摺成形(使用桿型折摺機)如圖 8-20(b)所示，順序為 1→2→3。

④ 將四片框板點銲組合，如工作圖所示，注意上下要保持方形。

⑤ 校正後，所有接縫用氣銲完成。

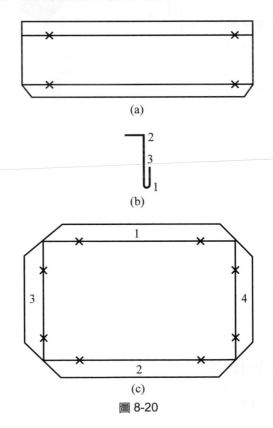

圖 8-20

(2)　網板

　　①　繪展開圖於網板上，如圖 8-20(c)所示。

　　②　剪切網板四角。

　　③　折摺成形，順序為 1→2→3→4。

(3)　裝配

　　①　將網板嵌入在框架中。

　　②　利用萬能折摺機之折摺塊邊緣壓緊配合。

　　③　整形後，鋼板四角用氣銲(點銲、CO_2銲)點住以防止脫落。

實習八 濾油盤(二)

一、工作名稱：濾油盤(二)

二、工作圖：

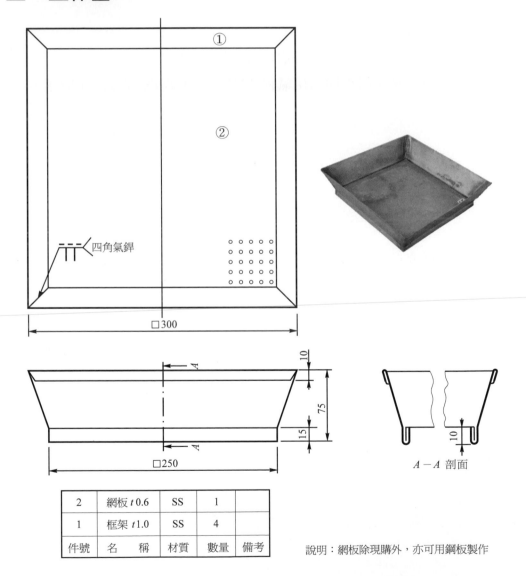

2	網板 t 0.6	SS	1	
1	框架 t 1.0	SS	4	
件號	名　　稱	材質	數量	備考

說明：網板除現購外，亦可用鋼板製作

三、機具與設備：

(1) 鋼尺　(2) 劃針　　(3) 鋼剪　(4) 鐵鎚　　(5) 木槌
(6) 鋼砧　(7) 桿型折摺機　(8) 剪床　(9) 氣銲設備　⑽ 鑽床

四、材料或消耗品：

(1) 軟鋼板 $t0.8 \times 300 \times 100$(每人四片)
(2) 網板 $t0.6 \times 270 \times 270$(每人一片)
(3) 氣銲條 $\phi 1.6$

五、工作程序：

(1) 框架
　① 繪展開圖於鐵皮上，如圖 8-21(a)所示。
　② 剪切鐵板。
　③ 折摺成形(用桿型折摺機)，如圖 8-21(b)所示，順序為 1→2→3。
　④ 將四片框板點銲，如工作圖所示，注意上下要方形。
　⑤ 校正後，所有接縫用氣銲完成。

(2) 網板
　① 繪展開圖於網板上，如圖 8-21(c)所示。
　② 剪切鐵板。
　③ 折摺成形，順序為 1→2→3→4。

(3) 裝配
　① 將網板嵌入在框架中。
　② 利用萬能折摺機之折摺塊邊緣壓緊配合。
　③ 整形後，鋼板四角用氣銲點住以防脫落。

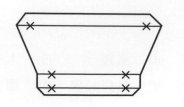

圖 8-21

六、注意事項：

(1)　單層緣可用桿型折摺機成形，勿用鐵鎚敲打。

(2)　此成品常用於工作母機切削油過濾用。

實習九　電氣箱製作

一、工作名稱：電氣箱製作

二、學習目標：能正確而熟練的操作萬能折摺機

三、工作圖：

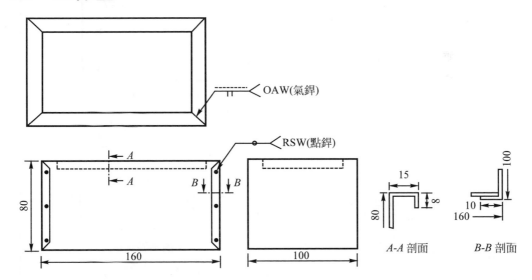

四、機具與設備：

(1)　鋼尺　(2)　劃針　(3)　角尺　(4)　板金鎚　(5)　游標卡尺

(6)　萬能折摺機　(7)　點銲機　(8)　氣銲設備

五、材料與消耗品：

(1)　軟鋼板1t×158×297(每人一片)

(2)　軟鋼板1t×120×115(每人二片)

(3)　氣銲條φ1.6(每人一支)

六、工作程序：

步　驟	說　明	圖　解
1. 準備	(1)繪展開圖於鐵皮上，如圖 8-22。 (2)考慮板的厚度，在板上折曲處劃線(參考板金實習（Ⅰ）表 1-2 折曲展開尺寸計算一覽表)。 (3)調整退度及折摺塊之寬度。	 **圖 8-22**
2. 剪切	用直刃鋼剪剪各缺口。	
3. 折曲	(1)詳細考慮折彎之順序，如圖 8-23 (1→2→3→4→5→6)。 (2)將材料伸入，使折摺塊邊緣與折曲線對齊。 (3)壓緊材料同時抬起手柄至適當角度。	
4. 取出	將手柄往上推，取出材料，同時檢查角度。	
5. 反覆操作	按折彎之要領依序完成各折邊。	
6. 鉚接	(1)用板金鎚、木槌修整各角度。 (2)先暫鉚四個角以固定側板與本體之接合，如圖 8-24。 (3)其餘部份用點鉚完成。 (4)全部修正後，完成氣鉚部份之鉚接。	 **圖 8-23**　　　　**圖 8-24**

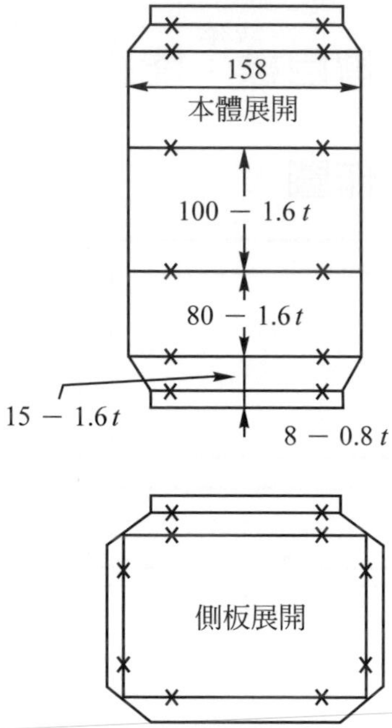

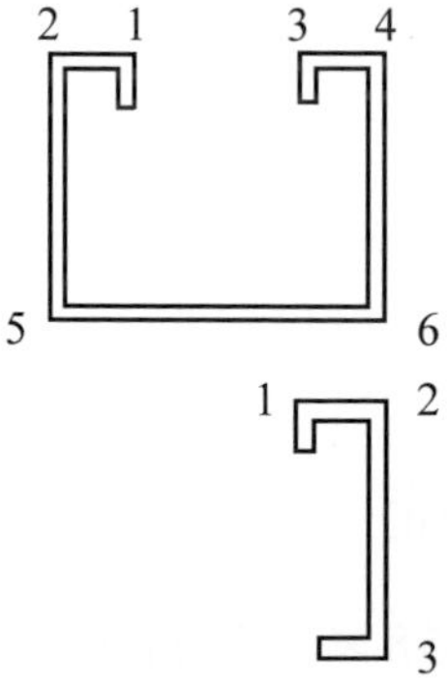

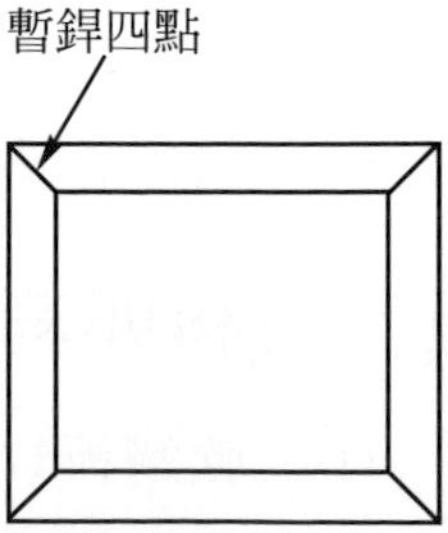

七、注意事項：

(1)　電阻銲接時，注意冷卻水是否暢通。

(2)　注意尺寸精度的控制及折摺之順序。

(3)　折摺塊調整後，注意是否已固定妥當。

實習十　銲切綜合練習(結構物)

一、單元名稱：銲切綜合練習(結構物)

二、學習目標：能使用手工具或油壓折床成型、組合及銲接

三、工作圖：

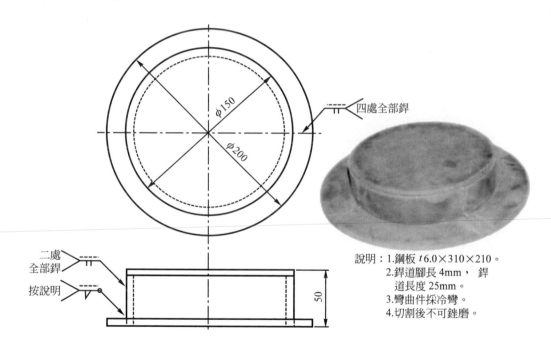

說明：1.鋼板 t6.0×310×210。
　　　2.銲道腳長 4mm， 銲道長度 25mm。
　　　3.彎曲件採冷彎。
　　　4.切割後不可銼磨。

四、機具與設備：

(1)　鋼尺　(2)　圓規　(3)　劃針　(4)　中心沖　(5)　切割炬

(6)　鋼砧　(7)　電、氣銲設備各一套　(8)　冷作手工具一套

(9)　油壓折床　⑽　CO_2銲接設備

五、材料或消耗品：

(1) 軟鋼板 $t6 \times 240 \times 300$mm(每人一片)

(2) 電銲條 $\phi 2.6$(E4301)或 CO_2 銲線($\phi 1.0$)

(3) 氧、乙炔氣體

六、工作程序：

步　驟	說　　明	圖　　解
1. 準備	(1)詳閱工作圖。 (2)將鋼板擦拭乾淨。 (3)計算圓筒形展開之長度，如圖 8-25。	$L=\pi\,(D-t)/2\div225$ 圖 8-25
2. 落樣及切割	(1)按工作圖尺寸，以 1：1 落樣在鋼板上，如圖 8-26。 (2)選擇適當之切割火嘴並換裝上。 (3)按切割要領，將①②③構件切割，如圖 8-27、8-28。 (4)使用敲渣鎚清除各毛邊，以利組合。	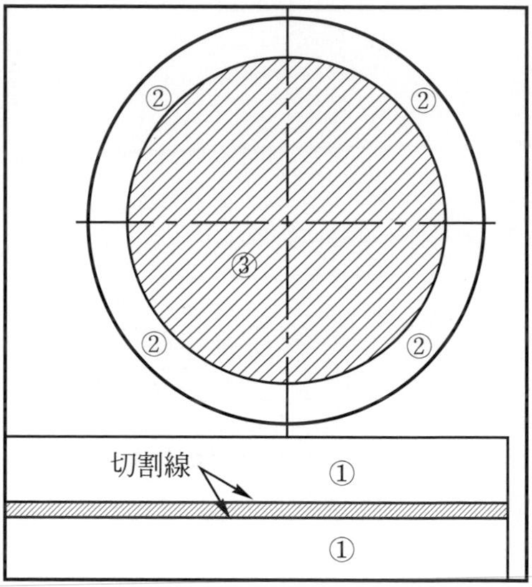 圖 8-26
3. 彎曲成型	(1)先將構件①表面畫出適當間隙之平行線。 (2)再將鋼板置於二根實心圓鋼上，如圖 8-28。 (3)利用弧形壓錘及榔頭，從兩端先彎曲，而後沿著順序向中央彎曲。 (4)彎曲時，隨時用樣板核對。	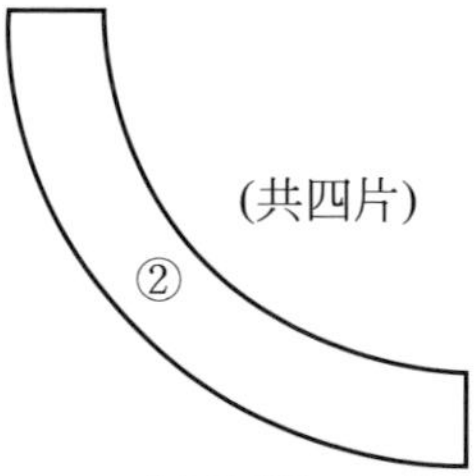 (共四片) 圖 8-27 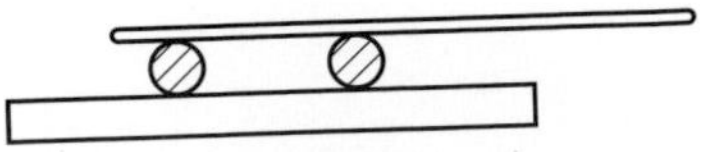 圖 8-28

(續前表)

步　驟	說　明	圖　解
4.組合銲接	(1)將二個半圓筒先組合點銲，如圖 8-29。 (2)將構件②組合成圖 8-30之圓環形狀。 (3)圓筒構件套入圓環內，並用點銲固定。 (4)最後將構件③置於圓筒上固定之。 (5)檢查各構件之相關位置是否正確。 (6)按工作圖之說明全部銲接完成。	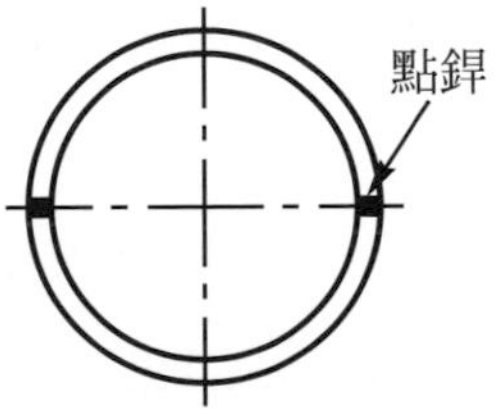 點銲　　點銲 圖 8-29 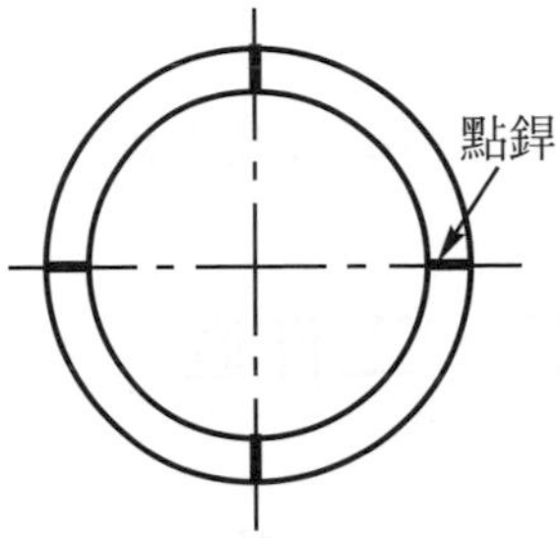　　圖 8-30
5.檢查	(1)銲接位置是否正確。 (2)彎曲件表面是否平滑。 (3)電銲腳長是否合乎要求。 (4)切割面是否均勻美觀。	

七、注意事項：

(1)　彎曲件不可有超彎或不足之現象，應用樣板校對檢查。

(2)　鋼板彎曲時，應依平行線折彎成型或手工搥打，否則半圓筒形會產生扭彎之現象。

實習十一 氣銲平銲銲道運行(不加銲條)

一、單元名稱： 氣銲平銲銲道運行(不加銲條)

二、學習目標： 熟練銲炬之移動與熔池之識別

三、工作圖：

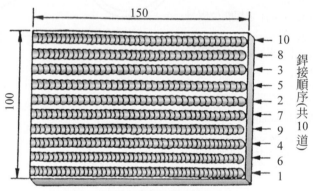

說明：依順序銲接可防止變形

四、機具與設備：

(1) 氣銲設備一套 (2) 魚口鉗 (3) 劃針 (4) 石筆 (5) 鐵鎚
(6) 鋼絲刷 (7) 棉紗手套

五、材料或消耗品：

(1) 氧氣 1 瓶
(2) 乙炔氣 1 瓶
(3) 肥皂水
(4) 軟鋼板 $t1.2 \times 100 \times 150$(每人一片)

六、工作程序：

步　驟	說　明	圖　解
1. 準備	(1)母材表面以鋼絲刷清潔，用石筆或劃針每隔10mm劃平行線。 (2)選用#50火嘴並換裝上。 (3)調整工作壓力，氧氣1.5kg/cm²乙炔氣0.2kg/cm²。 (4)戴棉紗手套及墨鏡。 (5)將母材兩端墊高，勿與工作檯密接，如圖8-31。(可用角鋼或耐火磚墊高)	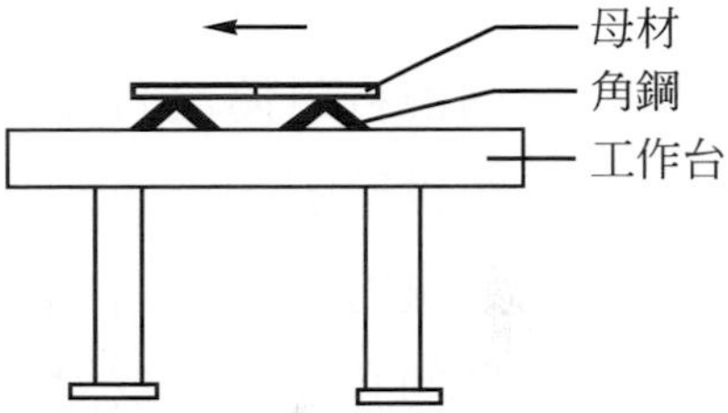 母材 角鋼 工作台 圖8-31
2. 姿勢	(1)坐於工作檯的正前面。 (2)橡皮管橫放於膝上。 (3)點火並調成中性焰。 (4)輕握銲炬，並保持銲炬不與身體接觸。	 45° 90° 進行方向 圖8-32
3. 熔化母材形成銲道	(1)焰心與母材保持2～3mm的距離。 (2)銲炬角度保持45°左右，如圖8-32。 (3)先熔化母材並形成4～5mm寬的熔池後，保持一定的寬度，以一定速度移動。 (4)注意不可過熱，以免形成破洞。 (5)銲道尾端易銲穿，可將銲炬更傾斜來控制，如圖8-33。	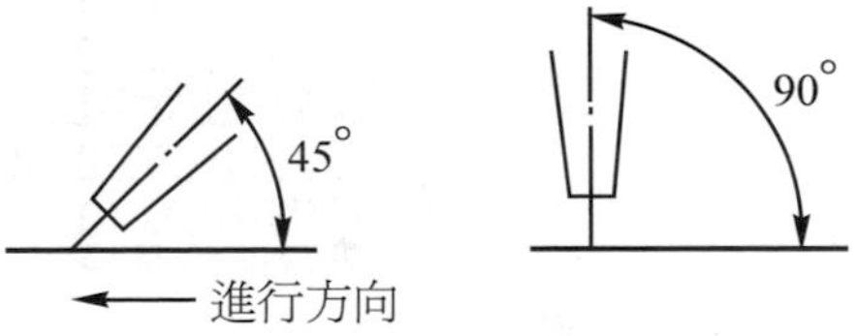 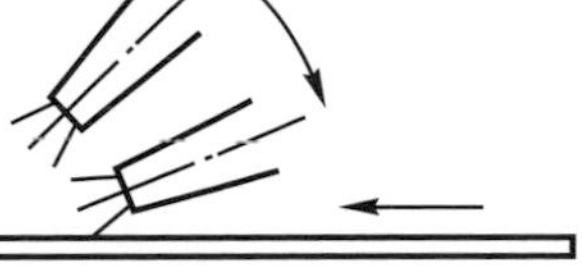 圖8-33
4. 檢查	(1)銲道寬度是否一致。 (2)銲道是否成一直線。 (3)有無燒穿。 (4)背面要有一定高度之滲透。	

七、注意事項：

(1)　火焰離開火嘴燃燒

　　①　氧氣壓力太大。

　　②　火嘴附著銲渣。

　　③　火焰大於火嘴的比例太多。

(2)　點火時發生放炮聲

　　①　管內混合氣體沒有完全排除。

　　②　乙炔供給不足。

　　③　氧氣壓力太大。

　　④　火嘴的孔徑變大或變形，及熔渣附著。

(3)　工作中發生放炮聲

　　①　火嘴過熱。

　　②　火嘴阻塞或附有熔渣。

　　③　氣體壓力不足。

實習十二 氣銲平銲銲道運行(加銲條)

一、單元名稱：氣銲平銲銲道運行(加銲條)

二、學習目標：

⑴ 熟練加銲條之銲道的操作方法。

⑵ 奠定平銲對接及橫、立銲之基礎。

三、工作圖：

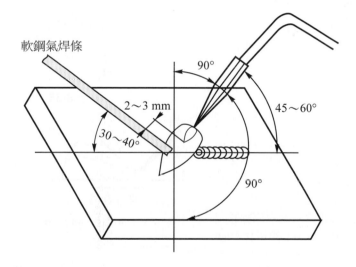

四、機具與設備：

⑴ 氣銲設備 1 套　⑵ 手工具 1 套　⑶ 工作檯架一組

五、材料或消耗品：

⑴ 軟鋼板 $t1.2 \times 100 \times 150$(每人一片)

⑵ 氣銲條 $\phi 1.6$(每人 4 支)

六、工作程序：

步　驟	說　　　明	圖　　　　　　　　　　　解
1. 準備	(1)母材表面以鋼絲刷清潔，用石筆或劃針每隔10mm劃平行線，如圖8-34。 (2)選用#50火嘴並換裝上。 (3)調整工作壓力，氧氣2kg/cm²，乙炔氣0.3kg/cm²。 (4)穿戴手套及墨鏡。	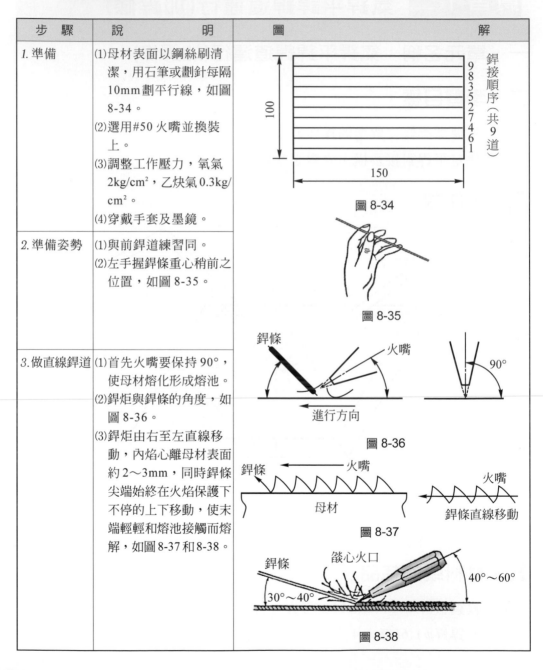
2. 準備姿勢	(1)與前銲道練習同。 (2)左手握銲條重心稍前之位置，如圖8-35。	
3. 做直線銲道	(1)首先火嘴要保持90°，使母材熔化形成熔池。 (2)銲炬與銲條的角度，如圖8-36。 (3)銲炬由右至左直線移動，內焰心離母材表面約2～3mm，同時銲條尖端始終在火焰保護下不停的上下移動，使末端輕輕和熔池接觸而熔解，如圖8-37和8-38。	

(續前表)

步　　　驟	說　　　明	圖　解
3.做直線銲道	(4)保持熔池一定之寬度直線前進，遇有將銲穿的現象時，應將火嘴傾斜。 (5)如銲道中斷再接續時，應從接頭後方約 10mm 處，垂直加熱銲道至熔化後，再依前述要領繼續銲接，如圖 8-39。	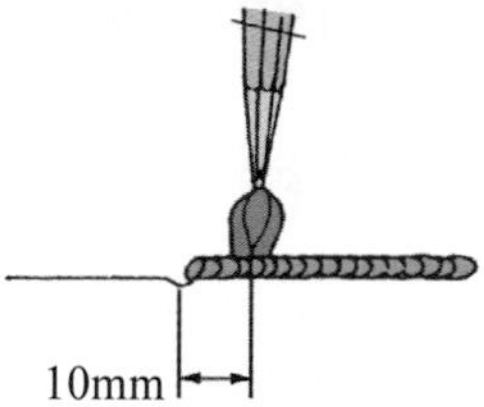 10mm 圖 8-39
4.銲道收尾	(1)在銲道末端比較容易銲穿，火嘴應稍為傾斜。 (2)將熔池完全填滿，如圖 8-40。	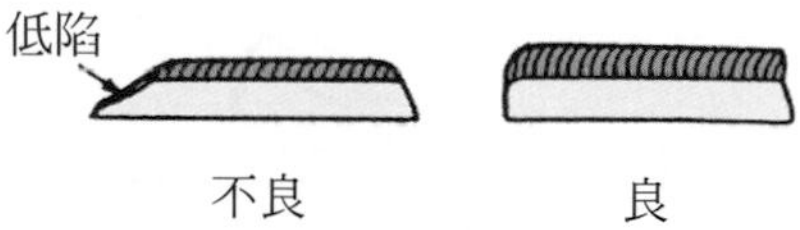
5.檢查	(1)銲道寬度需一致，波形均勻。一般銲道寬度約為直徑的 2～2.5 倍。 (2)銲道高度及直線度要一致。 (3)檢查背面滲透是否均勻，若滲透太多，則表面會下陷。 (4)不可有銲蝕、銲淚及氣孔等現象發生。	低陷 不良　　　　良 圖 8-40

七、注意事項：

(1) 直線銲道要達到上述之要求並非易事，學者應利用時間加強練習，以奠定良好之銲接基礎。

(2) 短銲條不可拋棄，應黏接後繼續使用。

(3) 織動法銲接應用在寬銲道上或厚板 V 型槽的銲接用。

(4) 為了防止變形，應注意銲接順序，若變形過大時用鐵鎚敲平後再繼續銲接。

實習十三 氣銲平銲對接(不加銲條)

一、單元名稱：氣銲平銲對接(不加銲條)

二、學習目標：熟悉薄板對接之操作要領

三、工作圖：

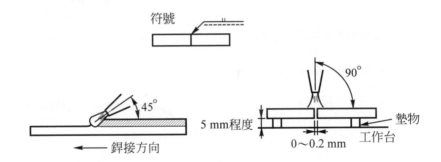

四、機具與設備：

(1) 氣銲設備 1 套 (2) 手工具 1 套 (3) 工作檯架 1 組

五、材料或消耗品：

軟鋼板 $t1.0 \times 25 \times 150$(每人 8 片)。

六、工作程序：

步　驟	說　　明	圖　解
1.準備	(1)母材表面用鋼絲刷清潔。 (2)選用#50火嘴。 (3)調整工作壓力，氧氣 1.5kg/cm²，乙炔氣0.2kg/cm²。 (4)穿戴手套及墨鏡。	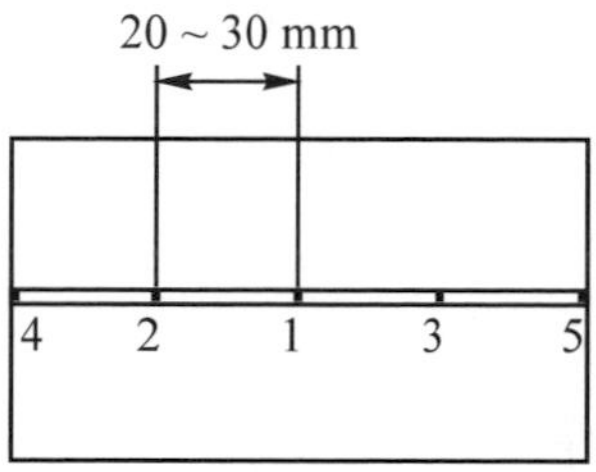 20～30 mm 4　2　1　3　5 圖 8-41
2.暫銲	(1)鋼板水平放置，由中間起每隔30mm銲一點，以固定兩片鋼板，如圖8-41。 (2)點銲時火嘴需垂直使板全部滲透，但銲點要小。 (3)點銲後材料會變形，可用鐵鎚敲平後再銲。	外燄護罩 銲把 銲接方向 熔池 圖 8-42
3.銲接	(1)材料必須墊高，否則不易滲透。 (2)操作要領與前單元所述相同。 (3)銲炬角度如圖8-42。	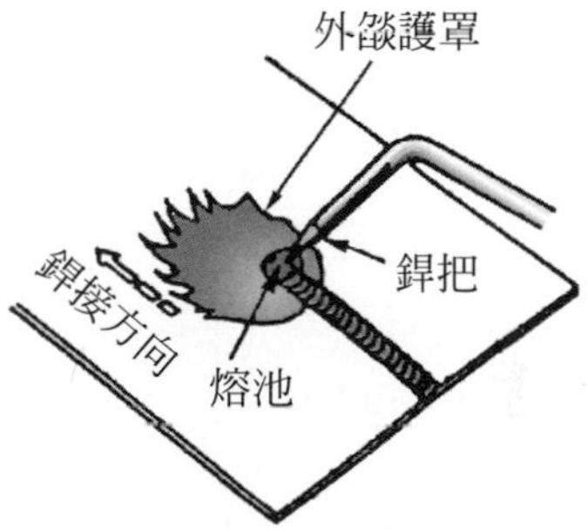
4.檢查	(1)銲道高度，寬度是否一致。 (2)銲道表面是否均勻。 (3)銲道表面有無銲蝕、銲淚之現象。 (4)背面滲透是否均勻，不可中間中斷之現象。 (5)夾於虎鉗上，用鐵鎚打彎檢查，以確定有無裂開融合不良等缺陷，如圖8-43。	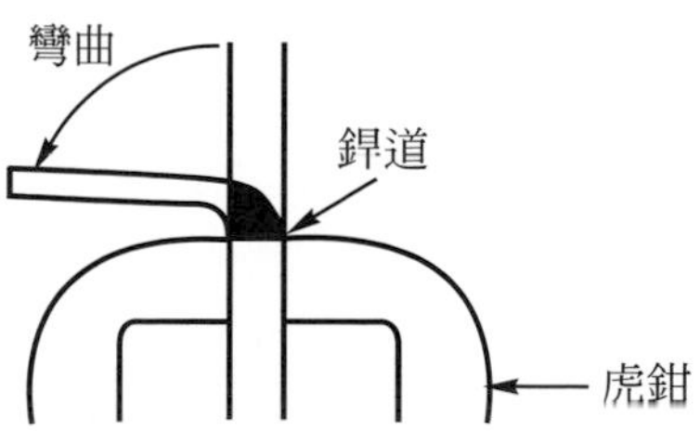 彎曲 銲道 虎鉗 圖 8-43

七、注意事項：

(1) 暫銲時，須均勻加熱二片鋼板，直至熔化後予以接合。

(2) 前手銲法一般使用在 3mm 以下之薄板較適合。

(3) 滲透不良之原因是火嘴角度過大或火焰太小之故。

(4) 薄板對接不加銲條，宜調整中性焰稍弱，運行速度加快。

實習十四 氣鉗平鉗對接(加鉗條)

一、單元名稱：氣鉗平鉗對接(加鉗條)

二、學習目標：熟悉薄板對接之操作要領

三、工作圖：

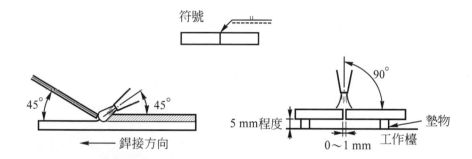

四、機具與設備：

(1)　氣鉗設備 1 套　(2)　手工具 1 套　(3)　工作檯架 1 組

五、材料或消耗品：

(1)　軟鋼板 $t1.0 \times 25 \times 150$(每人 8 片)

(2)　氣鉗條$\phi 1.6$(每人 4 支)

六、工作程序：

步　　　　驟	說　　　明	圖　　解
1. 準備	(1)母材表面用鋼絲刷清潔。 (2)選用#50 火嘴。 (3)調整工作壓力，氧氣為 1.5kg/cm²，乙炔氣為 0.2kg/cm²。 (4)穿戴手套及墨鏡。	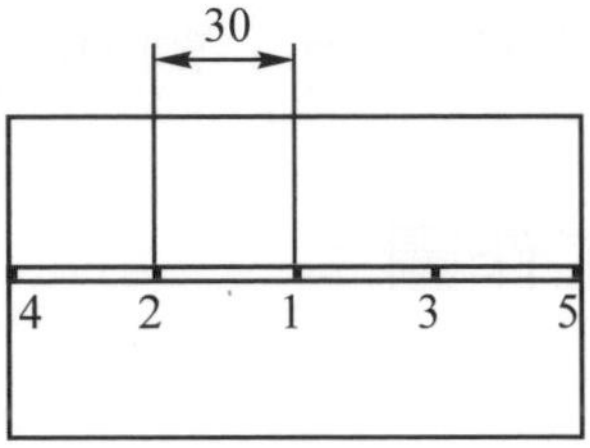 圖 8-44
2. 暫銲	(1)鋼板水平放置，由中間起每隔 30mm 銲一點，以固定兩片鋼板，如圖 8-44。 (2)點銲時火嘴需垂直使板全部滲透，但銲點要小。 (3)點銲後材料會變形，可	
3. 銲接	(1)材料必須墊高，否則不易滲透。 (2)操作要領與前單元所述相同。 (3)銲炬與銲條角度如圖 8-45。	圖 8-45
4. 檢查	(1)銲道高度，寬度是否一致。 (2)銲道表面是否均勻。 (3)銲道表面有無銲蝕、銲淚之現象。 (4)背面滲透是否均勻，不可中間中斷之現象。 (5)夾於虎鉗上，用鐵鎚打彎檢查，以確定有無裂開融合不良等缺陷，如圖 8-46。	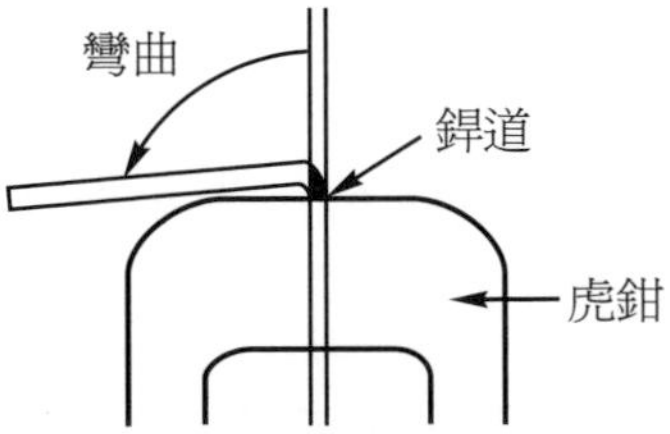 圖 8-46

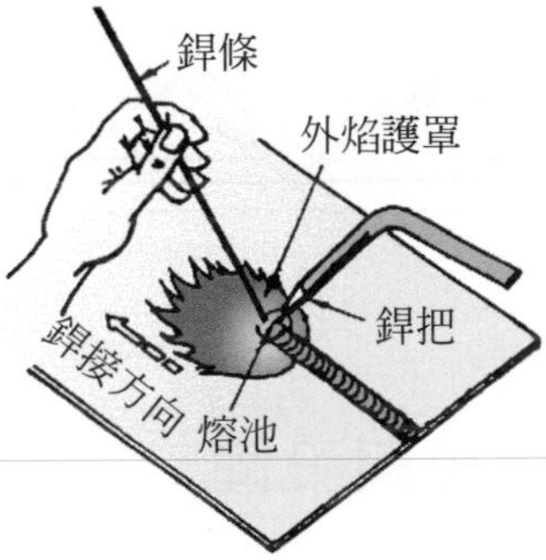

七、注意事項：

(1) 暫銲時，須均勻加熱兩片鋼板，直至熔化後才加入銲條。

(2) 前手銲法一般使用在 3mm 以下之薄板較適合。

(3) 滲透不良之原因是火嘴角度過大或火焰太小之故。

實習十五 氧乙炔手動氣體切割

一、單元名稱：氧乙炔手動氣體切割

二、學習目標：

(1) 能夠選用及安裝切割火嘴。

(2) 能使用切割炬在鋼板上作直線切割。

三、工作圖：

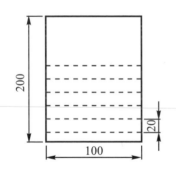

四、機具與設備：

(1) 氣銲設備一套 (2) 工作檯 (3) 切割炬 (4) 手工具一套

(5) 切割火嘴一組 (6) 鋼尺

五、材料或消耗品：

(1) 氧氣

(2) 乙炔氣

(3)　肥皂水

(4)　石筆

(5)　軟鋼板$t6 \times 100 \times 200$mm(每人一片)

六、工作程序：

步　驟	說　　明	圖　　解
1.準備	(1)在軟鋼板上畫出切割線，如工作圖所示。 (2)裝冷卻水及放置銲炬架，併將鋼板置於切割台上，如圖8-47。 (3)調整氧氣壓力 2.5kg/cm²，乙炔壓力 0.2kg/cm²。	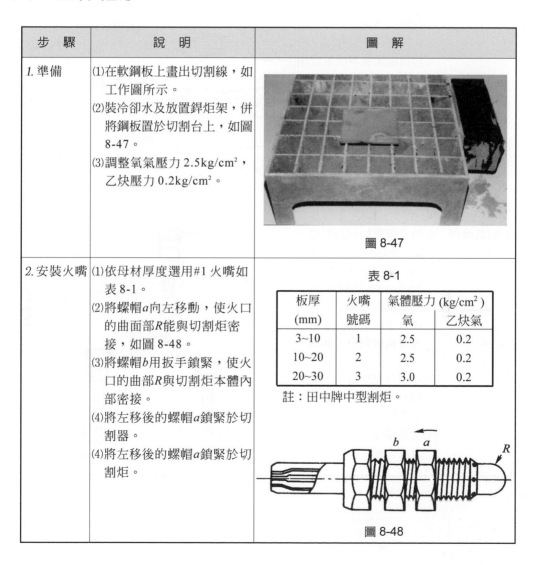 圖 8-47
2.安裝火嘴	(1)依母材厚度選用#1 火嘴如表 8-1。 (2)將螺帽a向左移動，使火口的曲面部R能與切割炬密接，如圖 8-48。 (3)將螺帽b用扳手鎖緊，使火口的曲部R與切割炬本體內部密接。 (4)將左移後的螺帽a鎖緊於切割器。 (4)將左移後的螺帽a鎖緊於切割炬。	表 8-1

表 8-1

板厚 (mm)	火嘴 號碼	氣體壓力 (kg/cm²)	
		氧	乙炔氣
3~10	1	2.5	0.2
10~20	2	2.5	0.2
20~30	3	3.0	0.2

註：田中牌中型割炬。

圖 8-48

(續前表)

步　驟	說　明	圖　解
3.調整火焰	(1)點火後，按母材厚度調整爲適當之中性焰，如圖 8-49。 (2)打開高壓氣閥，形成圖 8-50 所示之碳化焰，則稍微加大氧氣流量或減少乙炔氣流量，即會形成圖 8-51 所示之形狀。 (3)關閉高壓氣閥，立即顯出標準的切割火焰，即中性焰，如圖 8-52。	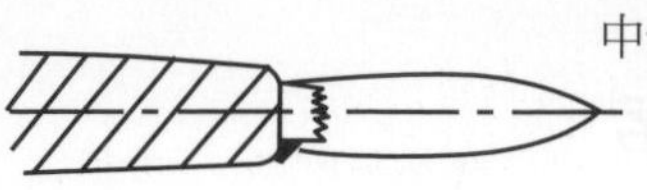 中性焰　圖 8-49 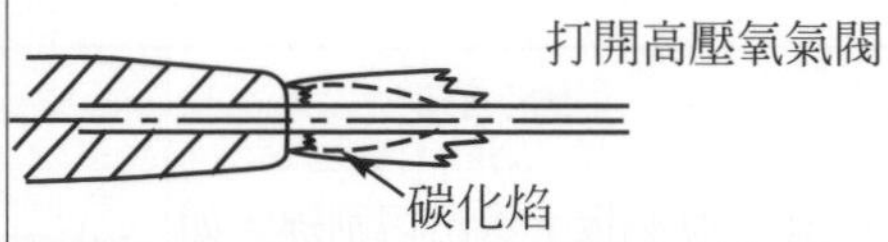 打開高壓氧氣閥　圖 8-50 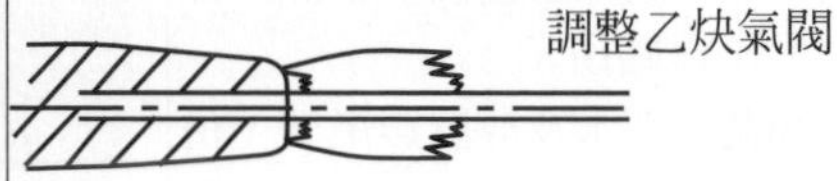 碳化焰 調整乙炔氣閥　圖 8-51 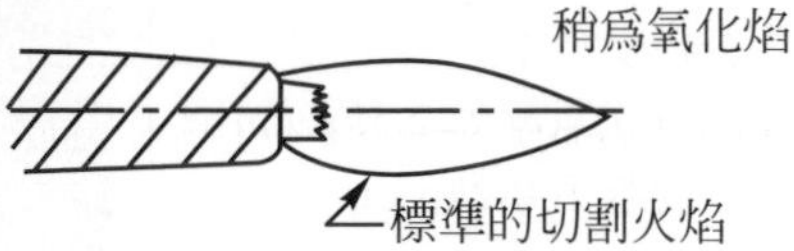 稍爲氧化焰　圖 8-52 標準的切割火焰
4.切割直線	(1)將火嘴置於切割的起點，與母材保持 90 度，焰心與切割物保持 2～3mm，如圖 8-53。 (2)預熱鋼板端部呈暗紅色後，立即旋開高壓氣閥並移動切割炬，如圖 8-54。 (3)切割至末端時，迅速關閉高壓氧氣閥，並移開切割炬。 (4)重複操作，按前述要領全部切割。	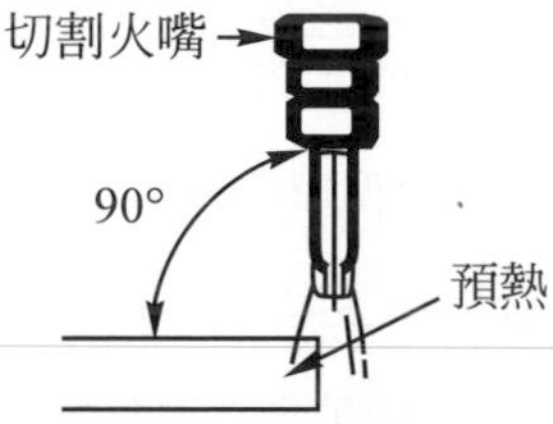 切割火嘴 90°　預熱 圖 8-53 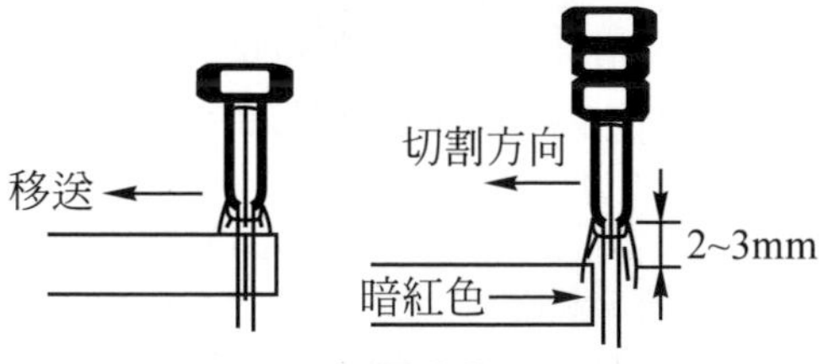 移送 ←　切割方向 暗紅色 →　2～3mm 圖 8-54

(續前表)

步　　驟	說　　明	圖　　解
5.檢查	(1)切割精度是否良好。 (2)切割面的角度是否直角。 (3)切割部上緣有無圓角，如圖8-55。 (4)切割面是否平滑(切割紋路均勻，無凹溝)，如圖8-56。 (5)有無熔渣附著。	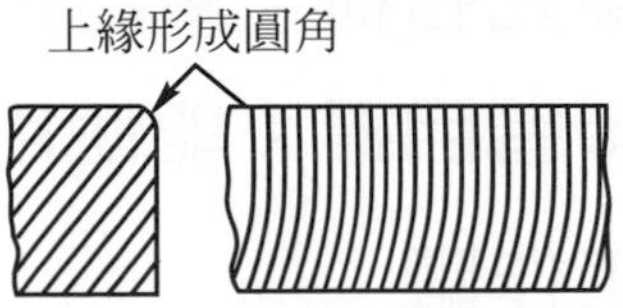 上緣形成圓角 圖 8-55 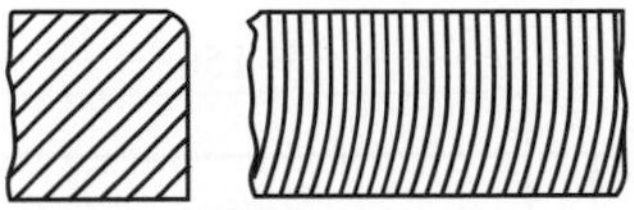 良好的切割面 圖 8-56

七、注意事項：

(1)　切割中途，無法切下鋼板時，應立即關閉高壓氧氣閥，重新預熱再作切割。

(2)　切割終了，若切割片未掉落，勿利用切割炬當作鐵鎚敲下，以免損壞切割炬。

(3)　安裝或拆卸火嘴，手要握緊切割炬頭，不可握持空心銅管處，以免銅管受力而變形彎曲。

(4)　關閉各閥，因屬銅製品，用力宜輕，尤其戴手套時更應注意。

(5)　火嘴過熱時，應將預熱氣閥、高壓氧氣閥打開，然後浸入水中冷卻。

實習十六　氧乙炔直線切割(加導規)

一、單元名稱： 氧乙炔直線切割(加導規)

二、學習目標： 能使用導規輔助作直線切割

三、工作圖：

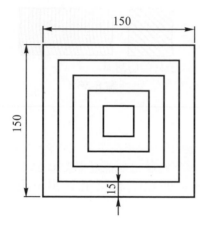

四、機具與設備：

(1)　氣銲設備一套　(2)　手工具一套　(3)　工作檯　(4)　導規

(5)　鋼尺　(6)　切割火嘴

五、材料或消耗品：

(1)　氧、乙炔氣

(2)　肥皂水

(3)　石筆

(4)　軟鋼板$t6 \times 150 \times 150$mm(每人一片)

六、工作程序：

步　　驟	說　　明	圖　　解
1. 準備	(1)在軟鋼板上畫出切割線，如圖 8-57。 (2)用中心衝衝眼，如圖 8-57。 (3)將材料置於工作檯上。 (4)選擇#1 火嘴，安裝於切割炬上。 (5)調整氧氣乙炔的壓力(氧氣 2kg/cm²，乙炔 0.3kg/cm²)。	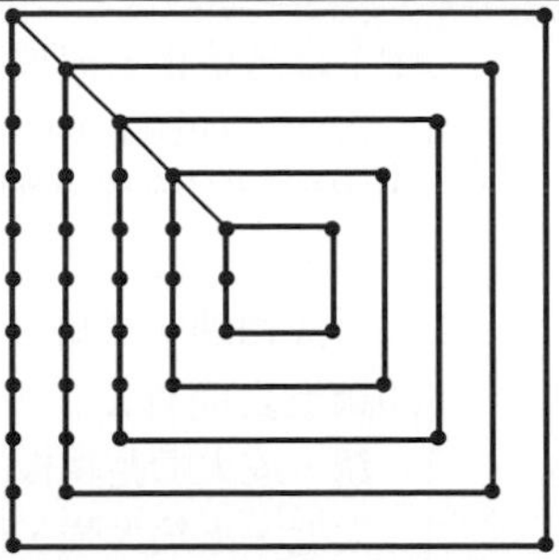 圖 8-57
2. 切割	(1)將直線導規置於切割線旁，距離 3mm 左右，如圖 2。 (2)首先切割"引導線"，以利進行各線之切割，如圖 8-58。 (3)按照圖 8-59 所示，依序切割(1→2→3→4)。 (4)重複操作，按前述要領全部切割完畢。 (5)成品如圖 8-60 所示。	 圖 8-58 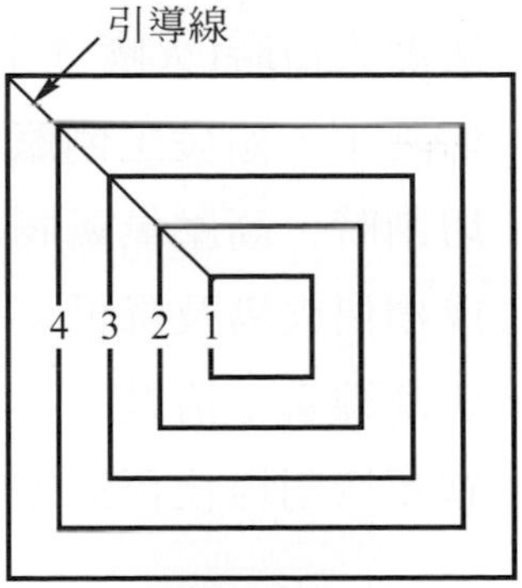 引導線 4 3 2 1 圖 8-59  圖 8-60

(續前表)

步　驟	說　明	圖　解
3.檢查	⑴上緣角熔化，則預熱火焰太強，如圖 8-61。 ⑵切斷面下緣熔渣附著太多，係火嘴太高、火嘴汙染或損壞，如圖 8-62。 ⑶鋼板表面有氧化膜、鐵銹，或火嘴距鋼板的距離太近、火焰太強，使上緣呈珠鏈狀，如圖 8-63。	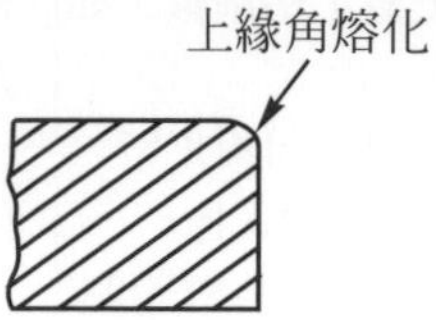 上緣角熔化 下緣熔渣 圖 8-61 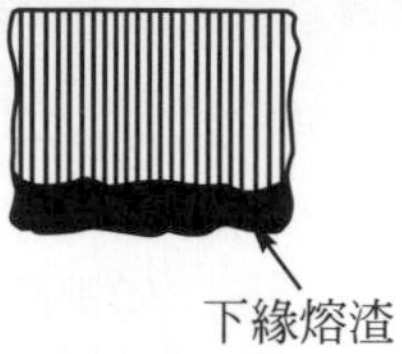　　圖 8-62 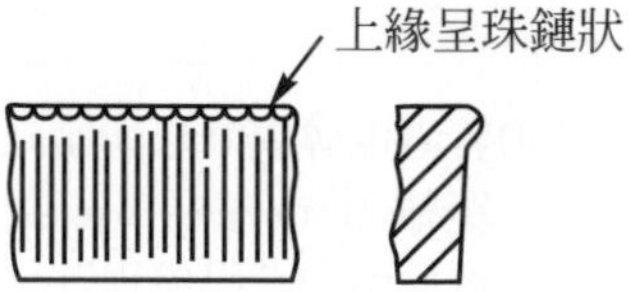 上緣呈珠鏈狀 圖 8-63

七、注意事項：

(1)　清潔火口時(火嘴先冷卻)，通針要垂直插入，以免損傷孔壁。

(2)　切割中，如發生**倒燃**現象，應立即關閉氧氣閥，再關乙炔氣閥。

(3)　切割時，高壓氧氣閥急速開啓，熔融金屬會噴上，容易招致燙傷或損傷火嘴及降低切割精度。

(4)　切割線看不清楚，一口氣切完有困難時，應將切割氧氣閥關閉，確認切割線後再繼續切割。

實習十七 電銲平銲起弧及基本走銲

一、單元名稱：電銲平銲起弧及基本走銲

二、學習目標：能正確起弧及基本走銲

三、工作圖：

 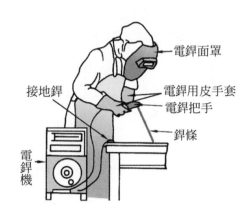

四、機具與設備：

(1) 電銲機　(2) 手工具一套　(3) 保護用具一套　(4) 工作檯

五、材料或消耗品：

(1) 軟鋼板 $t6.0 \times 150 \times 150$mm(每人一片)

(2) 電銲條 $\phi 3.2$(軟鋼用電銲條)

六、工作程序：

步　　　驟	說　　　明	圖　　　　　解
1. 準備	(1)清潔銲接母材表面之鐵銹及附著物。 (2)用石筆在母材上劃銲接線。 (3)選擇適當之銲條。 (4)配合電銲條粗細調整銲接時所需之電流。	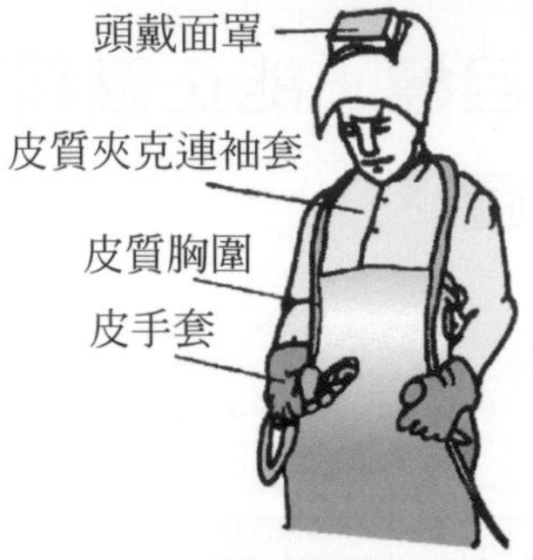 圖 8-64　夾緊銲條 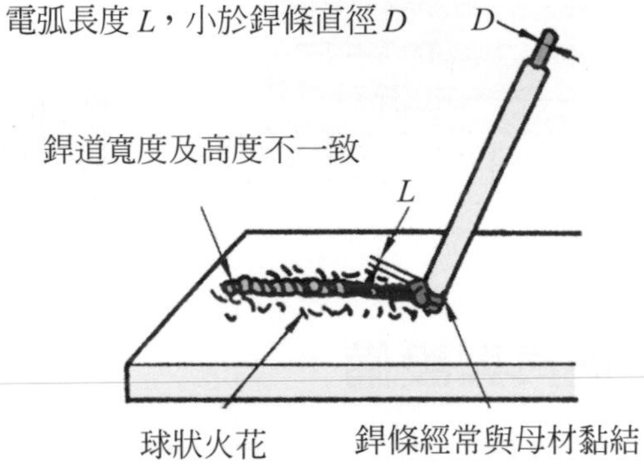 電弧長度 L，小於銲條直徑 D 銲道寬度及高度不一致
2. 起弧	(1)開動電銲機。 (2)一手握銲把，另一手將銲條插置於銲把之夾頭內，如圖 8-64。 (3)將銲把夾持之銲條尖端向下，距離母材預定高度約 3 公分左右，如圖 8-65。 (4)將銲把傾斜下壓，摩擦母材起弧之，如圖 8-66。	球狀火花　　銲條經常與母材黏結 圖 8-65　電弧太短 電弧長度　電銲條 高度約 3 公分 銲接方向　母材 圖 8-66　摩擦起弧

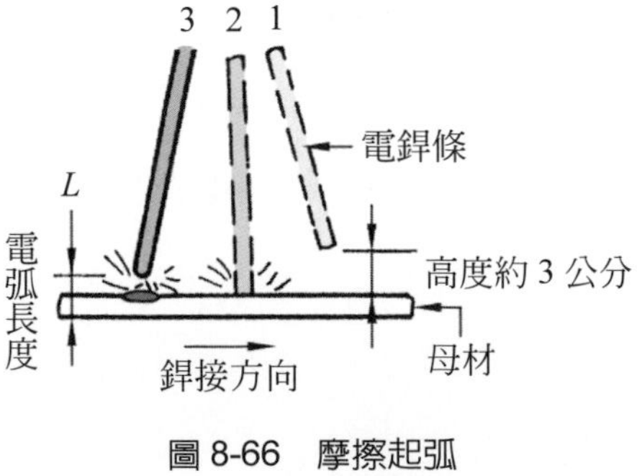

(續前表)

步　　驟	說　　明	圖　　　　　　　　解
3.直線走銲	(1)起弧成功後，銲條緩慢朝銲接方向移動，以平銲而言，工作角度為90°，移行角度為65°～80°，進行走銲，如圖8-67。 (2)銲接方向一般均係由左至右，但由右至左亦可。 (3)保持銲條與母材熔池之標準電弧長度，約為銲條蕊線之直徑。 (4)走銲時應視熔池之熔化情形及銲道之寬度與高度而定銲接速度，並以相同速度施銲。 (5)電弧太短，銲道寬度及高度不一致，銲條經常與母材黏接，如圖8-68。 (6)電弧太長，銲道紋路粗糙且平坦，熔池大，滲透力低。如圖8-69。	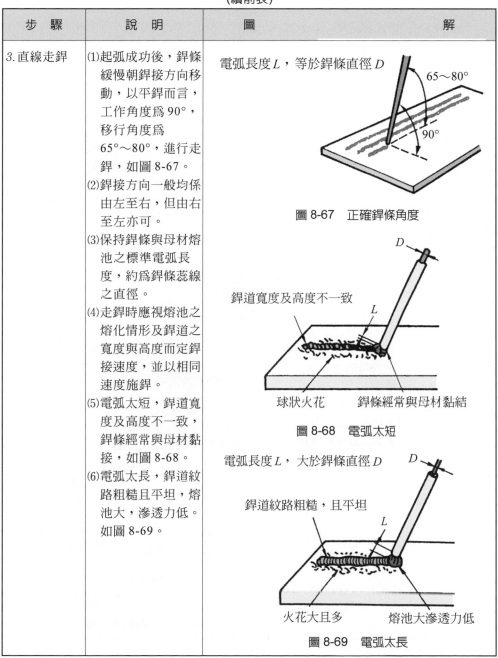

(續前表)

步　驟	說　明	圖　　　　　　　解
3.直線走銲	(7)標準電弧，銲道紋路細，且美觀滲透良好，如圖 8-70。	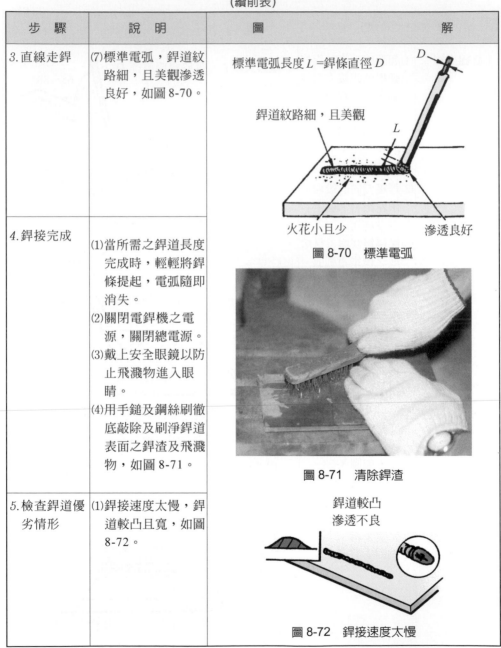 標準電弧長度 L =銲條直徑 D 銲道紋路細，且美觀 火花小且少　　　　滲透良好 圖 8-70　標準電弧 圖 8-71　清除銲渣
4.銲接完成	(1)當所需之銲道長度完成時，輕輕將銲條提起，電弧隨即消失。 (2)關閉電銲機之電源，關閉總電源。 (3)戴上安全眼鏡以防止飛濺物進入眼睛。 (4)用手鎚及鋼絲刷徹底敲除及刷淨銲道表面之銲渣及飛濺物，如圖 8-71。	
5.檢查銲道優劣情形	(1)銲接速度太慢，銲道較凸且寬，如圖8-72。	銲道較凸 滲透不良 圖 8-72　銲接速度太慢

(續前表)

步　　　驟	說　　　明	圖　　　　　　　　解
5.檢查銲道優劣情形	(2)銲接速度太快，銲道波紋較長，銲道凸且窄，熔池有氣孔，如圖8-73。 (3)銲接電流太低，銲道無法一致，且易斷弧表面有夾渣，如圖8-74。 (4)銲接電流太高，銲道波紋較粗，熔池下凹，且易生銲蝕，如圖8-75。 (5)正常銲道，銲道均勻美觀，熔池良好，如圖8-76。 (6)檢查銲道收尾是否良好。	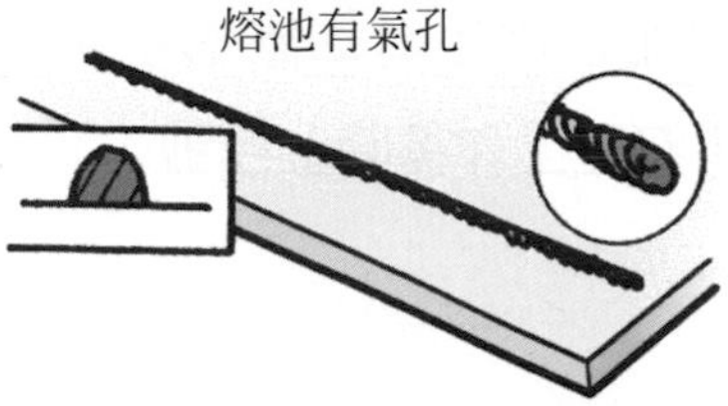 銲道波紋較長 熔池有氣孔 圖 8-73　銲接速度太快 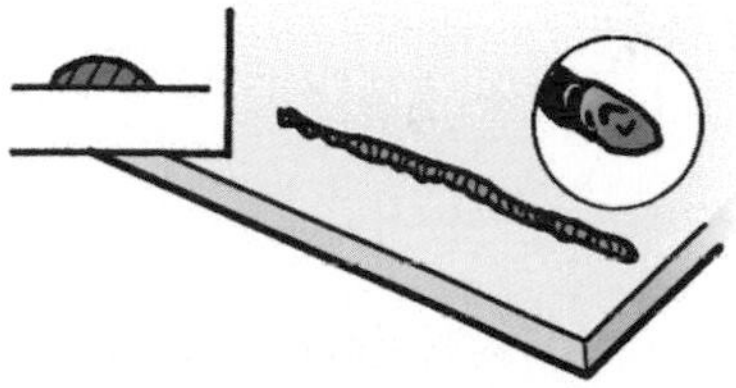 銲道無法一致 表面有夾渣 圖 8-74　銲接電流太低 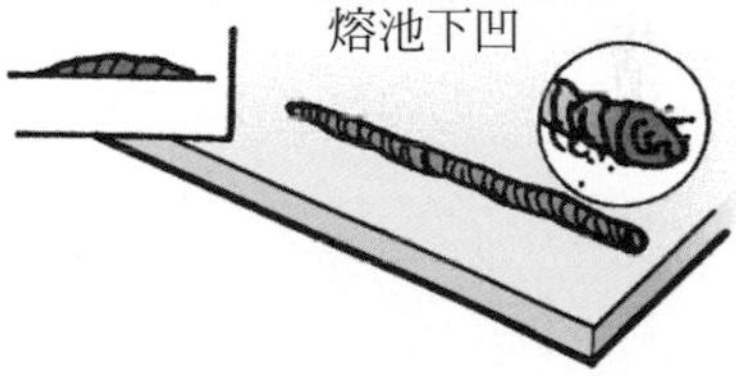 銲道波紋較粗 熔池下凹 圖 8-75　銲接電流太高  銲道均勻美觀 熔池良好 圖 8-76　正常銲道

七、注意事項：

(1)　沿施銲方向前進時，應注意銲條之下壓，以便保持一定的電弧長度。

(2)　電弧之產生與切斷需反覆練習，使銲條不黏住鋼板爲止。

(3)　**切勿在工作檯面上引弧**，以保持檯面之光滑(可事先放廢料供引弧用)。

實習十八　電銲平銲織動式銲道

一、單元名稱：電銲平銲織動式銲道

二、學習目標：能熟悉織動式銲道的方法

三、工作圖：

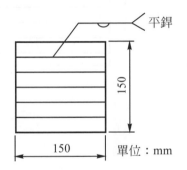

平銲

150

150

單位：mm

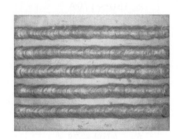

四、機具與設備：

(1)　電銲機　(2)　手工具一套　(3)　夾式電流表　(4)　保護用具一套

(5)　工作檯

五、材料或消耗品：

(1)　軟鋼板 $t9 \times 150 \times 150$ mm(每人一片)

(2)　電銲條 $\phi 4.0$(E4301)

六、工作程序：

步　　驟	說　　明	圖　　　　　　　　解
1. 準備	(1)在母材上畫直線，每一間隔為 20mm，如圖 8-77。(剛開始練習時，用中心衝打衝眼)。 (2)將母材水平置於工作檯上。 (3)啓動電銲機，並調整電流 150～170A。 (4)姿勢要領如前所述。	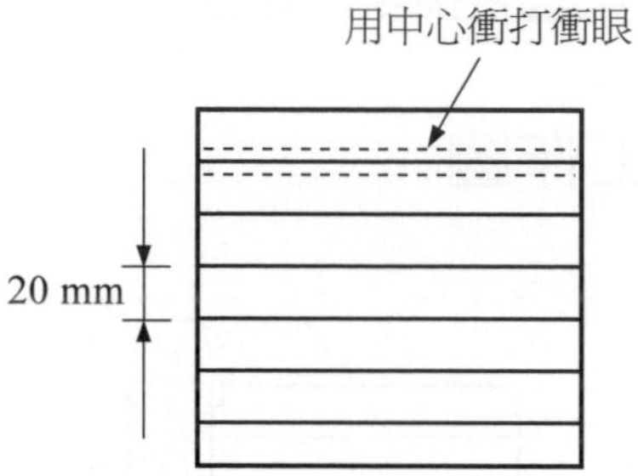 用中心衝打衝眼 20 mm 圖 8-77
2.織動銲道	(1)將銲條夾於適當的爪溝中，保持與母材成 90°角，如圖 8-78。	 圖 8-78

(續前表)

步　　驟	說　　明	圖　　解
2.織動銲道	(2)電銲條從畫線的中心向上側、下側交互擺動，如圖8-79。 (3)織動時，電銲條在兩端稍停留，中央較快，且間隔要均勻。 (4)擺動時，勿用手腕運動，應該整個手臂移動，使電銲條平行移送，如圖8-80。 (5)接近尾端時，應縮短電弧，並轉幾個小圓圈而後提高，切斷電弧，如圖8-81。	 開始端間隔較細密 織動寬度在電銲條直徑的 3 倍以內 產生電弧處 圖 8-79  開始端間隔較細密 織動寬度在電銲條直徑的 3 倍以內 產生電弧處 圖 8-80 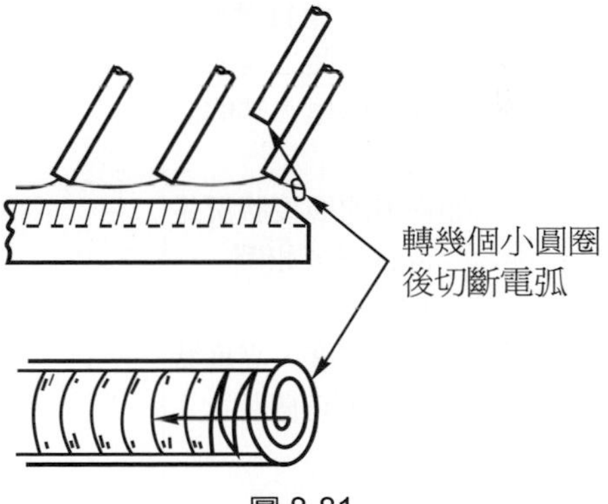 轉幾個小圓圈後切斷電弧 圖 8-81

(續前表)

步　　驟	說　　　明	圖　　　　　　　　　　　　　解
3.銲道銜接	(1)在銲道中央，將電弧縮短，斜著提高而切斷電弧，如圖8-82。 (2)清除中斷部位之銲渣約20mm。 (3)從①位置引弧預熱到②的位置，然後織動運行到③處，如圖8-83。 (4)銲至尾端時，必須將熔池填補與原銲道同高。 (5)按前述要領全部銲接完成。	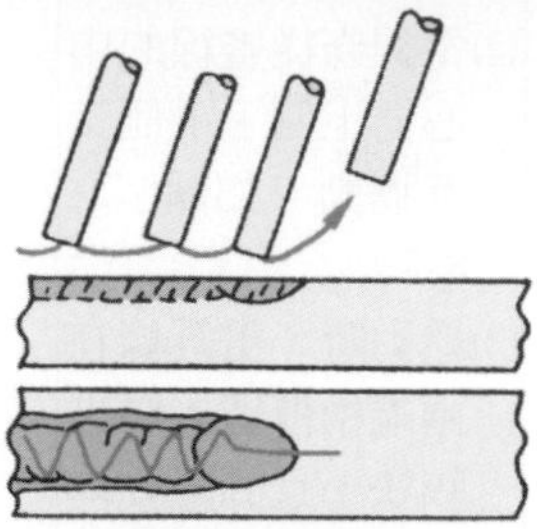 圖 8-82 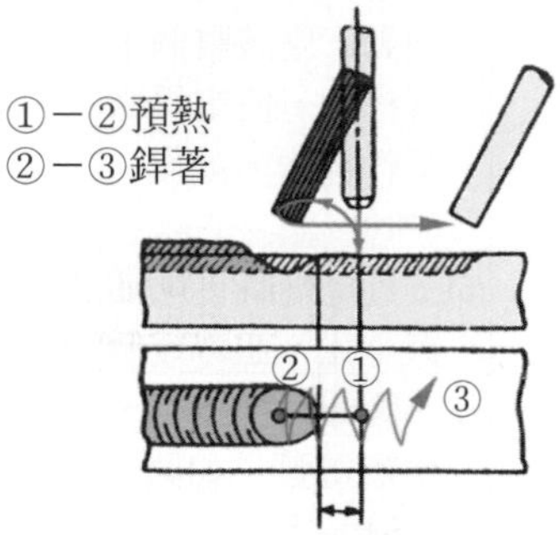 ①－②預熱 ②－③銲著 10～20mm 圖 8-83
4.檢查	(1)銲道表面有無銲蝕、過疊之現象。 (2)銲道頭尾二端的狀況。 (3)銲道的銜接狀況是否良好，如圖8-84。 (4)銲道寬度、高度狀況是否正確。	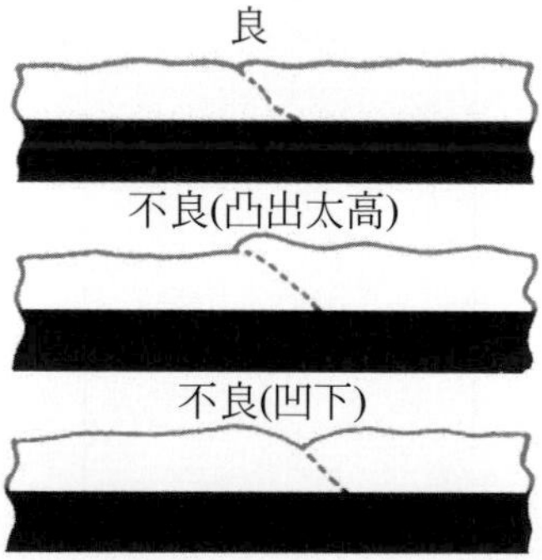 良 不良(凸出太高) 不良(凹下) 圖 8-84

七、注意事項：

(1) 銲條織動寬度，勿超過銲條直徑 3 倍，銲道高度約爲 3mm。

(2) 銲條織動必須穩定，前後間隔要一致，如圖 8-85 所示。

(3) 平銲織動式銲道的方法，如圖 8-86 所示，學者應勤加練習，以奠定其他銲接位置之基礎。

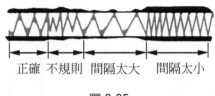

正確　不規則　間隔太大　間隔太小

圖 8-85

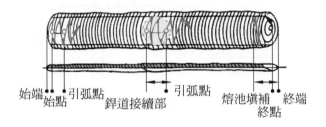

始端　引弧點　引弧點　熔池填補　終端
　始點　　銲道接續部　　　　終點

圖 8-86

實習十九　電銲橫角銲(T 型接頭)

一、單元名稱：電銲橫角銲(T 型接頭)

二、學習目標：能加工 T 型接頭作橫角銲

三、工作圖：

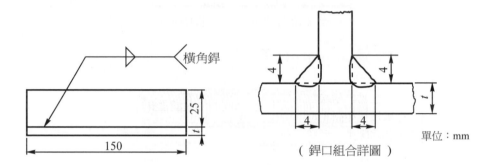

（銲口組合詳圖）

單位：mm

四、機具與設備：

(1)　敲渣鎚　(2)　鋼絲刷　(3)　平銼刀　(4)　火鉗　(5)　電銲機

(6)　工作檯

五、材料或消耗品：

(1)　扁鐵 $t3.2×25×150$mm (每人 6 片)

(2)　軟鋼板 $t2.0×25×150$mm (每人 10 片)

(3)　引弧板(產生電弧用廢料)

(4)　電銲條 E4301ϕ2.6，E4313ϕ2.0

六、工作程序：

步　驟	說　　明	圖　　　　解
1.準備	(1)清潔母材表面的油污及銹等。 (2)啟動銲機並調整電流為80A。 (3)選用E4301(φ2.6)之電銲條。	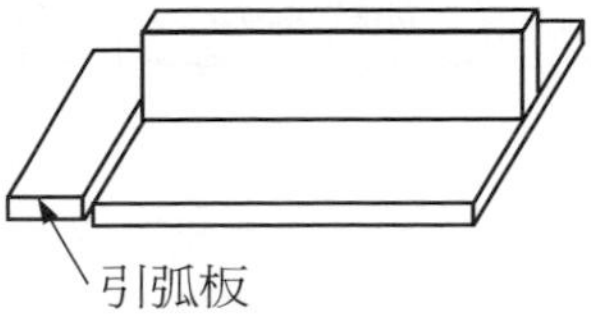 引弧板 圖 8-87
2.點銲	(1)將一組母材放在工作檯上，引弧板置於附近，如圖8-87。 (2)引弧後點銲兩端固定二片扁鐵，如圖8-88。 (3)如有間隙應以鐵鎚敲擊點銲。	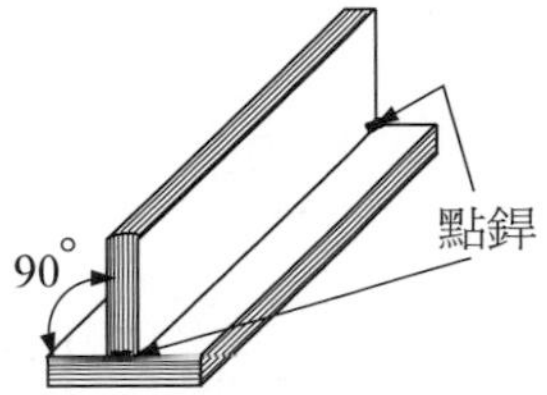 90° 點銲 圖 8-88
3.銲接	(1)產生電弧後，一邊預熱一邊移回始端，開始作直線式銲道，如圖8-89。 (2)電銲條運行角度，如圖8-90。 (3)電弧長度要短，不可使熔渣趕到電弧前面。 (4)按前述要領在另一側作相同的銲接。 (5)用敲渣鎚、鐵絲刷清理銲道。	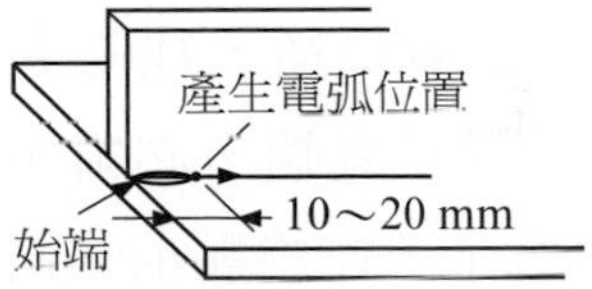 產生電弧位置 始端　10～20 mm 圖 8-89 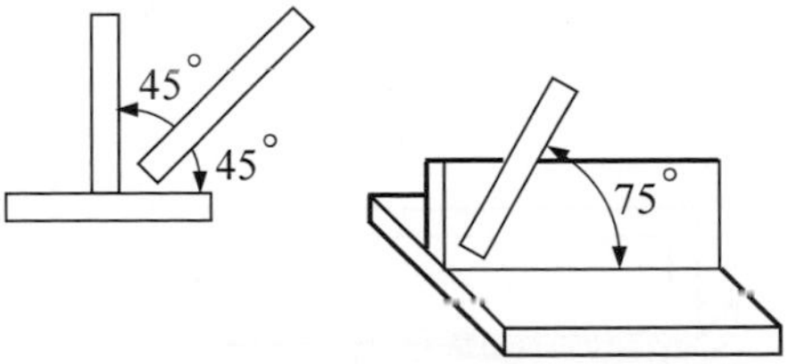 45° 45° 75° 圖 8-90

(續前表)

步　　　驟	說　　　明	圖　　　　　　　　解
4.檢查	(1)腳長是否有4mm，如圖 8-91。 (2)有無銲蝕及過疊，如圖 8-92。 (3)銲道表面是否光滑，紋路是否一致。	4 4 圖 8-91 銲蝕　　　過疊 圖 8-92

七、注意事項：

⑴　角銲銲道銜接時，應在啣接處前端約 10mm ①處引弧，然後快速移至②處啣接後，往③處進行銲接，如圖 8-93 所示。

⑵　角銲銲至尾端，必須塡補熔池與銲道同高；塡高方法如圖 8-94(a)(b)所示，在終點前先將電弧壓低切斷，再折回終點引弧補強，重複數次直到塡滿爲止。

⑶　本單元橫角銲評量及格後，可試銲 2mm 軟鋼 T 型接頭。(參考電流60A，電銲條 E4313，ϕ2.6)。

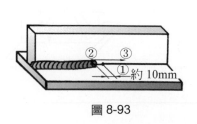

② 　 ③
①約 10mm
圖 8-93

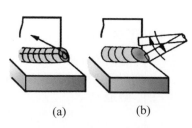

(a)　　　(b)
圖 8-94　角銲尾端之塡補

實習二十　電銲平銲 I 形槽對接

一、單元名稱：電銲平銲 I 形槽對接

二、學習目標：能熟悉平銲 I 形對接之技能

三、工作圖：

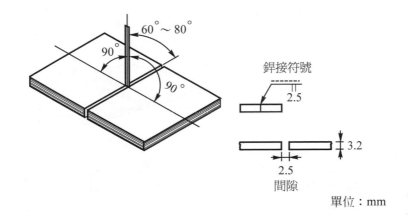

銲接符號

2.5

3.2

2.5
間隙

單位：mm

四、機具與設備：

(1)　手工具一套　(2)　電銲機　(3)　夾式電流表　(4)　保護用具一套

(5)　工作檯

五、材料或消耗品：

(1)　軟鋼板 $t3.2 \times 150 \times 200$mm(每人一片)

(2)　電銲條 $\phi 2.6$(E4311)，$\phi 3.2$(E4301)

六、工作程序:

步 驟	說 明	圖 解
1. 準備	(1)配戴防護用具。 (2)母材表面除銹,銼去背面毛邊。 (3)根部面銼成直角,如圖 8-95。 (4)啓動銲機,調整電流 80A。	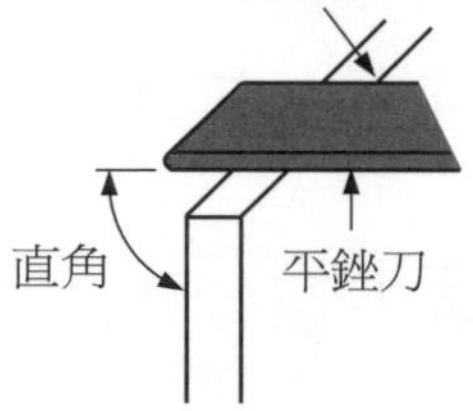 對接面 直角　平銼刀 圖 8-95 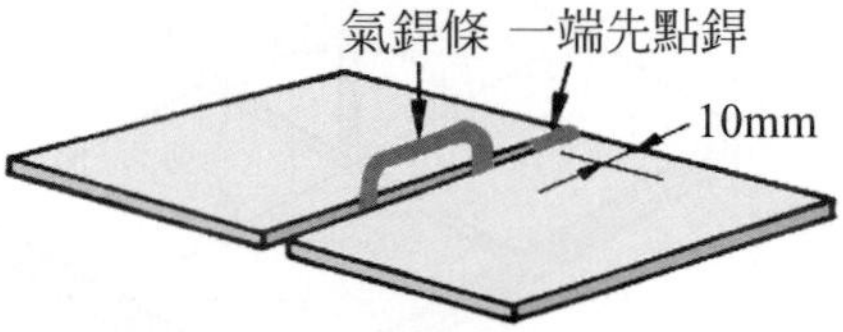 氣銲條 一端先點銲 10mm 圖 8-96
2. 組合點銲	(1)將二片母材置於工作檯面上。(注意檯面是否平滑)。 (2)用氣銲條作間隔器,輔助點銲一端,如圖 8-96。 (3)另端稍作調整,平齊後再點銲另一端,如圖 8-97。 (4)作變形預留角度,約為 2°∼3°,如圖 8-98。	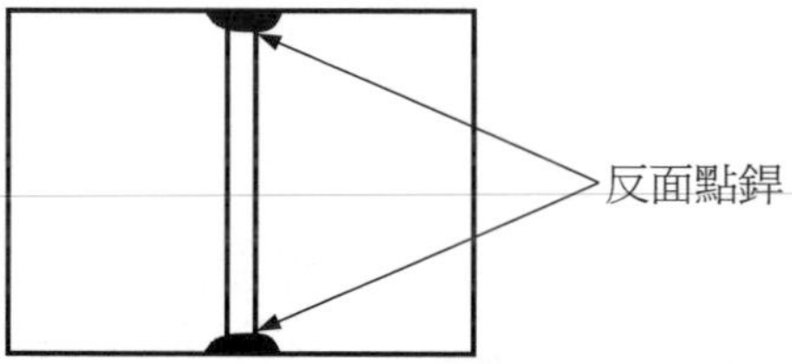 反面點銲 圖 8-97 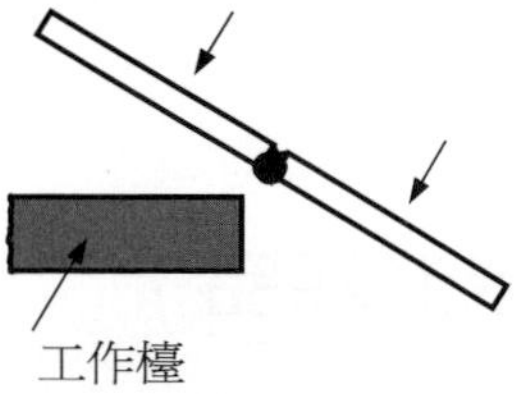 工作檯 圖 8-98

(續前表)

步　　驟	說　　明	圖　　　　　　　　解
3.第一層銲接	(1)選用φ2.6銲條，電流調整為 70～80A。 (2)在銲點前端引弧，待電弧穩定後，再移回銲點處，如圖 8-99 所示。 (3)待銲點末端出現銲眼時，才開始撥動進行走銲，如圖 8-100。 (4)銲接中銲眼要保持一致的大小，滲透才能均勻。	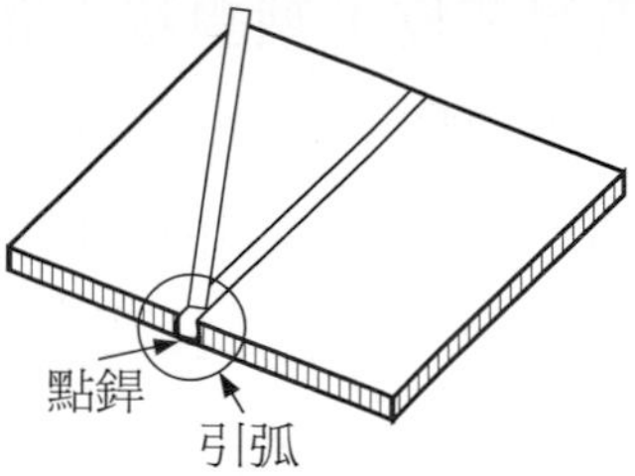 點銲 引弧 圖 8-99 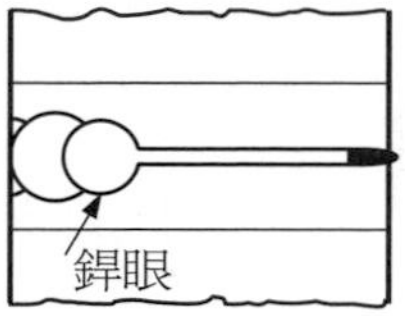 銲眼 圖 8-100
4.表面層銲接	(1)徹底清除第一層銲渣。 (2)選用φ3.2銲條，並調高電流爲 90～100A。 (3)以微小的織動，移動電銲條，如圖 8-101。 (4)織動時須平行移動，不可變更電銲條角度。 (5)待母材冷卻後，清除銲渣。	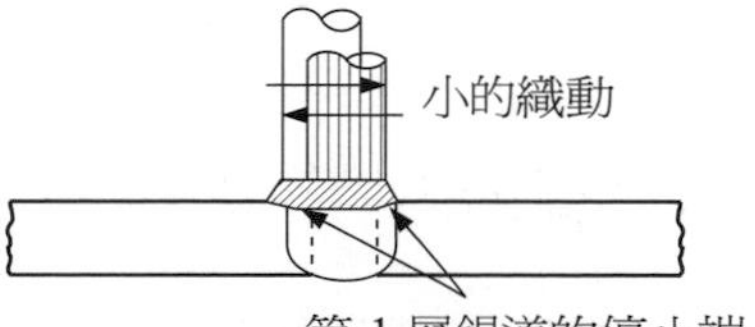 小的織動 第 1 層銲道的停止端 圖 8-101 表面 圖 8-102
5.檢查	(1)銲道表面是否均勻一致，如圖 8-102。 (2)背面滲透是否良好，如圖 8-103。 (3)銲道表面是否有銲蝕、過疊之情形。	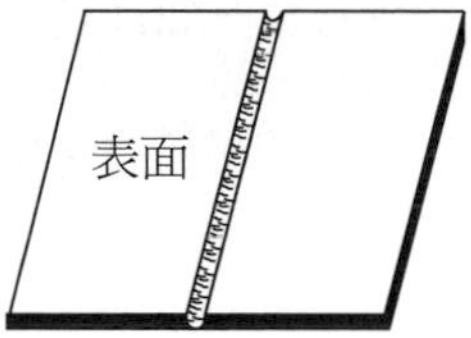 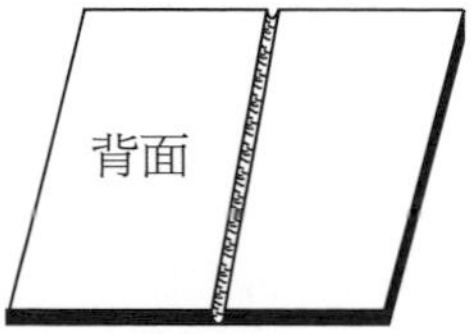 背面 圖 8-103

七、注意事項：

(1) 平銲薄板 I 型對接之間隙必須適當，否則會造成不良情形，如圖 8-104 所示。

(2) 成品檢查後，可用剪床(油壓)切除銲道部份，然後繼續組合重複練習。

間隙太小滲透不足　　間隙太大滲透太多

圖 8-104

實習二十一 電銲平銲 V 型槽對接(手工電銲技能檢定代號 A1F)

一、單元名稱：電銲平銲 V 型槽對接(手工電銲技能檢定代號 A1F)

二、學習目標：能熟悉平銲 V 型槽對接技能，以奠定電銲工技術士之基礎

三、工作圖：

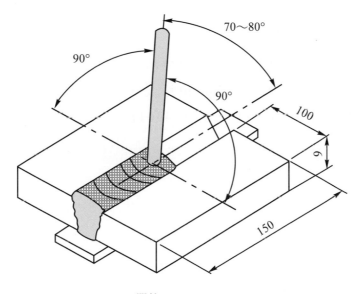

單位：mm

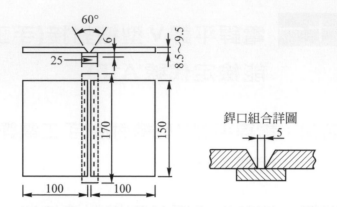

四、機具與設備：

(1)　電銲機　(2)　手工具一套　(3)　保護用具一套

(4)　工作檯　(5)　夾式電流表

五、材料或消耗品：

(1)　軟鋼板t9.0 × 100 × 150mm(每人二片)

(2)　軟鋼板t6.0 × 25 × 170mm(每人一片)

(3)　電銲條ϕ3.2(E4301)，ϕ4.0(E4301)

六、工作程序：

步　驟	說　明	圖　解
1. 加工母材	(1)使用半自動切割機作斜切加工，如圖 8-105。 (2)夾於虎鉗上，銼出根部面，如圖 8-106。 (3)將二片母材的根部面併合，中間應無間隙，如圖 8-107。	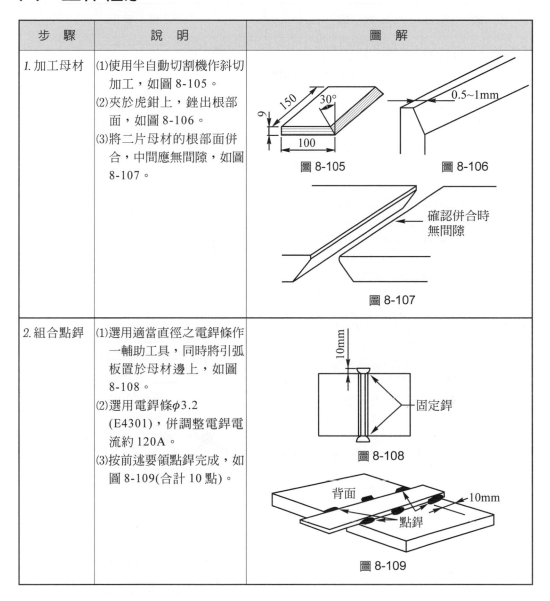
2. 組合點銲	(1)選用適當直徑之電銲條作一輔助工具，同時將引弧板置於母材邊上，如圖 8-108。 (2)選用電銲條φ3.2 (E4301)，併調整電銲電流約 120A。 (3)按前述要領點銲完成，如圖 8-109(合計 10 點)。	

(續前表)

步　驟	說　明	圖　解
3.銲接第一層	(1)將母材置於樓面上。 (2)選用φ4.0(E4301)焊條，併調整電流為 170A。 (3)使用直線方式移送，如圖 8-110。 (4)產生電弧於墊板，等電弧穩定後始移入 V 形槽始端，如圖 8-111。 (5)電銲條前端接觸到槽之兩邊，充分熔解後輕壓向前拖送。 (6)保持電弧於熔池前端，不可使熔渣跑到電銲條前方。 (7)將熔渣徹底清除。 (8)第一層銲道完成，如圖 8-112。	 圖 8-110 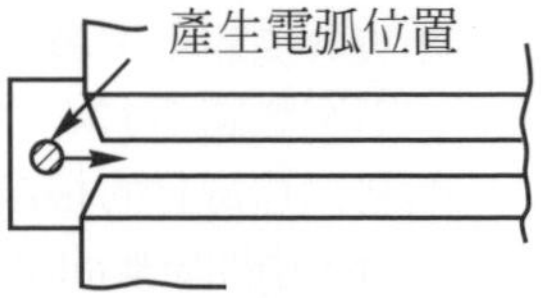 產生電弧位置 圖 8-111 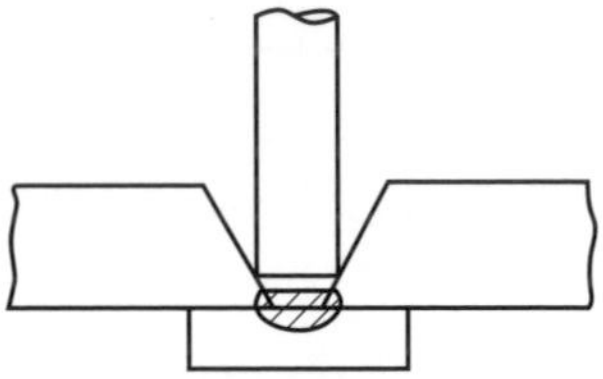 圖 8-112
4.銲接第二層	(1)選用φ4.0(E4301)銲條，併調整電流為 165A。 (2)第二層以後產生電弧之位置如圖 8-113。 (3)用織動式方法移送，如圖 8-114、8-115，使趾端充分熔合。 (4)清除銲渣，第二層銲道完成。	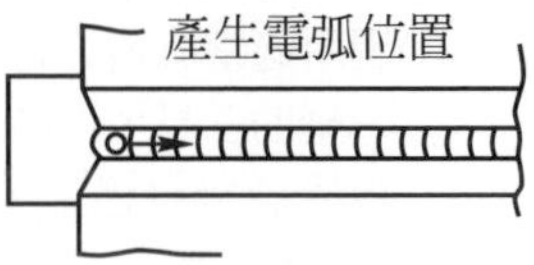 產生電弧位置 圖 8-113 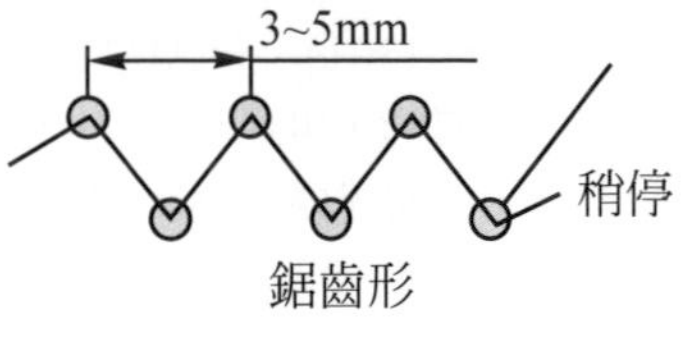 3~5mm 稍停 鋸齒形 圖 8-114 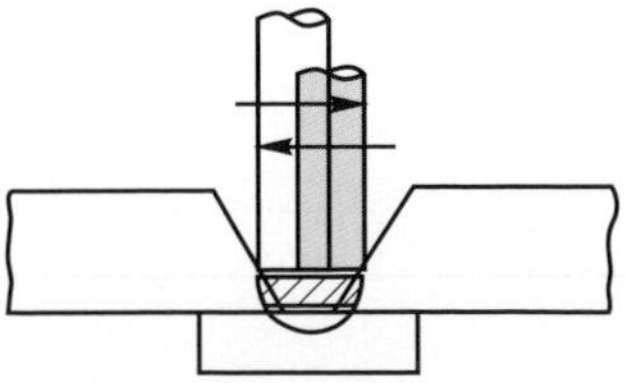 圖 8-115

(續前表)

步　驟	說　明	圖　解
5.銲接第三層	(1)以第二層銲道邊緣作爲織動寬度。 (2)織動時兩側稍停，中間稍快，要均勻細密且平行移送，如圖8-116、8-117。 (3)清除銲渣，第三層銲道完成。	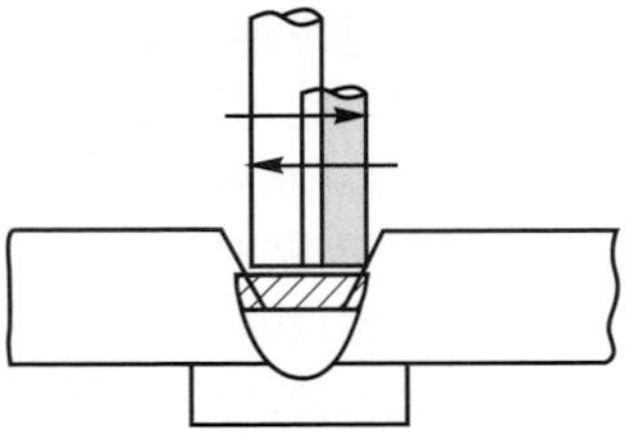 圖 8-116 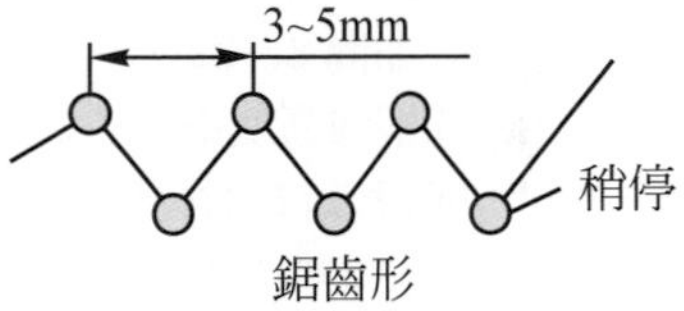 3～5mm 稍停 鋸齒形 圖 8-117
6.銲道第四層	(1)選用ϕ4.0(E4301)銲條，併調整電流爲 160A。 (2)用織動方式平行移送，如圖8-118、8-119。 (3)不可熔去兩邊邊緣，同時控制低於母材表面 0.5～1mm。 (4)清除銲渣，完成第四層銲道。	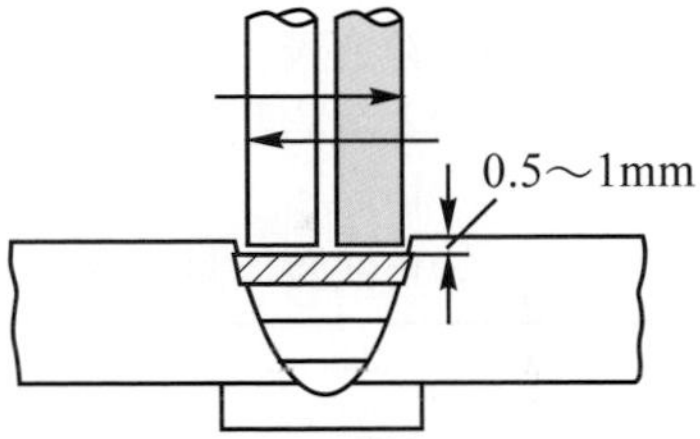 0.5～1mm 圖 8-118 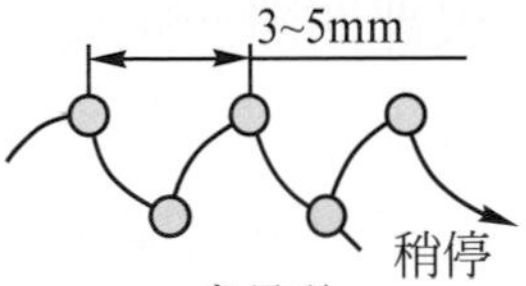 3～5mm 稍停 半月形 圖 8-119

(續前表)

步　驟	說　明	圖　解
7.銲接表面層	(1)選用φ4.0(E4301)銲條，併調整電流為155A。 (2)織動時要平行移送，不可變更電銲條角度，如圖8-120、8-121。 (3)織動寬度比開槽寬度兩邊，各大1mm，如圖8-120。 (4)表面層可採用半月形織動，如圖8-122。 (5)補強高度不可超過1.5mm。 (6)待母材冷卻後清除熔渣。	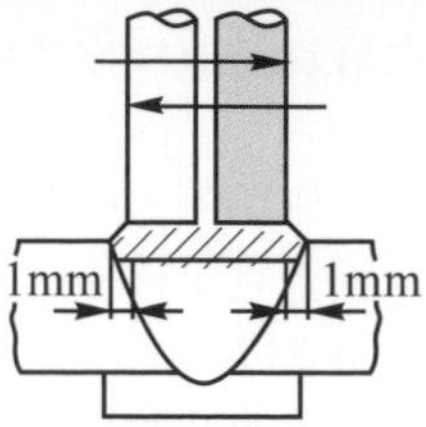 1mm　1mm 圖 8-120 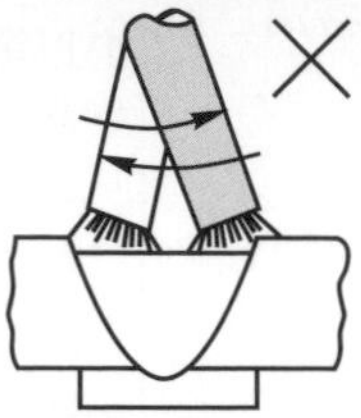　　圖 8-121 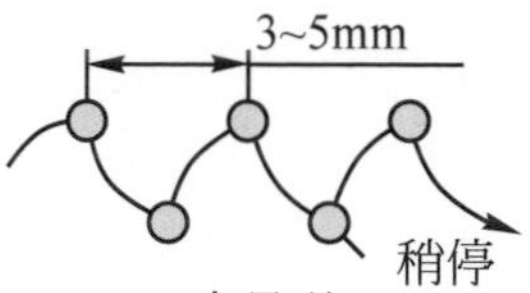 3~5mm 稍停 半月形 圖 8-122
8.檢查	(1)銲道表面是否均勻一致。 (2)表面是否產生銲蝕、過疊之情形。 (3)角度變形是否太大。	

七、注意事項：

(1)　根部間隙一定要正確，而且互相平行，否則第一層銲道會形成滲透不良。

(2)　注意銲道之開頭及收尾，若凹下顯著時，可用處理熔池的要領填高至與銲道同高。

(3)　本單元有墊板平銲對接(技能檢定代號：A1F)，係電銲工技術士丙級題目，學習者應勤加練習，以奠定良好的銲接基礎。

實習二十二 電銲平銲 V 型槽無墊板(手工電銲 技能檢定代號 A2F)

一、手工電銲軟鋼薄板無墊板對接 A2 類接頭準備要領

步 驟	要 點	圖 示
1. 鋼板加工	(1)用平銼刀銼除斜切面上的氧化膜。 (2)銼出平直的根部面(約 1mm)，銼時銼刀應與鋼板成直角。 (3)銼除 A 處銹污。 (4)銼除 B 處鐵銹及毛邊。	
2. 鋼板點銲	(1)電銲條：E4301 ϕ3.2mm。 (2)點銲電流：95A。 (3)點銲間距： 　A.平銲、橫銲、立銲：2mm 　B.仰銲：1～1.6mm (4)鋼板背面朝上，以 2mm 或 1.6mm 的氣銲條作間隔器，背面平齊先點銲一端。 (5)另一端經調整平齊後再行點銲。 (6)注意間距一致，而且不可一邊高一邊低。 (7)點銲長度在 10mm 以內。 (8)點銲不可燒穿，應使用撥動動作。 (9)清除熔渣，槽內尤要徹底清潔。	

(續前表)

步　驟	要　點	圖　示
3.預留變形角度	(1)為了防止銲接後變形太大，在銲前須預留變形角度。 (2)預留變形角度如下： 　A.平、橫銲：3° 　B.立、仰銲：2° (3)預留的方法是把背面間隔的中央，在工作桌邊緣輕敲即可。 (4)若不留收縮變形之角度將導致變形。	約3° 點銲 平銲及橫銲的預留變形角度 約2° 點銲 立銲及仰銲的預留變形角度 工作桌 在工作桌邊緣輕敲而預留變形角度 變形
4.鋼板檢查	(1)在預留變形角度時，有時會造成點銲的裂開。 (2)如有裂開須磨去再點銲。 (3)有裂開未點銲，則會使間距收縮，得不到良好的滲透。	銲接裂開 點銲太小或裂開所造成的間距收縮情形

二、手工電銲軟鋼薄板無墊板對接(A2F)要領

項目 　　　層數	第1層	第2層
1. 電銲條種類、直徑及銲接電流	E4311 ϕ3.2mm 80～90A	E4301 ϕ4mm 170A
2. 電銲條角度		角度偏大
3. 移送方式		
4. 銲道外觀		
5. 注意事項	(1)背面須墊高或置於工作桌面溝槽中，才能得到滲透。 (2)儘可能使用較細微的撥動動作。 (3)在點銲處產生電弧稍作預熱，即銲入槽內在點銲處末端即應形成小孔(銲眼)。 點銲 產生電弧之位置 (4)銲接中銲眼要保持一樣的大小。 銲眼 (5)銲道接續時，熔渣敲回約15mm，使用E4301 ϕ3.2mm之電銲條，調整電流130～140A來切薄此段(或用手提砂輪機研磨)。 切去部份 第一道　15mm (6)再產生電弧於切薄處後端，銲至切薄末端時，即重新熔解形成銲眼。 (7)如需作X光檢驗，最好由銲接面切去其厚度的1/2以防有氣孔的存在。	(1)前一層熔渣須徹底清除。 (2)第1道銲道接續處如有高隆應先切平。 (3)使用直線式移送。 (4)使第1層的趾端充分熔合。 (5)移送速度太慢時會引起燒穿。

(續前表)

項目　　　層數	第 3 層	第 4 層
1. 電銲條種類、直徑及銲接電流	E4301 ϕ4mm 165A	E4301 ϕ4mm 155～160A
2. 電銲條角度		
3. 移送方式		
4. 銲道外觀		
5. 注意事項	(1)織動須平行移送。 (2)不可熔去兩邊邊緣。 (3)高度控制低於母材表面0.5～1mm。 	(1)移送方向的電銲條角度保持約80°。 (2)織動時須平行移送不可變更電銲條角度。 (3)銲道寬度比槽寬多 2mm(織動寬度以槽內兩邊緣為限)。 (4)補強高度不可超過 1.5mm。 (5)鋼板冷卻後始可清除熔渣。

實習二十三　氬銲平銲銲道(不加銲條)

一、單元名稱：氬銲平銲銲道(不加銲條)

二、學習目標：熟悉引弧、銲鎗之移動與熔池識別

三、工作圖：

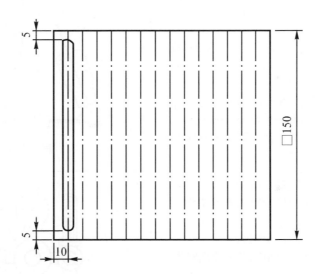

四、機具與設備：

(1)　TIG銲機一套　(2)　鋼尺　(3)　劃針　(4)　氬銲工具一套

五、材料或消耗品：

(1)　不銹鋼板(#304) t 1.6×150×150 (每人　片)

(2)　鈦合金鎢棒 ϕ1.6

六、工作程序：

步　驟	說　明	圖　解
1. 準備	(1)將鎢棒用砂輪機磨尖，如圖 8-123。 (2)把鎢棒裝入銲鎗內，使尖端露出噴嘴外約 4mm。 (3)用不銹鋼刷清潔母材。 (4)用劃針在母材上劃線，如工作圖 8-124 所示。	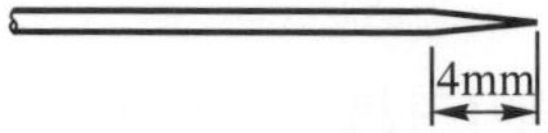 4mm 圖 8-123 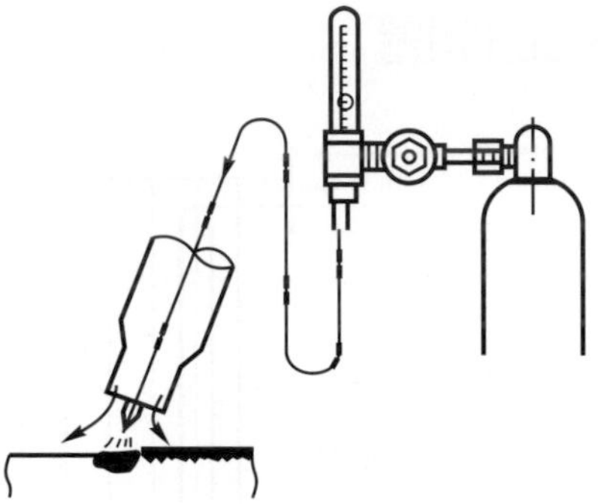
2. 調整氬銲機	(1)選擇電銲機使用直流正極性。 (2)撥動高週波選擇鈕至"開始"位置。 (3)調整後流時間至 8 秒。 (4)調整銲接電流 50A 左右。 (5)打開冷卻水開關，並檢查排水情況。	 圖 8-124
3. 調整氬氣流量	(1)慢慢打開瓶閥。 (2)稍微打開氬氣流量調整閥，如圖 8-125。 (3)打開電源開關。 (4)按下銲鎗開關，並調整氬氣流量(鋼珠約在 1/3 高度)。	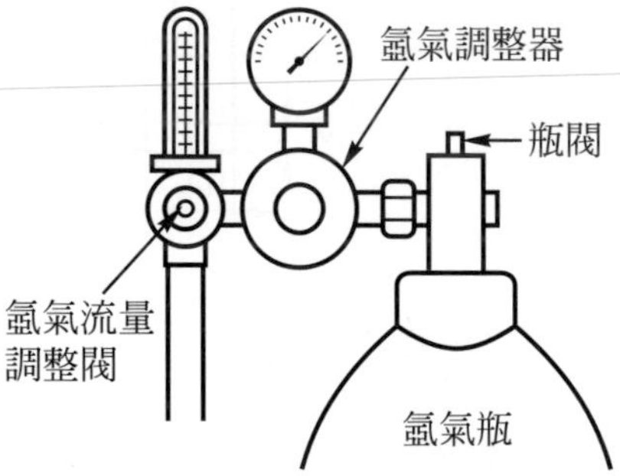 氬氣調整器 瓶閥 氬氣流量調整閥 氬氣瓶 圖 8-125

(續前表)

步　驟	說　明	圖　解
4.引弧銲接	(1)戴上面罩，輕握銲鎗，如圖8-126。 (2)按照前述要領引弧，如圖8-127。 (3)電弧形成後，保持電弧在銲接始點，作微小的圓形動作以便形成熔池，如圖8-128。 (4)熔池形成直徑約5mm後，保持銲鎗角度如圖8-129所示，穩定的向前移送。 (5)銲接進行到2/3長度以後，逐漸增加銲接速度。	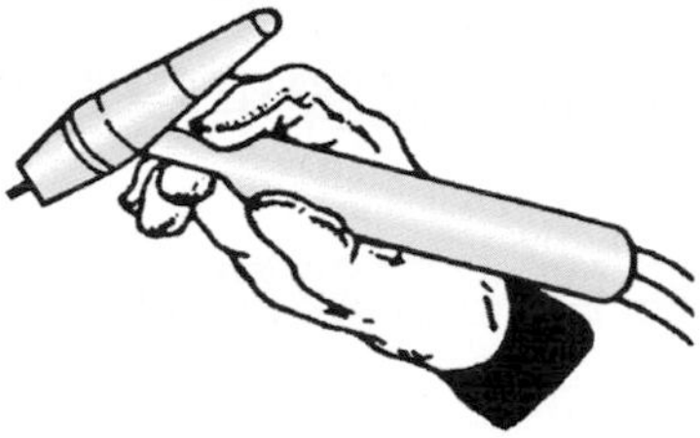 圖 8-126 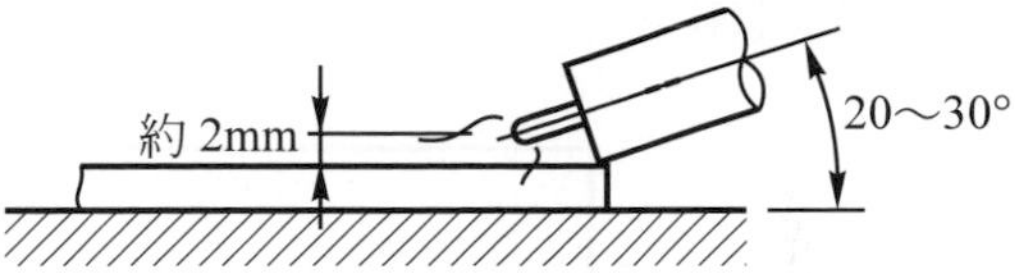 約2mm　20～30° 圖 8-127 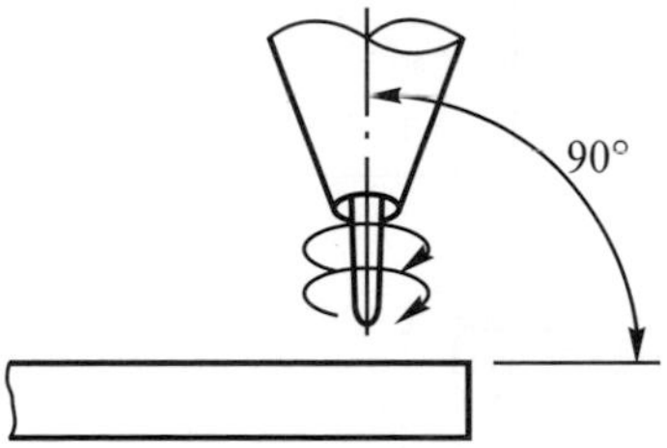 90°　圖 8-128 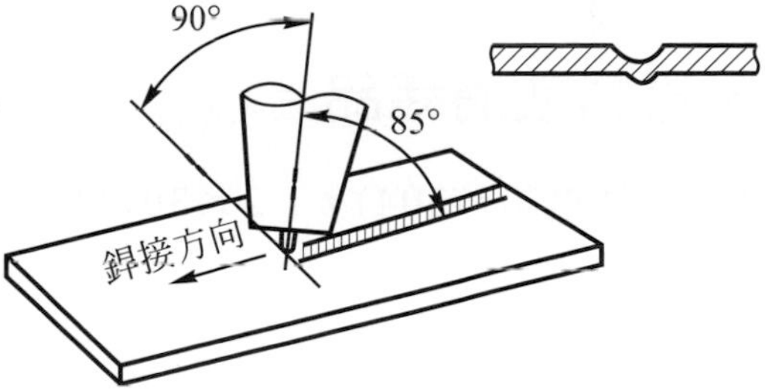
5.熄滅電弧	(6)接近母材末端時，放掉銲鎗開關使電弧熄滅。 (7)保持銲鎗在原位至氬氣停流為止。	90°　85° 銲接方向 圖 8-129
6.檢查	(1)表銲道寬度及波紋是否一致。 (2)背面滲透是否均勻。	

七、注意事項：

(1)　電弧如果發生偏斜，可將銲鎗分解，研磨鎢棒前端來校正。

(2)　產生電弧時，要注意鎢棒不可接觸到母材，否則會使鎢棒消耗增大。

實習二十四　氬銲平銲對接銲道(不加銲條)

一、單元名稱：氬銲平銲對接銲道(不加銲條)

二、學習目標：了解氬銲對接銲之操作方法

三、工作圖：

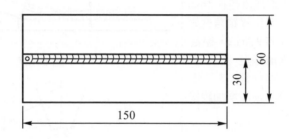

四、機具與設備：

(1)　TIG 銲機一套　(2)　鋼尺　(3)　萬能夾　(4)　氬銲工具一套

五、材料或消耗品：

(1)　不銹鋼板(#304) t 1.2×30×150(每人二片)

六、工作程序：

步　驟	說　明	圖　解
1.準備	(1)用不銹鋼刷清潔母材。 (2)調整工作檯高度。	
2.調整電銲機及氬氣流量	(1)選擇電銲機使用電流正極性。 (2)撥動高週波選擇鈕至"開始"位置。 (3)調整正確電流及氬氣後流時間。 (4)打開冷卻水開關。 (5)打開氬氣瓶閥，並調整正確氬氣流	圖 8-130 反面點銲
3.組合點銲	(1)將二片母材置於工作檯面上。 (2)先點銲一端，另端稍作調整，平齊後再點銲另一端，如圖 8-130。 (3)薄板組合暫銲點之間距約為 10～20 mm一點，合計7點，如圖 8-131。	圖 8-131
4.正式銲接	(1)暫銲完後之材料會變形，應先用鐵鎚整平。 (2)按前述要領開始撥動進行走銲。 (3)銲接中銲眼要保持一致的大小，滲透才能均勻。	表面 圖 8-132
5.檢查	(1)銲道表面是否均勻一致，如圖 8-132。 (2)銲道背面是否良好，如圖 8-133。銲道表面是否有銲蝕及過疊之情形。	背面 圖 8-133

七、注意事項：

(1) 氬氣雖無毒性，但作業場所經施銲工件的不乾淨，往往於銲接時產生不良氣體，因此換氣工作是必需的。

(2) 剪床之切斷精度須平整，且接頭組合亦要平整，施銲時手持銲鎗必須平穩，才能稱心達成銲接要求。

實習二十五　氬銲平銲銲道(加銲條)

一、單元名稱：氬銲平銲銲道(加銲條)

二、學習目標：了解氬銲加銲條之操作方法

三、工作圖：

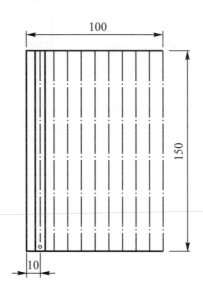

四、機具與設備：

(1)　TIG 銲機一套　(2)　鋼尺　(3)　劃針　(4)　氬銲工具一套

五、材料或消耗品：

(1)　不銹鋼板(#304) *t* 1.6×100×150(每人一片)

(2)　釷合金鎢棒 φ1.6×1000

六、工作程序：

步　　驟	說　　明	圖　　解
1. 準備	(1)用不銹鋼刷清潔母材。 (2)用劃針在母材上劃線，如圖 8-134。 (3)調整工作檯高度。	圖 8-134
2. 調整電銲機及氬氣流量	(1)選擇電銲機為直流正極性及高週波開關、後流時間。 (2)調整銲接電流 60～70A。 (3)打開冷卻水開關。 (4)調整氬氣流量為 6 公升／分。	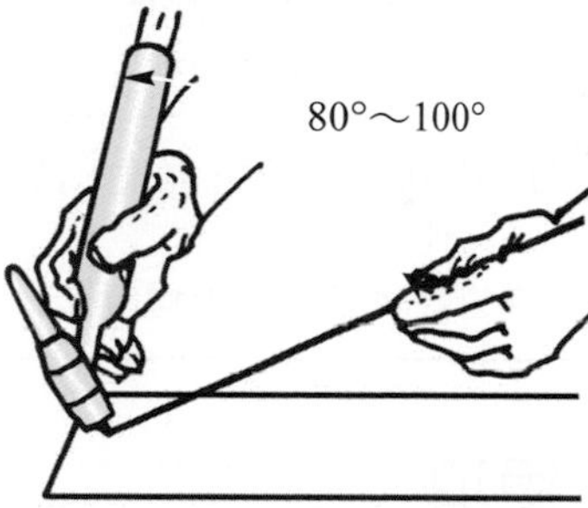 80°～100°　圖 8-135 ←─ 銲接方向　母材　圖 8-136 形成熔池
3. 堆積銲道	(1)左手握銲條，右手輕握銲鎗，兩者角度如圖 8-135 所示。 (2)引弧後，移送電弧於銲接始點，保持電弧長度約 3mm，並作小圓圈搖動，直到熔池形成，如圖 8-136。 (3)熔池形成後，銲鎗稍為後退，如圖 8-137。 (4)將銲條迅速與熔池前緣接觸，如圖 8-138。	 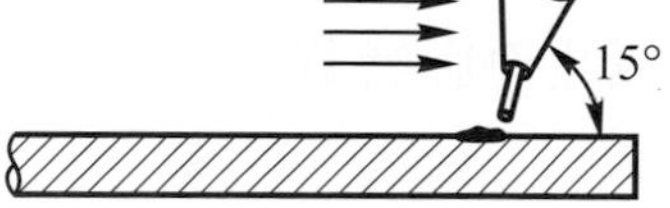 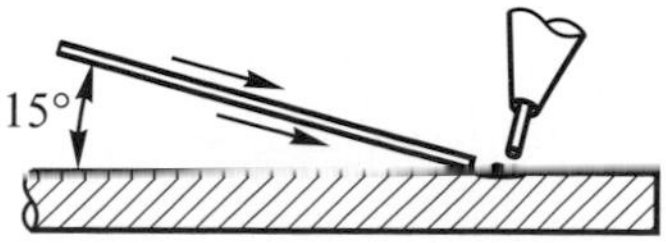 15°　圖 8-137 銲鎗稍為後退 15°　圖 8-138 銲條迅速與熔池前緣接頭

(續前表)

步　驟	說　明	圖　解
3.堆積銲道	(5)銲條添加後稍微後退，如圖 8-139。 (6)再移送電弧至熔池前端，如圖 8-140。 (7)按上述要領堆至板末端為止。	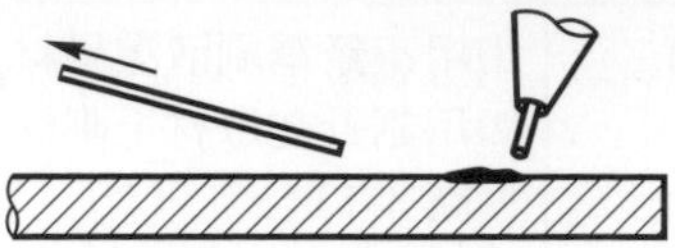 填充銲條添加後稍微後退 圖 8-139
4.熄滅電弧	(1)銲至母材末端時，斷續按下銲鎗開關並填高熔池。 (2)改變銲鎗成 90°，並保持銲鎗在原位至氣體停流為止。	 移送電弧至熔池前端 圖 8-140
5.檢查	(1)銲道表面之高度、寬度、波紋之均勻性。 (2)銲道背面滲透是否均勻。	

七、注意事項：

(1)　銲鎗在熔池形成後，採用直線運行法，不需再織動。

(2)　加銲條時須與**熔池前端**接觸，不可加在熔池中央或電弧中。

(3)　加銲條時不可接觸到鎢電極，否則須用砂輪機重新研磨。

(4)　銲條不可後退太多，以能夠在氬氣氣流的保護下為原則，以防止銲條被氧化而影響銲接品質。

實習二十六　CO_2平銲銲道

一、單元名稱：CO_2平銲銲道

二、學習目標：能使用 CO_2銲機作直線式與織動式銲道

三、工作圖：

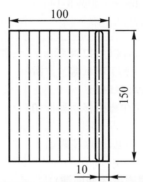

說明：正面作直線式銲道，反面作織動式銲道

四、機具與設備：

(1)　CO_2銲機　(2)　鋼尺　(3)　劃針　(4)　尖沖　(5)　CO_2手工具一套
(6)　斜口鉗

五、材料或消耗品：

(1)　軟鋼板 $t6 \times 100 \times 150$(每人一片)

(2)　銲線 $\phi 1.2$

(3)　CO_2氣體

(4)　銲渣防止劑

六、工作程序：

步　驟	說　明	圖　解
1. 準備	(1)除去母材表面的銹、油污等。 (2)鋼板劃線後，並用尖沖打衝眼。 (3)依母材厚度、線徑調整下列銲接條件，以求得最佳短路頻率。 　①電弧電壓。 　②銲接電流。 　③CO_2流量 15ℓ/min。 　④銲線伸出長度 10mm，如圖 8-141。 (4)將噴嘴沾(噴)上銲渣防止劑。	 10mm 圖 8-141
2. 作直線銲道	(1)保持銲鎗角度，如圖 8-142 所示。 (2)銲線對準鋼板頭端約 15mm 處，並微微觸及母材，如圖 8-143。 (3)按下銲鎗開關，產生電弧移回鋼板頭端開始走銲。 (4)以直線運行方式(前進法)堆積銲道，如圖 8-144。 **(銲線熔端須經常對準熔池前端)** (5)銲至鋼板末端立即熄滅電弧，然後重複 2～3 次填滿熔池，如圖 8-145。 (6)按照前述要領全部銲接，如工作圖所示。	90° 90°　75～80° 銲接方向 圖 8-142 15mm 產生電弧處 圖 8-143
3. 作織動式銲道	(1)銲線伸出長度調整為 15mm。 (2)銲鎗角度及引弧與直線銲道相同，如圖 2、3。 (3)以織動方式移送，織動寬度約 7～8mm，如圖 8-146。 (4)銲至鋼板末端時，按放銲鎗開關 2～3 次，填滿熔池。	圖 8-144 圖 8-145
4. 檢查	(1)銲道寬度，高度是否均勻一致。 (2)有無銲蝕、過疊之現象。 (3)銲道之開頭及收尾是否良好。	7～8mm 圖 8-146

七、注意事項：

(1) 氣體護罩內勿附著過多的噴渣，須時常清理乾淨，如圖 8-147。

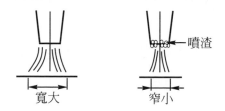

寬大　　　　窄小

圖 8-147

(2) 快速移動時，電流要大而且電弧要儘量縮短，此乃前進銲法之要點。

(3) 氣體流量太大會對銲接熔池之吹力增大，冷卻作用加強，會形成氣體雜流，破壞氣體保護作用，使銲道容易產生氣孔。反之 CO_2 氣體流量太小時，則氣體層流梃度不強，對熔池的保護作用減弱，亦容易產生氣孔等缺陷。一般 CO_2 氣體流量的使用範圍約為 8～25 公升／分。

實習二十七 CO₂ I 型槽水平對接

(說　明：CO₂丙級術科題目)

一、單元名稱：CO₂ I 型槽水平對接

(說　明：CO₂丙級術科題目)

二、學習目標：能使用 CO₂ 設備作水平對接銲道

三、工作圖：

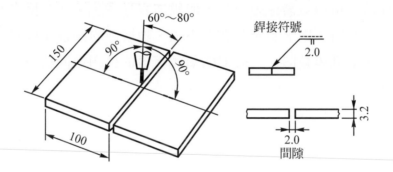

四、機具與設備：

⑴　手工具一套　⑵　CO₂銲機　⑶　保護用具一套　⑷　工作檯

五、材料或消耗品：

⑴　軟鋼板 t 3.2×150×100(每人二片)

⑵　銲線 ϕ 1.0

⑶　CO₂氣體

⑷　克渣劑

六、工作程序：

步　驟	說　明	圖　解
1. 準備	(1)佩戴防護用具。 (2)母材表面除銹，銼去背面毛邊。 (3)根部面銼成直角，如圖 8-148。 (4)啟動 CO_2 銲機，調整電壓及電流以求得最佳短路頻率電流。	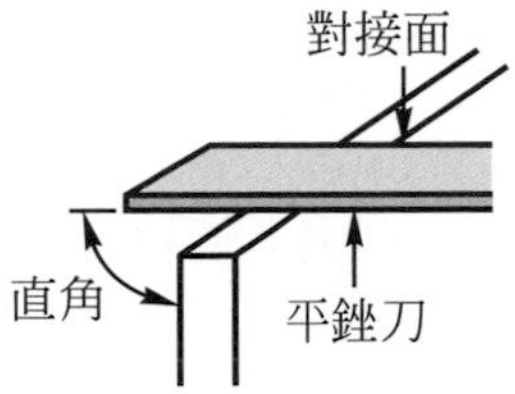 對接面 直角　平銼刀 圖 8-148 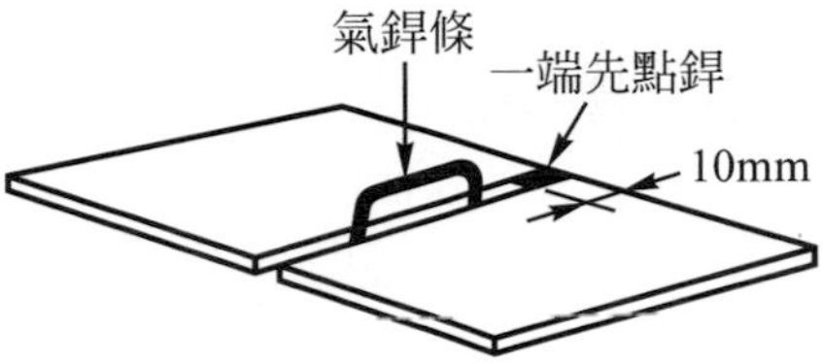
2. 組合點銲	(1)將二片母材置於工作檯面上。 　(注意檯面是否平滑) (2)用氣銲條作間隔器，輔助點銲一端，如圖 8-149。 (3)另端稍作調整，平齊後再點銲另一端，如圖 8-150。 (4)作變形預留角度，約為2°～3°，如圖 8-151。	 氣銲條　一端先點銲 10mm 圖 8-149 反面點銲 圖 8-150 工作檯 圖 8-151

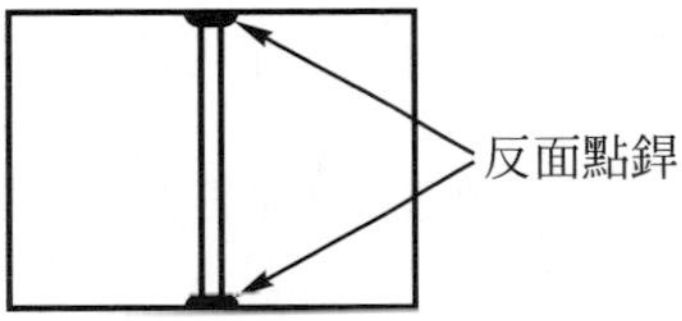

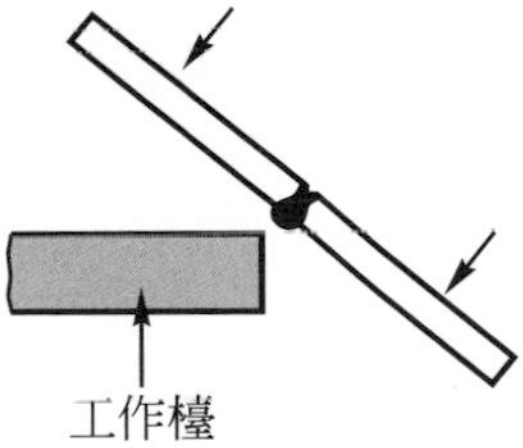

(續前表)

步　驟	說　明	圖　解
3.正式銲接	(1)在銲點前端引弧，待電弧穩定後，再移回銲點處，如圖 8-152 所示。 (2)待銲點末端出現銲眼時，才開始撥動進行走銲，如圖 8-153 所示。 (3)銲接中銲眼要保持一致的大小，滲透才能均勻。	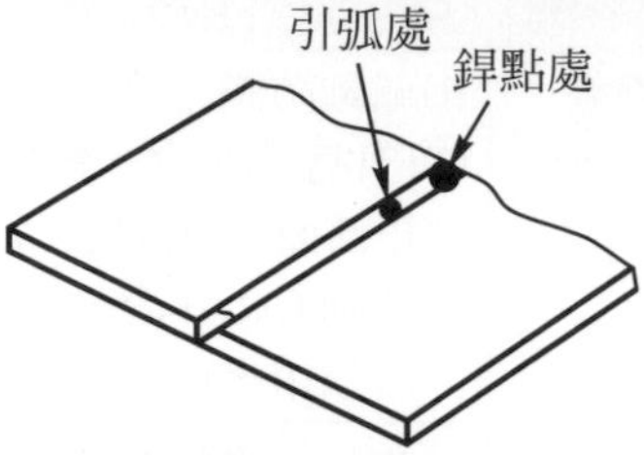 引弧處　銲點處 圖 8-152 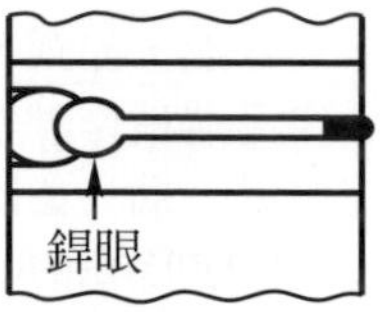 銲眼 圖 8-153
4.檢查	(1)銲道表面是否均勻一致，如圖 8-154。 (2)背面滲透是否良好，如圖 8-155。 (3)銲道表面是否有銲蝕、過疊之情形。	 表面 圖 8-154 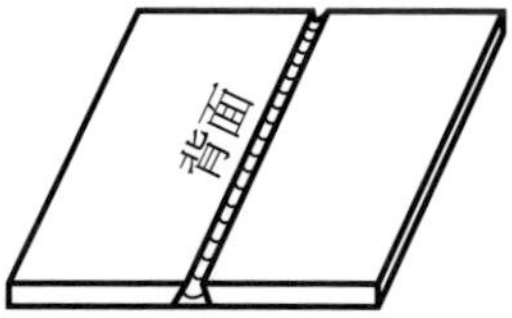 背面 圖 8-155

七、注意事項：

(1) CO_2平銲薄板I型對接之間隙必須適當，否則會造成圖8-156所示之不良情形。

(2) 成品檢查後，可用剪床(油壓)切除銲道部份，然後繼續組合重複練習。

間隙太小滲透不足　　　　　　間隙太大滲透太多

圖 8-156

實習二十八 CO₂水平角銲

一、單元名稱：CO_2水平角銲

二、學習目標：能使用 CO_2設備作水平角銲銲道

三、工作圖：

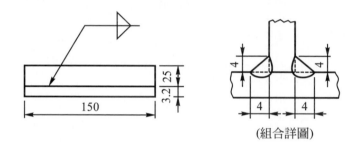

(組合詳圖)

四、機具與設備：

(1)　CO_2銲機　(2)　CO_2銲手工具一套　(3)　斜口鉗

五、材料或消耗品：

(1)　扁鐵 t 3.2×25×150(每人 6 片)

(2)　銲線 ϕ 1.0

(3)　CO_2氣體

(4)　克渣劑

六、工作程序：

步　驟	說　明	圖　解
1. 準備	(1)清除母材鐵銹、油污等。 (2)調整銲接電壓及送線速度。 (3)調整 CO_2 流量 $15\ell/\text{min}$。 (4)將噴嘴沾(噴)上銲渣防止劑。	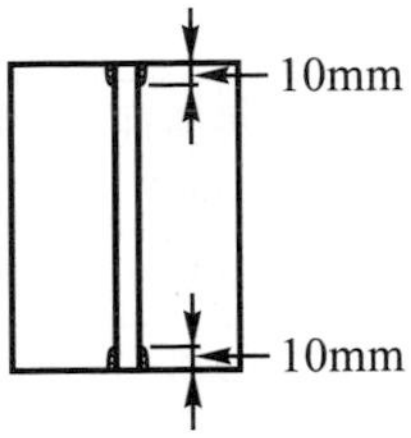 10mm　10mm 圖 8-157
2.組合	(1)組成 T 型接頭，並在頭尾兩端暫銲，如圖 8-157。 (2)暫銲點宜小，才不會影響正式銲接，如圖 8-158。	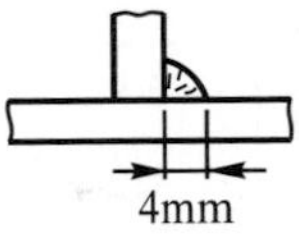 4mm 圖 8-158
3.正式銲接	(1)按母材厚度及線徑調整下列條件以求得最佳短路頻率。 　①銲接電壓。 　②送線速度。 　③銲線伸出長度 15mm。 (2)將銲線對準水平板，距根部約 1～2mm，如圖 8-159。(因垂直母材容易產生銲蝕) (3)以直線方式移送，必須仔細觀察熔池的情形來堆積銲道。 (4)待母材冷卻後，再銲另一邊。	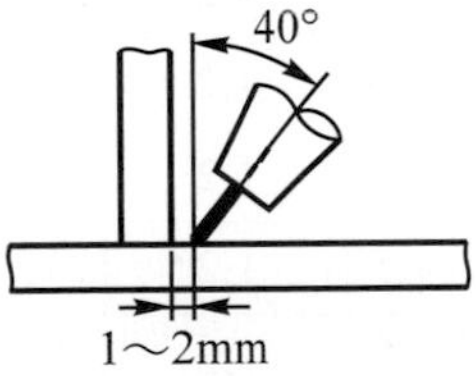 40° 1～2mm 圖 8-159 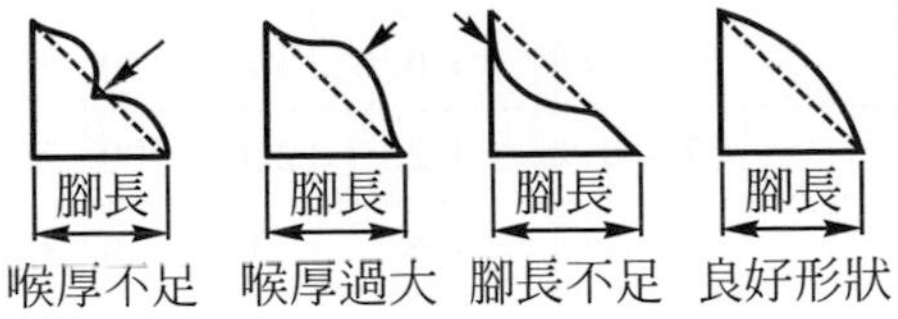 腳長　腳長　腳長　腳長 喉厚不足　喉厚過大　腳長不足　良好形狀 圖 8-160
4.檢查	(1)腳長是否正確，如圖 8-160。 (2)有無銲蝕、過疊之現象如圖 8-161。	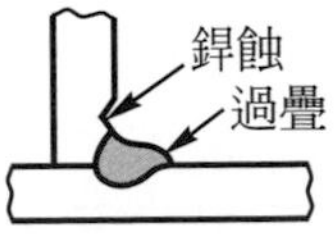 銲蝕 過疊 圖 8-161

七、注意事項：

(1) 應注意熔池的尺寸和銲接速度，以防止垂直母材之腳長不足。

(2) 單道水平角銲的銲接條件如下表所示：

水平角銲的銲接條件

板厚 mm	腳長 mm	銲線直徑 φ mm	電流 (A)	電壓 (V)	速度 (cm/min)	銲線母材間隙 (mm)	瞄準位置	氣體流量 (ℓ/min)
0.8	3	0.9	60～65	16～17	40～45	10	A	10～15
1.2	3～3.5	0.9	70～80	17～18	45～50	10	A	10～15
1.6	3～3.5	0.9	90～130	19～20	40～50	10	A	10～15
1.6	3～3.5	1.2	120～130	19～20	40～50	10	A	10～15
2.3	3.5～4	0.9	100～150	19～20	35～45	10	A	10～15
2.3	3.5～4	1.2	130～150	19～20	35～45	10	A	10～15
3.2	4～4.5	1.2	150～200	21～24	35～45	10	A	10～15
3.2	4～4.5	1.2	200～250	24～26	45～60	10～15	A	10～15
4.5	5～5.5	1.2	200～250	24～26	40～50	10～15	A	10～15
6	6	1.2	220～250	25～27	35～45	13～18	A	10～15
6	4～4.5	1.2	270～300	28～31	60～70	13～18	A	10～15
8	5～6	1.2	270～300	28～31	55～60	13～18	A	20
8	7～8	1.2	270～300	26～32	25～30	15～20	B	20
8	6.5～7	1.6	300～330	30～34	30～35	15～20	B	20
12	7～8	1.2	260～300	26～32	25～35	15～20	B	20
12	6.5～7	1.6	300～330	30～34	30～35	15～20	B	20

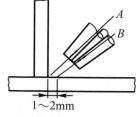

●說明：薄板(6mm 以下)銲接時銲鎗之對準 A 位置，厚板(6～12mm)則對準 B 位置施銲。

9

機械板金技術士技能檢定
術科測驗試題

一、題號(一)：160-860301

二、題號(二)：160-860302

三、題號(三)：160-860303

四、題號(四)：160-860304

五、題號(五)：160-860305

六、題號(六)：160-860306

七、機械板金丙級技術士技能檢定術科測驗

評審表

(學科測驗試題網址：www.labor.gov.tw)

一、題號(一)：160-860301

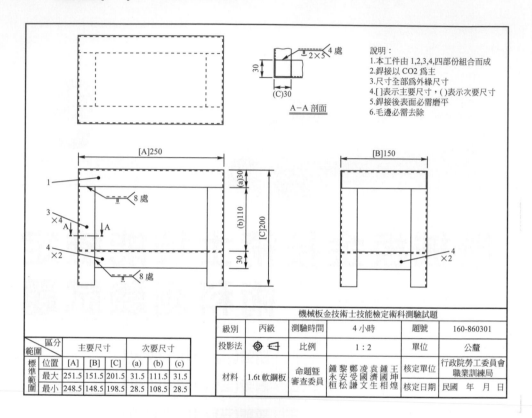

說明：
1.本工件由 1,2,3,4,四部份組合而成
2.銲接以 CO2 為主
3.尺寸全部為外緣尺寸
4.[ ]表示主要尺寸，( )表示次要尺寸
5.銲接後表面必需磨平
6.毛邊必需去除

A−A 剖面

機械板金技術士技能檢定術科測驗試題					
級別	丙級	測驗時間	4 小時	題號	160-860301
投影法	◐ ◁	比例	1：2	單位	公釐
材料	1.6t 軟鋼板	命題暨審查委員	鍾永桓 黎安松 鄭受謙 凌國文 袁濟生 鍾國相 王坤煌	核定單位	行政院勞工委員會職業訓練局
				核定日期	民國　年　月　日

區分範圍		主要尺寸			次要尺寸		
標準範圍	位置	[A]	[B]	[C]	(a)	(b)	(c)
	最大	251.5	151.5	201.5	31.5	111.5	31.5
	最小	248.5	148.5	198.5	28.5	108.5	28.5

展開圖(160-860301)

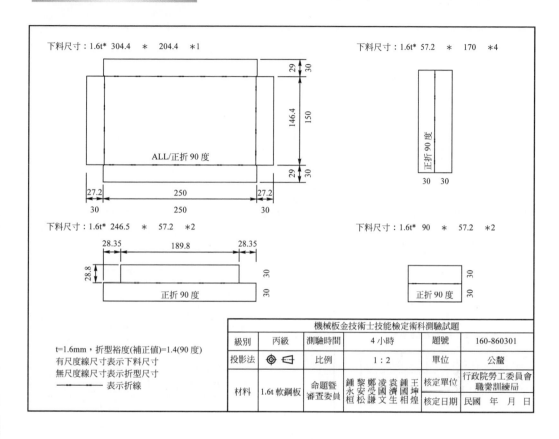

下料尺寸：1.6t* 304.4 　＊ 　 204.4 　＊1

29　30

146.4　150

ALL/正折 90 度

29　30

27.2　　250　　27.2
30　　250　　30

下料尺寸：1.6t* 57.2 　＊ 　 170 　＊4

正折 90 度

30　30

下料尺寸：1.6t* 246.5 　＊ 57.2 　＊2

28.35　　189.8　　28.35

28.8

正折 90 度

30　30

下料尺寸：1.6t* 90 　＊ 57.2 　＊2

正折 90 度

30　30

t=1.6mm，折型裕度(補正值)=1.4(90 度)
有尺度線尺寸表示下料尺寸
無尺度線尺寸表示折型尺寸
───── 表示折線

機械板金技術士技能檢定術科測驗試題						
級別	丙級	測驗時間	4 小時	題號	160-860301	
投影法	◉ ⊏	比例	1：2	單位	公釐	
材料	1.6t 軟鋼板	命題暨審查委員	鍾永桓 黎安松 鄭受謙 凌國濟 袁國文 鍾國生 王坤相煌	核定單位	行政院勞工委員會職業訓練局	
				核定日期	民國 年 月 日	

二、題號(二)：160-860302

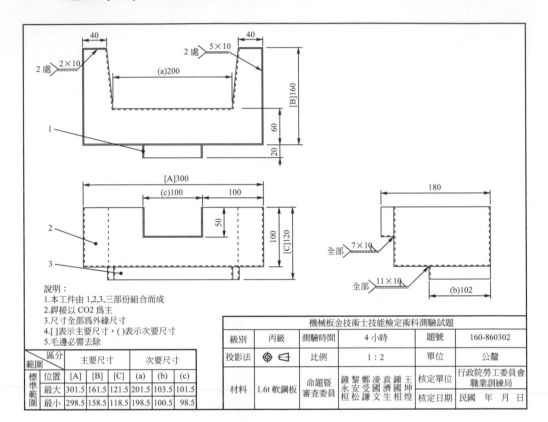

說明：
1.本工件由 1,2,3,三部份組合而成
2.銲接以 CO2 為主
3.尺寸全部為外緣尺寸
4.[ ]表示主要尺寸，( )表示次要尺寸
5.毛邊必需去除

範圍	區分	主要尺寸			次要尺寸		
	位置	[A]	[B]	[C]	(a)	(b)	(c)
標準範圍	最大	301.5	161.5	121.5	201.5	103.5	101.5
	最小	298.5	158.5	118.5	198.5	100.5	98.5

機械板金技術士技能檢定術科測驗試題					
級別	丙級	測驗時間	4 小時	題號	160-860302
投影法	⬦ ⊏	比例	1：2	單位	公釐
材料	1.6t 軟鋼板	命題暨審查委員	鍾黎鄭凌袁鍾王 永安受國濟國坤 桓松謙文生相煌	核定單位	行政院勞工委員會 職業訓練局
				核定日期	民國　年　月　日

展開圖(160-860302)

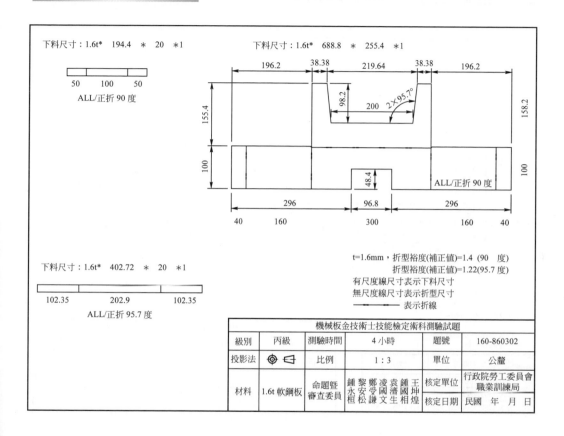

下料尺寸：1.6t*　194.4　＊　20　＊1

| 50 | 100 | 50 |

ALL/正折 90 度

下料尺寸：1.6t*　688.8　＊　255.4　＊1

196.2　38.38　219.64　38.38　196.2

98.2

200　2X95.7°

155.4

158.2

100

48.4

ALL/正折 90 度

100

296　96.8　296

40　160　300　160　40

下料尺寸：1.6t*　402.72　＊　20　＊1

| 102.35 | 202.9 | 102.35 |

ALL/正折 95.7 度

t=1.6mm，折型裕度(補正值)=1.4 (90　度)
折型裕度(補正值)=1.22(95.7 度)
有尺度線尺寸表示下料尺寸
無尺度線尺寸表示折型尺寸
—‧—‧—　表示折線

機械板金技術士技能檢定術科測驗試題					
級別	丙級	測驗時間	4 小時	題號	160-860302
投影法	◎ ◁	比例	1：3	單位	公釐
材料	1.6t 軟鋼板	命題暨審查委員	鍾永桓 黎安松 鄭受謙 凌國文 袁濟生 鍾國相 王坤煌	核定單位	行政院勞工委員會職業訓練局
				核定日期	民國　年　月　日

三、題號(三)：160-860303

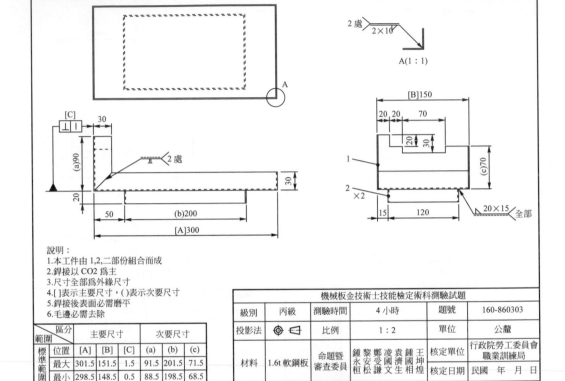

說明：
1. 本工件由 1,2 二部份組合而成
2. 銲接以 CO2 為主
3. 尺寸全部為外緣尺寸
4. [ ]表示主要尺寸，( )表示次要尺寸
5. 銲接後表面必需磨平
6. 毛邊必需去除

機械板金技術士技能檢定術科測驗試題					
級別	丙級	測驗時間	4 小時	題號	160-860303
投影法	⊕ ⊏	比例	1：2	單位	公釐
材料	1.6t 軟鋼板	命題暨 審查委員	鍾黎鄭凌袁鍾王 永安受國濟國坤 桓松謙文生相煌	核定單位	行政院勞工委員會 職業訓練局
				核定日期	民國　年　月　日

區分 範圍	位置	主要尺寸			次要尺寸		
		[A]	[B]	[C]	(a)	(b)	(c)
標準 範圍	最大	301.5	151.5	1.5	91.5	201.5	71.5
	最小	298.5	148.5	0.5	88.5	198.5	68.5

展開圖(160-860303)

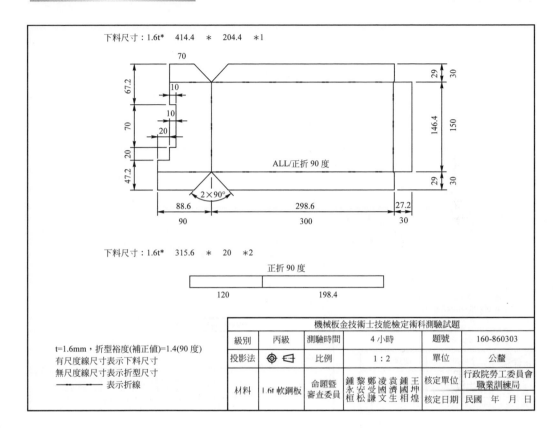

下料尺寸：1.6t*　414.4　＊　204.4　＊1

ALL/正折 90 度

2×90°

下料尺寸：1.6t*　315.6　＊　20　＊2

正折 90 度

120　　198.4

t=1.6mm，折型裕度(補正值)=1.4(90 度)
有尺度線尺寸表示下料尺寸
無尺度線尺寸表示折型尺寸
──────　表示折線

機械板金技術士技能檢定術科測驗試題					
級別	丙級	測驗時間	4 小時	題號	160-860303
投影法	◎ ⊲	比例	1：2	單位	公釐
材料	1.6t 軟鋼板	命題暨審查委員	鍾永桓 黎安松 鄭受謙 凌國文 袁濟生 鍾國相 王坤煌	核定單位	行政院勞工委員會 職業訓練局
				核定日期	民國　年　月　日

四、題號(四)：160-860304

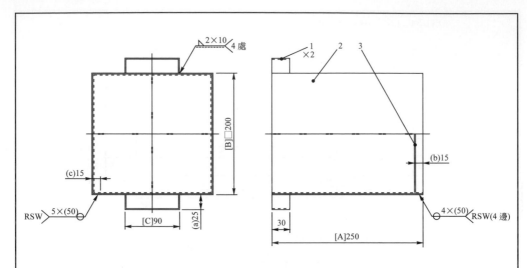

說明：
1. 本工件由 1,2,3,三部份組合而成
2. 鉚接以 CO2 及點銲為主
3. 尺寸全部為外緣尺寸
4. [ ]表示主要尺寸，( )表示次要尺寸
5. 毛邊必需去除

機械板金技術士技能檢定術科測驗試題					
級別	丙級	測驗時間	4 小時	題號	160-860304
投影法	⊕ ⊟	比例	1：2	單位	公釐
材料	1.6t 軟鋼板	命題暨審查委員	鍾永桓 黎安松 鄭受謙 凌國文 袁濟生 鍾國相 王坤煌	核定單位	行政院勞工委員會職業訓練局
				核定日期	民國　年　月　日

區分 範圍	位置	主要尺寸			次要尺寸		
		[A]	[B]	[C]	(a)	(b)	(c)
標準範圍	最大	251.5	201.5	91.5	26.5	16.5	16.5
	最小	248.5	198.5	88.5	23.5	13.5	13.5

展開圖(160-860304)

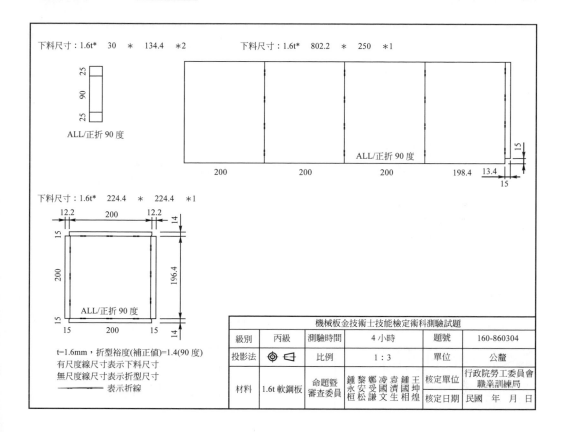

下料尺寸：1.6t*　30　*　134.4　*2

ALL/正折 90 度

下料尺寸：1.6t*　802.2　*　250　*1

ALL/正折 90 度

200　　200　　200　　198.4　13.4

15

15

下料尺寸：1.6t*　224.4　*　224.4　*1

12.2　200　12.2

ALL/正折 90 度

15　200　15

196.4

14

14

t=1.6mm，折型裕度(補正值)=1.4(90 度)
有尺度線尺寸表示下料尺寸
無尺度線尺寸表示折型尺寸
──────　表示折線

機械板金技術士技能檢定術科測驗試題					
級別	丙級	測驗時間	4 小時	題號	160-860304
投影法	◉ ⊏	比例	1：3	單位	公釐
材料	1.6t 軟鋼板	命題暨審查委員	鍾永桓 黎安松 鄭受謙 凌國文 壹濟生 鍾國相 王坤煌	核定單位	行政院勞工委員會職業訓練局
				核定日期	民國　年　月　日

五、題號(五)：160-860305

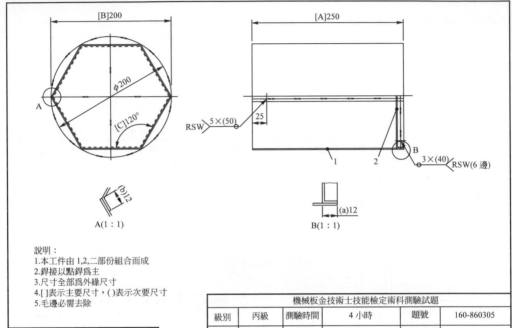

[B]200

φ200

A

[C]120°

A(1：1)

(b)12

[A]250

RSW　5×(50)

25

1　　2

B

3×(40)

RSW(6 邊)

B(1：1)

(a)12

說明：
1.本工件由 1,2,二部份組合而成
2.銲接以點銲為主
3.尺寸全部為外緣尺寸
4.[ ]表示主要尺寸，( )表示次要尺寸
5.毛邊必需去除

機械板金技術士技能檢定術科測驗試題					
級別	丙級	測驗時間	4 小時	題號	160-860305
投影法	⊕ ⊏	比例	1：2	單位	公釐
材料	1.6t 軟鋼板	命題暨審查委員	鍾永桓 黎安松 鄭受謙 凌國文 袁濟生 鍾國相 王坤煌	核定單位	行政院勞工委員會職業訓練局
				核定日期	民國　年　月　日

區分 範圍	主要尺寸			次要尺寸	
位置	[A]	[B]	[C]	(a)	(b)
標準範圍 最大	251.5	201.5	122°	13.5	13.5
最小	248.5	198.5	118°	10.5	10.5

展開圖(160-860305)

下料尺寸：1.6t*　603.27　＊　250　＊1

下料尺寸：1.6t*　206.2　＊　188.2　＊1

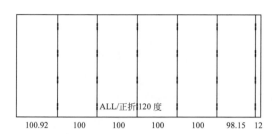

ALL/正折120度

100.92　100　100　100　100　98.15　12

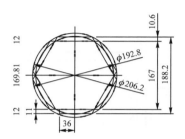

t=1.6mm，折型裕度(補正值)=1.4（90度）
折型裕度(補正值)=0.65(120度)
有尺度線尺寸表示下料尺寸
無尺度線尺寸表示折型尺寸
────── 表示折線

機械板金技術士技能檢定術科測驗試題					
級別	丙級	測驗時間	4 小時	題號	160-860305
投影法	◎ ⊏	比例	1：3	單位	公釐
材料	1.6t 軟鋼板	命題暨審查委員	鍾永桓 黎安松 鄭受謙 凌國文 袁濟生 鍾國相 王坤煌	核定單位	行政院勞工委員會職業訓練局
				核定日期	民國　年　月　日

六、題號(六)：160-860306

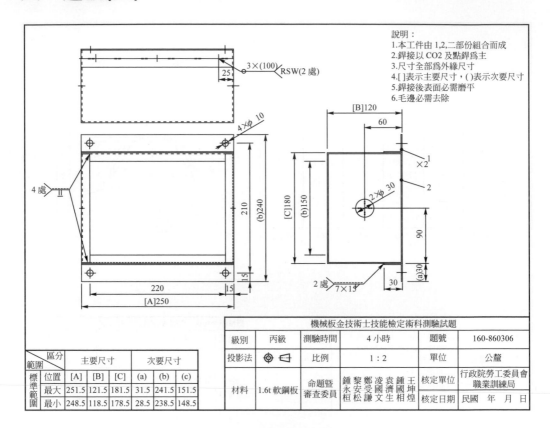

說明：
1.本工件由 1,2,二部份組合而成
2.銲接以 CO2 及點銲為主
3.尺寸全部為外緣尺寸
4.[ ]表示主要尺寸，( )表示次要尺寸
5.銲接後表面必需磨平
6.毛邊必需去除

		機械板金技術士技能檢定術科測驗試題				
級別	丙級	測驗時間	4 小時		題號	160-860306
投影法	⊕ ⊏	比例	1：2		單位	公釐
材料	1.6t 軟鋼板	命題暨審查委員	鍾永桓 黎安松 鄭受謙 凌國文 袁濟生 鍾國相 王坤煌	核定單位		行政院勞工委員會職業訓練局
					核定日期	民國　年　月　日

範圍	區分 位置	主要尺寸			次要尺寸		
		[A]	[B]	[C]	(a)	(b)	(c)
標準範圍	最大	251.5	121.5	181.5	31.5	241.5	151.5
	最小	248.5	118.5	178.5	28.5	238.5	148.5

展開圖(160-860306)

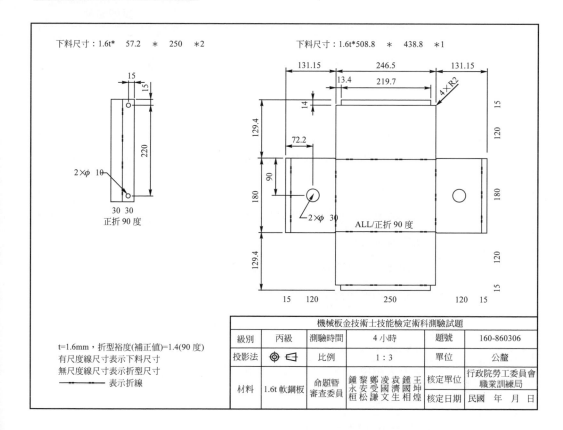

下料尺寸：1.6t*　57.2　＊　250　＊2

下料尺寸：1.6t*508.8　＊　438.8　＊1

t=1.6mm，折型裕度(補正值)=1.4(90度)
有尺度線尺寸表示下料尺寸
無尺度線尺寸表示折型尺寸
──── 表示折線

機械板金技術士技能檢定術科測驗試題					
級別	丙級	測驗時間	4 小時	題號	160-860306
投影法	◉ ⊏	比例	1：3	單位	公釐
材料	1.6t 軟鋼板	命題暨審查委員	鍾水桓 黎安松 鄭受謙 凌國文 袁清生 鍾國相 王坤煌	核定單位	行政院勞工委員會職業訓練局
				核定日期	民國　年　月　日

CH **9**

七、機械板金丙級技術士技能檢定術科測驗評審表

檢定日期_____　　　　　　　　　　　試題編號_____

檢　定　編　號	姓　名	准考證號碼	檢　定　結　果	評　審　員　簽　章

項次	評審項目	評　審　項　目	評審記載 及格	不及格	備　註
總　　評		下列各項任一小項不及格總評爲不及格			二、評審表中主要尺寸次要尺寸，註明最大與最小範圍，超出或不足者，均評審該小 一、評審表上分五大項，每大項分數小項，評定及格者，在評審欄記「√」不及格
		1.規定時間內未完成(未完成、中途棄權、			
		2.成品與圖示不符。			
		3.成品中任一尺寸超過圖示尺寸8mm以上。			
		4.有舞弊行爲。			
		5.因操作不良造成傷害他人行爲。			
		6.嚴重損害機器設備。			
		7.不遵守試場規則。			
		8.未繳交展開圖。			
		9.五大項中有任二大項或二大項以上不及			
		總　　　　評			
一	主要尺寸	下列各小項中任一小項不及格本大項爲不及格			

位置	標準範圍 最大	最小	實測尺寸 最大	最小
A				
B				
C				

本大項評審結果

項次	評審項目	評　　審　　項　　目					評 審 記 載		備　註
							及　格	不及格	
二	次要尺寸	下列各小項中有任一項不及格本大項為不及格							
		標　準　範　圍			實　測　尺　寸				
		位置	最大	最小	最大	最小			
		a							
		b							
		c							
三	外　　觀	下列各項中有任三小項不及格本大項為不							
		1. 折線不良且不得有裂痕。							
		2. 表面不得有不良鎚痕。							
		3. 表面不得有不良磨損或銼磨。							
		4. 表面註明磨平而未磨平者。							
		5. 口徑歪斜或不對稱。							
		6. 底座是否自然平穩，間隙不得超過							
		7. 水平間隙不得超過 2mm 以上(水平度)。							
		8. 垂直間隙不得超過 2mm(垂直度)。							
		9. 其他不良缺陷。							
		本大項評審結果							

項次	評審項目	評審項目	評審記載		備註
			及　格	不及格	
四	銲　接	下列各小項中任三小項不及格本大項為不			
		1.繼續銲接之長度與點數是否與圖示相符。			
		2.銲道表面過高或低於母材不得超過三處			
		3.銲蝕不可超過三處以上。			
		4.銲淚不可超過三處以上。			
		5.銲道不得龜裂。			
		6.銲道不得燒穿。			
		7.銲接位置有指示者表面必需磨平。			
		8.銲道波紋是否美觀。			
		9.銲接位置與圖是否相符。			
		10.點銲表面是否凹陷不平。			
		11.其他不良缺陷。			
		本大項評審結果			
五	安全衛生	下列各小項中任二小項不及格本大項為不			
		1.工具使用是否正確。			
		2.機器使用是否正確。			
		3.工具是否任意擺放。			
		4.下腳料是否妥善處理。			
		5.是否隨時保持工作區域之清潔。			
		6.銲接時是否戴上護目鏡。			
		7.其它不安全之工作習慣。			
		本大項評審結果			

歡迎加入 全華會員

● 會員獨享
會員享購書折扣、紅利積點、生日禮金、不定期優惠活動……等。

● 如何加入會員
填妥讀者回函卡直接傳真 (02) 2262-0900 或寄回，將由專人協助登入會員資料，待收到 E-MAIL 通知後即可成為會員。

如何購買 全華書籍

1. 網路購書
全華網路書店「http://www.opentech.com.tw」，加入會員購書更便利，並享有紅利積點回饋等各式優惠。

2. 全華門市、全省書局
歡迎至全華門市（新北市土城區忠義路21號）或全省各大書局、連鎖書店選購。

3. 來電訂購
(1) 訂購專線：(02) 2262-5666 轉 321-324
(2) 傳真專線：(02) 6637-3696
(3) 郵局劃撥（帳號：0100836-1 戶名：全華圖書股份有限公司）
※ 購書未滿一千元者，酌收運費 70 元。

OpenTech.com.tw 全華網路書店

全華網路書店 www.opentech.com.tw
E-mail: service@chwa.com.tw

※ 本會員制如有變更則以最新修訂制度為準，造成不便請見諒。

讀者回函卡

填寫日期： / /

全華網路書店 http://www.opentech.com.tw
客服信箱 service@chwa.com.tw
2011.03 修訂

姓名：

生日：西元 年 月 日 性別：□男 □女

電話：( ) 傳真：( ) 手機：

e-mail：(必填)

註：數字零，請用 Ф 表示，數字 1 與英文 L 請另註明並書寫端正，謝謝。

通訊處：□□□□□

學歷：□博士 □碩士 □大學 □專科 □高中‧職

職業：□工程師 □教師 □學生 □軍‧公 □其他

學校/公司： 科系/部門：

‧需求書類：

□ A. 電子 □ B. 電機 □ C. 計算機工程 □ D. 資訊 □ E. 機械 □ F. 汽車 □ I. 工管 □ J. 土木
□ K. 化工 □ L. 設計 □ M. 商管 □ N. 日文 □ O. 美容 □ P. 休閒 □ Q. 餐飲 □ B. 其他

‧本次購買圖書為： 書號：

‧您對本書的評價：

封面設計： □非常滿意 □滿意 □尚可 □需改善，請說明
內容表達： □非常滿意 □滿意 □尚可 □需改善，請說明
版面編排： □非常滿意 □滿意 □尚可 □需改善，請說明
印刷品質： □非常滿意 □滿意 □尚可 □需改善，請說明
書籍定價： □非常滿意 □滿意 □尚可 □需改善，請說明
整體評價： 請說明

‧您在何處購買本書？
□書局 □網路書店 □書展 □團購 □其他

‧您購買本書的原因？(可複選)
□個人需要 □幫公司採購 □親友推薦 □老師指定之課本 □其他

‧您希望全華以何種方式提供出版訊息及特惠活動？
□電子報 □ DM □廣告 (媒體名稱)

‧您是否上過全華網路書店？ (www.opentech.com.tw)
□是 □否 您的建議

‧您希望全華出版那方面書籍？

‧您希望全華加強那些服務？

~感謝您提供寶貴意見，全華將秉持服務的熱忱，出版更多好書，以饗讀者。

親愛的讀者：

感謝您對全華圖書的支持與愛護，雖然我們很慎重的處理每一本書，但恐仍有疏漏之處，若您發現本書有任何錯誤，請填於勘誤表內寄回，我們將於再版時修正，您的批評與指教是我們進步的原動力，謝謝！

全華圖書 敬上

勘 誤 表

頁 數	行 數	書 名	作 者
		錯誤或不當之詞句	建議修改之詞句

我有話要說：(其它之批評與建議，如封面、編排、內容、印刷品質等‧‧‧)